高等职业教育机械类专业“十二五”规划教材

数控机床编程与操作

吕芳芳 寇 恒 主 编
严君平 张月华 副主编

中国铁道出版社
CHINA RAILWAY PUBLISHING HOUSE

内容简介

本书以数控车床、数控铣床（加工中心）的编程与操作为核心，以 FANUC 数控系统为载体，详细介绍了数控车削与铣削的编程、数控机床的操作、典型零件的加工应用实例、CAD/CAM 与自动编程技术等内容。全书所有零件加工程序语句都附有详细、清晰的注释说明。每章后设有相应习题，便于读者更好地掌握所学内容。

本书以阶梯式的学习方法做引导，内容由简单到复杂，层层递进，并将有关基础课程内容、专业内容与实训内容整合在一起，方便读者查阅和学习。同时书中项目内容丰富，深入浅出，通俗易懂，结构严谨、清晰，突出教学的可操作性。

本书适合作为高等职业院校数控技术应用、机电一体化技术、机械制造等相关专业的教学用书，也可供有关专业的师生和从事数控编程与加工技术人员、操作人员学习、参考和培训。

图书在版编目（CIP）数据

数控机床编程与操作/吕芳芳，寇恒主编．—北京：中国铁道出版社，2014.1

高等职业教育机械类专业“十二五”规划教材

ISBN 978-7-113-17779-9

Ⅰ.①数…　Ⅱ.①吕…　②寇…　Ⅲ.①数控机床－程序设计－高等职业教育－教材　②数控机床－操作－高等职业教育－教材　Ⅳ.①TG659

中国版本图书馆 CIP 数据核字（2013）第 288205 号

书　　名： 数控机床编程与操作
作　　者： 吕芳芳　寇　恒　主编

策　　划： 何红艳　　　**读者热线：** 400－668－0820
责任编辑： 何红艳
编辑助理： 耿京霞
封面设计： 付　巍
封面制作： 白　雪
责任印制： 李　佳

出版发行： 中国铁道出版社（100054，北京市西城区右安门西街 8 号）
网　　址： http://www.51eds.com
印　　刷： 北京铭成印刷有限公司
版　　次： 2014 年 1 月第 1 版　　2014 年 1 月第 1 次印刷
开　　本： 787 mm×1 092 mm　1/16　**印张：** 11.5　**字数：** 275 千
印　　数： 1～3 000 册
书　　号： ISBN 978-7-113-17779-9
定　　价： 23.00 元

FOREWORD | 前言

数控技术集传统的机械制造技术、计算机技术、信息处理技术、网络通信技术、成组技术、现代控制技术、微电子技术、液压气动技术及光机电技术于一体，是现代制造技术的基础。它的广泛应用给机械制造业的生产方式、产品结构和产业结构带来了巨大的变化。数控机床是制造业实现自动化、柔性化、集成化生产的基础，是关系到国家战略地位和体现国家综合国力的重要基础性产业，其技术水平的高低已经成为衡量一个国家工业现代化的重要标志。机械制造业的竞争，实质上是数控技术的竞争。随着数控加工技术迅速发展和普及，企业对数控加工技能人才的知识和能力结构以及相应的职业教育和培训提出了更高、更新的要求，急需培养大批熟练掌握现代数控机床编程、操作与维护的工程技术人员。

本书是针对培养技术技能型人才的专业技术应用能力与培养要求组织编写。以典型零件的生产为载体，有机融入理论知识和操作技能，系统全面地介绍了数控编程与操作相关知识。在内容组织上，注重了以社会需求为目标，以技术应用能力为主线，注重理论联系实际，并以够用为度；编程与应用部分也注重了实用性、先进性和可操作性。

本书围绕数控机床的组成，以培养数控专业操作型人才、紧贴岗位实际为目标，分别讲述了数控车床编程与操作、数控铣床（加工中心）编程与操作、CAD/CAM软件编程等内容。从实用的角度分别对数控车床和数控铣床（加工中心）的操作方法、工件的加工方法做了系统的介绍，并结合实例，图文并茂，务求让读者在阅读后能够轻松、快捷的掌握数控系统的操作方法和工件的加工方法，能在实际中得到应用，使读者能够从零开始逐步成为专业技术人员。

针对高等职业教育“突出实际技能操作培养”的要求，本书有以下鲜明特点：

1. 将数控编程技术的理论知识与技能实训相结合，既相互独立，又相互呼应。

2. 本书以突出操作技能为主导，应用多种实例进行讲解，图文并茂。

3. 重点讲述了数控机床的编程和操作方法，并且把加工工艺融入到实例中，注重编程思路和编程方法的培养。

4. 在编写过程中力求理论表述简洁易懂，步骤清晰明了，便于初学者学习使用。

本书由吕芳芳、寇恒任主编，严君平、张月华任副主编，参加编写的人员还有刘子帅、郑美怡、于莉、师建军等。

由于编者水平有限，书中难免存在不足和疏漏之处，敬请同行及广大读者批评指正。

编　者

2013年12月

CONTENTS 目　录

第❶章 数控加工系统概述

学习目标：

- 了解数控加工系统。
- 掌握数控机床的工作原理。
- 了解数控机床的分类和特点。
- 了解数控机床的组成和主体部件的结构。

1.1　数控机床的产生及发展趋势

数控机床是机电一体化的典型产品，它是以电子信息技术为基础，集传统的机械制造技术、计算机技术、成组技术与现代控制技术、传感检测技术、信息处理技术、网络通信技术、液压气动技术、光机电技术于一体的由数字程序实现控制的机床。数控技术是当今先进制造和装备最核心的技术，数控机床是装备制造业和国防工业装备现代的重要战略装备，是关系到国家战略地位、体现国家综合国力水平的重要标志。

1.1.1　数控机床的概念

数控机床（Numerical Control Machine Tools，CNC）是装备了数控系统的机床。数控系统是采用数控技术的自动控制系统，它能够自动识别并处理使用规定的数字和文字的编码程序，从而控制机床完成预定的加工操作。国际信息处理联盟（International Federation of Information Processing）第五技术委员会对数控机床的定义是：数控机床是一种安装了程序控制系统的机床。该系统能够逻辑地处理使用号码或其他符号编码指令规定的程序。CNC中第一个“C”是Computer的首字母，“N”是Numerical的首字母，最后一个“C”是Control的首字母，所以CNC系统就是“计算机数字控制系统”。CNC系统是数控机床的核心部分，数控机床功能的强弱主要是由数控功能决定的。

1.1.2　数控机床的产生

1952年，麻省理工学院在一台立式铣床上，装上了一套试验性的数控系统，成功地实现了同时控制三轴的联动，这台数控机床被称为世界上第一台数控机床。这台机床是一台试验性机床，到了1954年11月，在派尔逊斯专利的基础上，第一台工业用的数控机床由美国本迪克斯公司（Bendix - Cooperation）正式生产出来。从1960年开始，其他一些工业国家，如德国、日本都陆续开发、生产及使用数控机床。

自1952年美国研制出第一台数控铣床起，数控系统经历了两个阶段和六代的发展。

1. 数控（NC）阶段（1952—1970年）

早期计算机的运算速度低，虽然这对当年的科学计算和数据处理影响并不大，但却不能适应机床实时控制的要求。人们不得不采用数字逻辑电路“搭”成一台机床专用计算机作为数控系统，这被称为硬件连接数控（Hard - wired NC），简称为数控（NC）。随着元器件的发展，这个阶段的数控系统经历了三代，即：

① 第一代数控：1952—1959年采用电子管元件构成的专用NC装置。

② 第二代数控：1959—1964年采用晶体管电路的NC装置。

③ 第三代数控：1965—1970年采用小、中规模集成电路的NC装置。

2. 计算机数控（CNC）阶段（1970至今）

1970年开始，通用小型计算机已批量生产，其运算速度比20世纪50～60年代有了大幅度的提高，这比专门“搭”成的专用计算机成本低、可靠性高，于是将它移植过来作为数控系统的核心部件，从此进入了计算机数控（CNC）阶段。随着计算机技术的发展，这个阶段的数控系统也经历了三代，即：

① 第四代数控：1970—1974年采用大规模集成电路的小型通用计算机数控系统。

② 第五代数控：1974—1990年应用微处理器的计算机数控系统。

③ 第六代数控：1990年以后，PC（Personal Computer，个人计算机）的性能已发展到很高的阶段，可满足作为数控系统核心部件的要求，数控系统从此进入了基于PC（PC - based）的时代。

1.1.3 数控机床发展的趋势

为了满足市场和科学技术发展的需要，为了达到现代制造技术对数控技术提出的更高的要求，数控技术未来仍然继续向开放式、基于PC的第六代方向、高速化、高精度化和智能化等方向发展。

1. 开放式

为适应数控进线、联网、普及性、个性化、多品种、小批量、柔性化及数控技术迅速发展的要求，最重要的发展趋势是体系结构的开放性，设计生产开放式的数控系统，例如美国、欧盟及日本发展开放式数控的计划等。

2. 基于PC的第六代方向

基于PC所具有的开放性、低成本、软硬件资源丰富等特点，更多数控系统生产厂家会走上这条道路。至少采用PC作为它的前端机，来处理人机界面、编程、联网通信等问题，由原有的系统承担数控的任务。PC所具有的友好的人机界面，将普及到所有的数控系统。远程通信、诊断和维修将更加普遍。

3. 高速化、高效化

机床向高速化方向发展，可充分发挥现代刀具材料的性能，不但可大幅度提高加工效率、降低加工成本，而且还可提高零件的表面加工质量和精度。超高速加工技术对制造业实现高效、优质、低成本生产有广泛的适用性。20世纪90年代以来，随着超高速切削机理、超硬耐磨长寿命刀具材料和磨料磨具、大功率高速电主轴、高加/减速度直线电动机驱动进给部件、高性能控制系统（含监控系统）和防护装置等一系列关键技术的解决，欧盟、美国和日本争相开发并应用新一代高速数控机床，加快机床高速化发展步伐。高速主轴单元（电主轴，转速15 000～100 000 r/min）、高速且高加/减速度的进给运动部件（快移速度60～120 m/min，切削进给速度高达60 m/min）、高性能数控和伺服系统以及数控工具系统都有了突破，达到了新的技术水平。

随着高效率、大批量生产需求和电子驱动技术的飞速发展，以及高速直线电动机的推广应用，开发出了一批高速、高效的高速响应的数控机床以满足汽车、农机等行业的需求。由于新产品更新换代周期加快，模具、航空、军事等工业的加工零件结构复杂且品种增多。

4. 高精度化

高精度化是为了适应高新技术发展的需要，也是为了提高普通机电产品的性能、质量和可靠性，减少其装配时的工作量，从而满足提高装配效率的需要。从精密加工发展到超精密加工（特高精度加工），是世界各工业强国致力发展的方向。其精度从微米级到亚微米级，乃至纳米级（小于10 nm），其应用范围日趋广泛。超精密加工主要包括超精密切削（车、铣）、超精密磨削、超精密研磨抛光以及超精密特种加工（如三束微细加工、微细电火花加工、微细电解加工和各种复合加工）。随着现代科学技术的发展，对超精密加工技术不断提出了新的要求。新材料及新零件的出现，更高精度要求的提出等都需要超精密加工工艺，发展新型超精密加工机床，完善现代超精密加工技术，以适应现代科技的发展。

随着高新技术的发展和对机电产品性能与质量要求的提高，机床用户对机床加工精度的要求也越来越高。为了满足用户的需要，近10年来，普通级数控机床的加工精度已由±10 μm提高到±5 μm，精密级加工中心的加工精度则从±3～5 μm，提高到±1～1.5 μm。

5. 高可靠性

数控系统的可靠性要高于被控设备的可靠性，受机床性能价格比的约束，也不是可靠性越高越好，应适度可靠。对于每天工作两班的无人工厂而言，如果要求在16 h内连续正常工作，无故障率$P(t)$大于99%，则数控机床的平均无故障运行时间（Mean Time Between Failure，MTBF）就必须大于3 000 h。MTBF大于3 000 h，对于由不同数量数控机床构成的无人工厂差别很大，如只对一台数控机床而言，主机与数控系统的失效率之比为10∶1（数控的可靠性比主机高一个数量级），此时数控系统的MTBF应大于33 333.3 h，而其中的数控装置、主轴及驱动等的MTBF必须大于100 000 h。

6. 智能化

随着人工智能在计算机领域的不断渗透和发展，数控系统的智能化程度将不断提高，智能化的内容包括在数控系统中的各个方面。

（1）应用自适应控制技术

数控系统能检测运行过程中的一些重要信息，并自动调整系统的有关参数，达到改进系统运行状态的目的。

(2) 引入专家系统指导加工

将专家和工人的经验、加工的一般规律和特殊规律存入系统中，以工艺参数数据库为支撑，建立具有人工智能的专家系统。

(3) 引入故障诊断专家系统

数控机床的安全性和工作可靠性对于生产单位的效益直接产生很大的影响，引入数控机床基于专家系统的故障诊断系统，采用人工智能技术来予以实现故障诊断和维修。这项技术对数控机床进行状态监测以实现故障诊断和维修十分重要。

(4) 智能化数字伺服驱动装置

智能化数字伺服驱动装置可以通过自动识别负载，从而自动调整参数，使驱动系统获得最佳的运行状态。

综上所述，由于数控机床不断采纳科学技术发展中的各种新技术，使得其功能日趋完善，数控技术在机械加工中的地位也显得尤为重要。数控机床的广泛应用是现代制造业发展的必然趋势。

1.2 数控机床的加工特点及适用范围

数控机床与普通机床相比，其自动化程度高，加工精度高并且质量稳定，加工特点更为鲜明。

1.2.1 数控机床的加工特点

数控机床的加工特点是适应性强、加工精度高、生产效率高、劳动强度低、良好的经济效益且有利于生产管理的现代化。

1. 适应性强

在数控机床上加工新工件时，只需重新编制新工件的加工程序，就能实现新工件的加工。加工工件时，只需简单的夹具，无须制作成批的工装夹具，更无须反复调整机床。因此，特别适合单件、小批量及试制新产品的工件加工。对于普通机床很难加工的精密复杂零件，数控机床也能实现自动化加工。

2. 加工精度高

数控机床是按数字指令进行加工的，目前数控机床的脉冲当量普遍达到了0.001 mm，而且进给传动链的反向间隙与丝杠螺距误差等均可由数控装置进行补偿。因此，数控机床能达到很高的加工精度。对于中、小型数控机床而言，定位精度普遍可达0.03 mm，重复定位精度为0.01 mm。此外，数控机床的传动系统与机床结构都具有很高的刚度和热稳定性，制造精度高。数控机床的自动加工方式避免了人为的干扰因素，同一批零件的尺寸一致性好，产品合格率高，加工质量十分稳定。

3. 生产效率高

工件加工所需时间包括机动时间和辅助时间，数控机床能有效地减少这两部分时间。数控机床的主轴转速和进给量的调整范围都比普通机床设备的范围大。因此，数控机床每一道工序都可选用最有利的切削用量。从快速移动到停止采用加速、减速措施，既提高了运动速度，又保证了定位精度，有效地降低机动时间。数控设备更换工件时，无须调整机床。同一批工件加工质量稳定，无须停机检验，辅助时间大大缩短。特别是使用自动换刀装置的数控加工中心，可以在同一台机床上实现多道工序连续加工，其生产效率明显的提高了。

4. 劳动强度低

数控设备的工作是按照预先编制好的加工程序自动连续完成的、操作者除输入加工程序、操作键盘、装卸工件、关键工序的中间测量及观看设备的运行之外，无须进行烦琐、重复的手工操作，这使工人的劳动条件大为改善。

5. 良好的经济效益

虽然数控设备的价格昂贵，分摊到每个工件上的设备费用较大，但是使用数控设备会节省许多其他费用。特别是不需要设计制造专用工装夹具，且加工精度稳定、废品率低、减少调度环节等，所以整体成本下降，可获得良好的经济效益。

6. 有利于生产管理的现代化

采用数控机床能准确地计算产品单个工时，合理安排生产。数控机床使用数字信息与标准代码处理、控制加工，为实现生产过程自动化创造了条件，有效地简化了检验、工装夹具和半成品之间的信息传递。

1. 2. 2　数控机床的适用范围

数控机床与普通机床相比，具有更多优点，其应用范围也更广。但是，数控机床初期投资费用较高，技术复杂，对操作维修人员和管理人员的素质要求也较高。实际选用时，一定要充分考虑其技术经济效益。根据国内外数控机床应用实践，数控加工的适用范围可参照图 1–1 和图 1–2 所示进行定性分析。

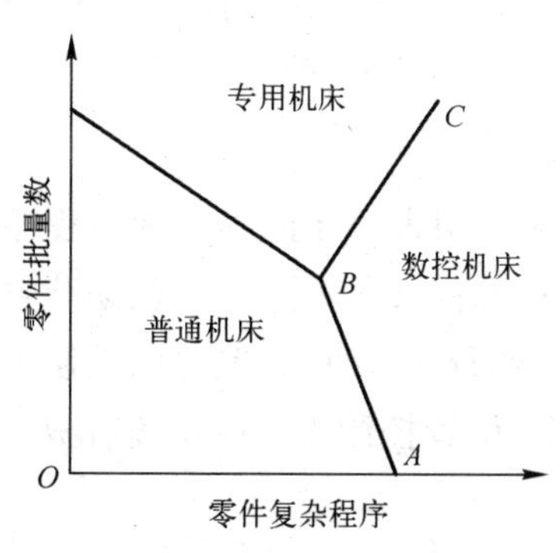

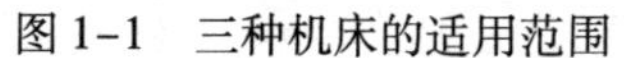
图 1–1　三种机床的适用范围

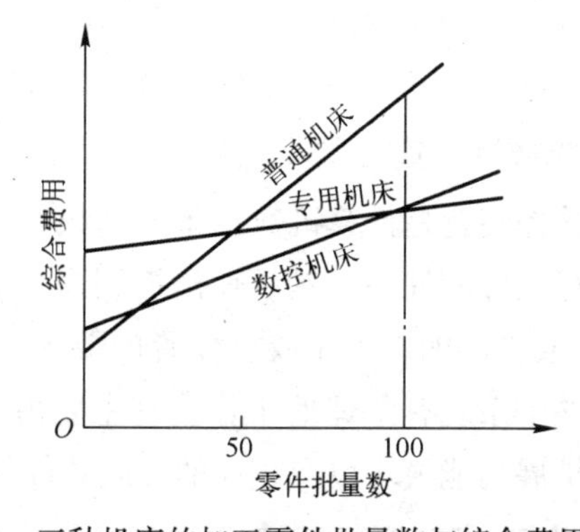

图 1–2　三种机床的加工零件批量数与综合费用的关系

图 1–1 所示为随零件复杂程度和生产批量数的不同，三种机床应用范围的变化。图 1–2所示为三种机床的加工零件批量数与综合费用的关系。由图 1–1 和图 1–2 可知，在多品种、中小批量生产情况下，使用数控机床可获得较好的经济效益。随着零件批量的增大，选用专用机床是有利的。

根据数控机床的特点，通常最适合加工以下类型的零件。

① 曲面类零件。结构复杂、精度高或必须用数学方法确定的复杂曲面，通常使用数控机床进行加工。

② 多品种小批量生产的零件。零件加工批量大时，选择数控机床加工是不利的，其原因是数控机床设备费用昂贵，而且与大批量生产通常采用的专用机床相比，其效率还是不够高。数控机床一般适用于单件小批量生产加工，并有向中批量生产发展的趋势。

③ 需要频繁改型的零件。在军工企业和科研部门，零件频繁改型是司空见惯的，这就为数控机床提供了用武之地。

④ 价值昂贵、不允许报废的关键零件。希望生产周期最短的急需零件。

目前，在中批量生产甚至大批量生产中已有采用数控机床加工的情况，这种方案从产品的直接经济效益而言并非最佳，但其投资风险小，能经受市场的波动和冲击，可以动态地适应市场，实现敏捷制造。

推广使用数控机床的主要障碍是设备的初期投资较大。由于系统本身的复杂性，其维护费用必然相应地增加，加上目前社会数控编程、操作、维护人才严重不足，一定程度上降低了数控机床的利用率，从而进一步增加了综合生产费用。

综上原因，在数控机床选用的决策中，必须进行反复的综合对比和全面的技术经济分析，从而使数控机床获得更好的综合经济效益。

1.3　数控机床的组成及工作原理

数控机床是机电一体化的典型产品，是集机床、计算机、电动机等设备及拖动、控制、检测等技术为一体的自动化设备。其工作原理与普通机床相比有很大的区别。

1.3.1　数控机床的组成

数控机床由计算机数控装置、伺服单元、驱动装置和测量装置、控制面板、程序输入/输出设备、PLC、机床I/O（输入/输出）电路和装置以及机床本体组成。

1. 计算机数控装置（CNC装置）

计算机数控装置是计算机数控系统的核心，其主要作用是根据输入的零件加工程序或操作命令进行相应的处理，然后输出控制命令到相应的执行部件（伺服单元、驱动装置和PLC等），完成零件加工程序或操作者的要求。所有这些工作都由CNC装置协调控制、合理组织，使整个系统有条理地工作。它主要由计算机系统、位置控制板、PLC接口板、通信接口板、扩展功能模块以及相应的控制软件等组成。

2. 伺服单元、驱动装置和测量装置

伺服单元和驱动装置包括主轴伺服驱动装置、主轴电动机、进给伺服驱动装置及进给电动机。测量装置是指位置和速度测量装置，它是实现主轴的进给速度闭环控制和进给位置闭环控制的必要装置。主轴伺服系统的作用是实现零件加工的切削运动，其控制量为速度。进给伺服系统的作用是实现零件加工所需的成形运动，其控制量为速度和位置，特点是能够灵敏、准确地实现 CNC 装置的速度和位置指令。

3. 控制面板

控制面板又称操作面板，是操作人员与数控机床进行信息交互的工具。操作人员可以通过它对数控机床进行操作、编程、调试或对机床参数进行设定和修改，也可以通过它了解和查询数控机床的运动状态。它是数控机床的一个输入/输出部件，主要由按钮站、状态灯、按键阵列（功能同计算机键盘）和显示器组成。

4. 程序输入/输出设备

程序输入/输出设备是 CNC 系统与外围设备进行信息交换的装置，其作用是将零件加工程序输入 CNC 系统，或将调试好的零件加工程序通过输出进行存储。目前数控机床的程序输入/输出设备是磁盘或驱动器等。

此外，现代数控系统还可以用通信方式进行信息交换。这种方式是实现 CAD/CAM（Computer Aided Design/Computer Aided Manufacturing，计算机辅助设计/计算机辅助制造）集成、FMS（Flexible Manufacture System，柔性制造系统）和 CIMS（Computer Integrated Manufacturing Systems，计算机集成制造系统）的基本技术。目前在数控机床上常用的通信方式主要有以下三种：

① 串行通信。

② 自动控制专用接口。

③ 网络技术。

5. PLC、机床 I/O（输入/输出）电路和装置

PLC 是采用二进制与逻辑运算来控制与顺序动作有关的 I/O 电路，它由硬件和软件组成。机床 I/O 电路和装置是用来实现 I/O 控制的执行元件，由继电器、电磁阀、行程开关、接触器等组成，共同完成以下任务：

① 接收 CNC 的 M\S\T 指令，对其进行译码并转换成对应的控制信号，控制装置完成机床的相应开关动作。

② 接收操作面板和机床传送来的 I/O 信号，送给 CNC 装置，经其处理后输出指令控制 CNC 系统的工作状态和机床动作。

6. 机床本体

机床本体是数控系统的控制对象，是实现零件加工的执行部件。它主要由主运动机构（主轴、主运动传动机构）、进给运动部件（工作台、拖板及相应的传动机构）、支撑件（立柱、床身等）以及特殊装置、自动工作台交换（APC）系统、自动刀具交换（ATC）系统和辅助装置（如冷却、润滑、排屑、转位和夹紧装置等）组成。

1.3.2 数控机床的工作原理

数控机床加工零件时，首先要根据加工零件的图样与工艺方案，按规定的代码和程序格式编写零件的加工程序单，这是数控机床的工作指令。通过输入装置将加工程序输入到数控系统，由数控系统将其译码、寄存和运算之后，向机床各个被控部件发出信号，控制机床主

运动的变速、起停、进给运动及方向、速度和位移量，以及刀具的选择交换，工件的夹紧松开和冷却润滑液的开、关等动作，使刀具与工件及其他辅助装置严格地按照加工程序规定的顺序、轨迹和参数进行工作，从而加工出符合要求的零件，其工作原理如图 1-3所示。

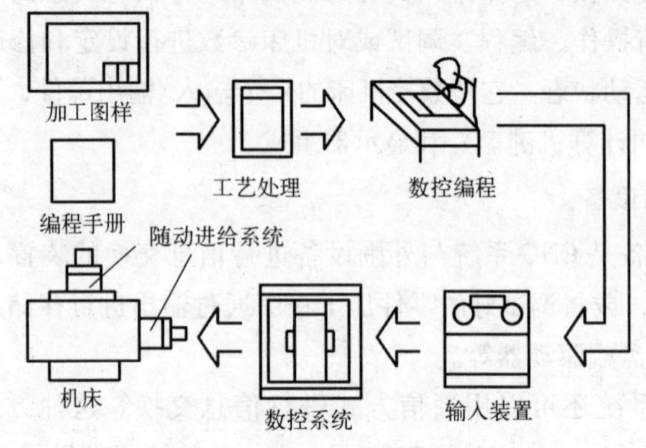

图 1-3　数控机床工作原理

1.4　数控机床的分类

数控机床可按加工工艺方法、控制运动轨迹、伺服控制方式及功能水平几方面进行分类。

1.4.1　按加工工艺方法分类

1. 金属切削类数控机床

金属切削类数控机床有数控车床、数控铣床、数控磨床、数控镗床以及加工中心。这些机床的动作与运动都是数字化控制，具有较高的生产率和自动化程度。

2. 金属成形类数控机床

金属成形类数控机床有数控冲床、数控弯管机、数控剪板机等。

3. 特种加工类数控机床

特种加工类数控机床有数控线切割机床、数控电火花成形机床、数控激光切割机、数控等离子切割机等。

图 1-4 ～图 1-7 所示为四种典型的数控机床设备，有非常广泛的适用性。

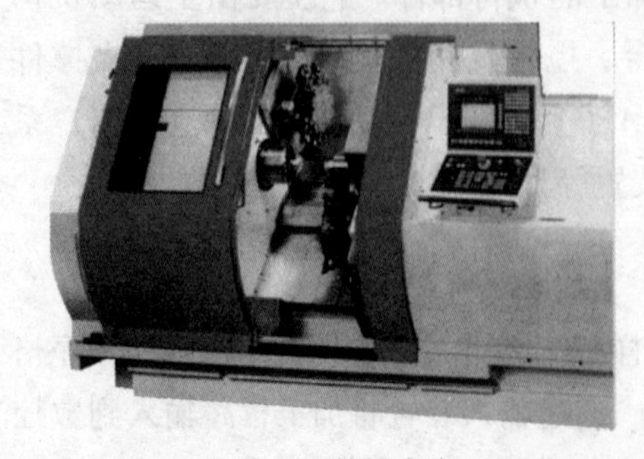

图 1-4　数控车床

图 1-5　加工中心

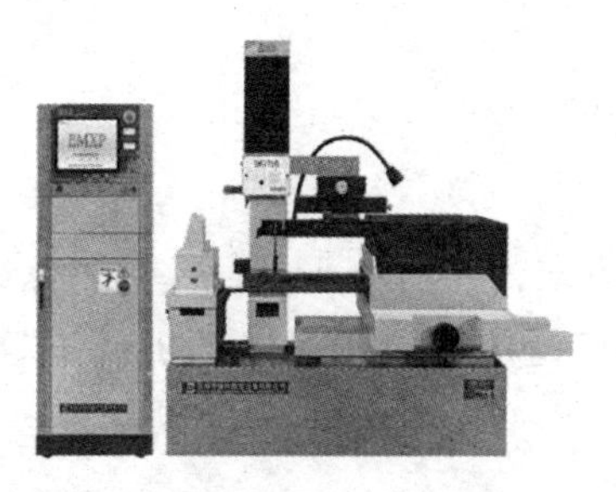

图1-6　数控线切割机床

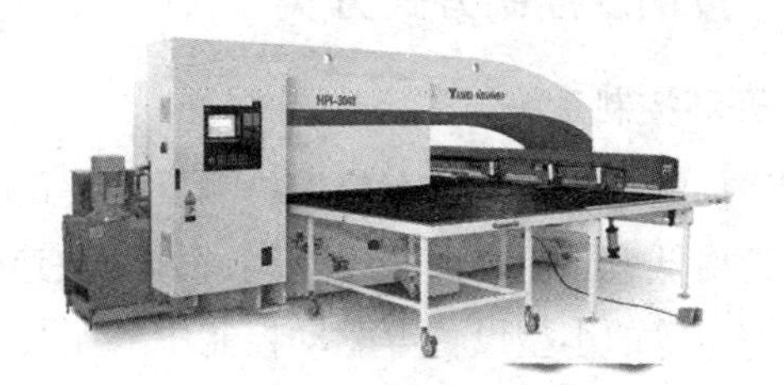

图1-7　数控冲床

1.4.2　按控制运动轨迹分类

1. 定位控制数控机床

定位控制数控机床是指能控制刀具相对于工件进行精确定位的控制系统，而在相对运动的过程中不能进行任何加工。通过采用分级或连续降速，低速趋近目标点，来减少运动部件的惯性过冲而引起的定位误差。其加工轨迹如图1-8所示。

2. 直线运动控制数控机床

直线运动控制数控机床是指控制机床工作台或刀具以要求的进给速度，沿平行于某一坐标轴或两轴的方向进行直线或斜线移动和切削加工的机床。这类数控机床要求具有准确的定位功能和控制位移的速度，而且也要有刀具半径和长度的补偿功能以及主轴转速控制的功能。现代组合机床也算是一种直线运动控制数控机床。其加工轨迹如图1-9所示。

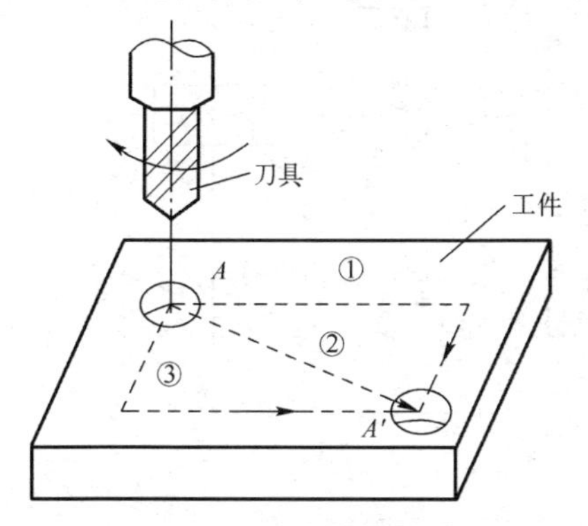

图1-8　定位控制

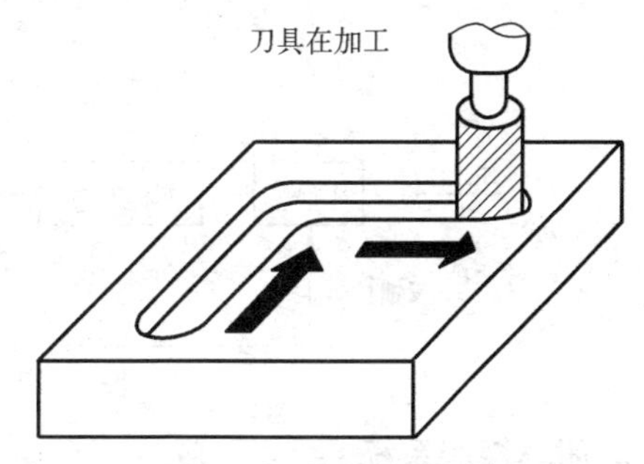

图1-9　直线运动控制

3. 轮廓控制的数控机床

轮廓控制的数控机床是指能实现两轴或两轴以上的联动加工，而且对各坐标的位移和速度进行严格的不间断控制，具有这种控制功能的数控机床。现代数控机床大多数有两坐标或以上联动控制、刀具半径和长度补偿等功能。按联动轴数也可分两轴联动、两轴半、三轴、四轴、五轴联动等。随着制造技术的发展，多坐标联动控制也越来越普遍。其加工轨迹如图1-10所示。

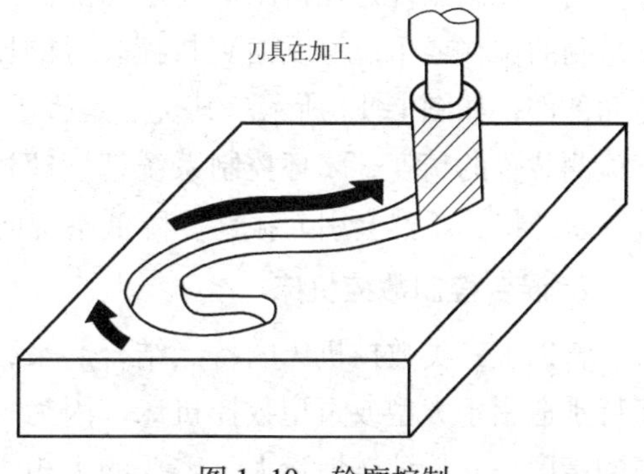

图1-10　轮廓控制

1.4.3 按伺服控制方式分类

1. 开环控制系统

开环控制系统是指没有位置检测反馈装置的控制方式，如图 1–11 所示。其特点是结构简单、价格低廉，但难以实现运动部件的快速控制。广泛应用于步进电动机低扭矩、高精度、速度中等的小型设备等驱动控制中，尤其在微电子生产设备中广泛应用。

2. 半闭环控制系统

半闭环控制系统是指在电动机轴或丝杆的端部装有角位移、角速度检测装置，通过位置检测反馈装置反馈给数控装置的比较器与输入指令比较，用差值控制运动部件，如图 1–12所示。其特点是调试方便、结构紧凑，具有良好的系统稳定性，但在机械传动链的误差无法得以校正或消除。目前采用滚珠丝杠螺母机构，它具有很好的精度和精度保持性并且是可靠的、消除反向运动间隙的机构，该机构可以满足大多数的数控机床用户。因此被广泛采用且成为首选的控制方式。

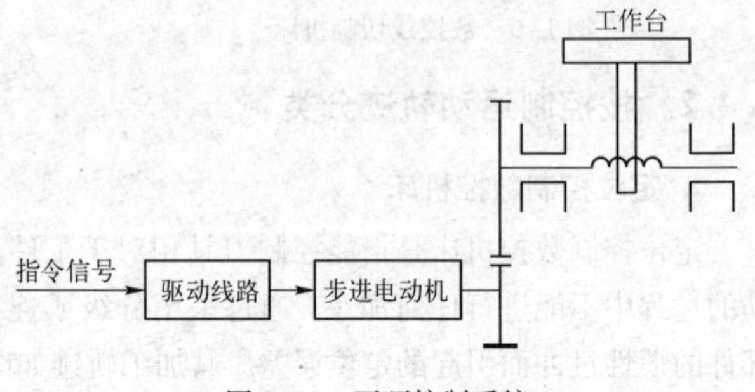

图 1–11　开环控制系统

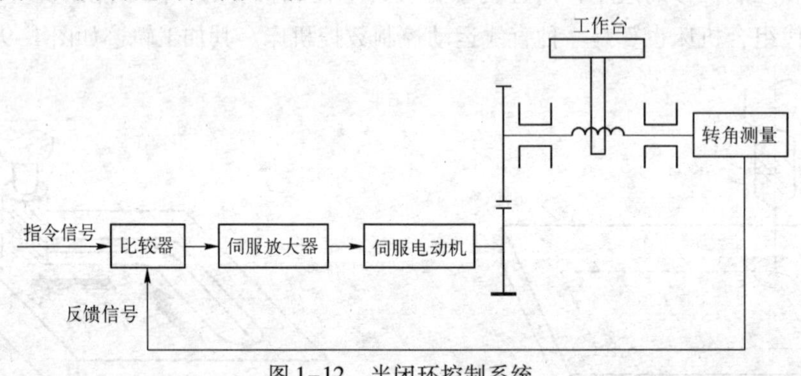

图 1–12　半闭环控制系统

3. 闭环控制系统

闭环控制系统是在机床最终运动部件的相应位置安装直线或回转式检测装置，将直接测量到的位移或角位移反馈到数控装置的比较器中，与输入指令位移量比较，用差值控制运动部件，如图 1–13 所示。其优点是将机械传动链的全部环节都包含在闭环内，精度取决于检测装置的精度，闭环控制系统精度超过半闭环系统。缺点是价格昂贵、对机构和传动链要求严格，不然会引起振荡，降低系统的稳定性。

4. 混合控制数控机床

将以上三类数控机床的特点结合起来，就形成了混合控制数控机床。混合控制数控机床特别适用于大型或重型数控机床。因为大型或重型数控机床需要较高的进给速度与相当高的精度，其传动链惯量大，需要的力矩大，如果只采用全闭环控制，机床传动链和工作台全部置于闭环控制中，闭环调试比较复杂。

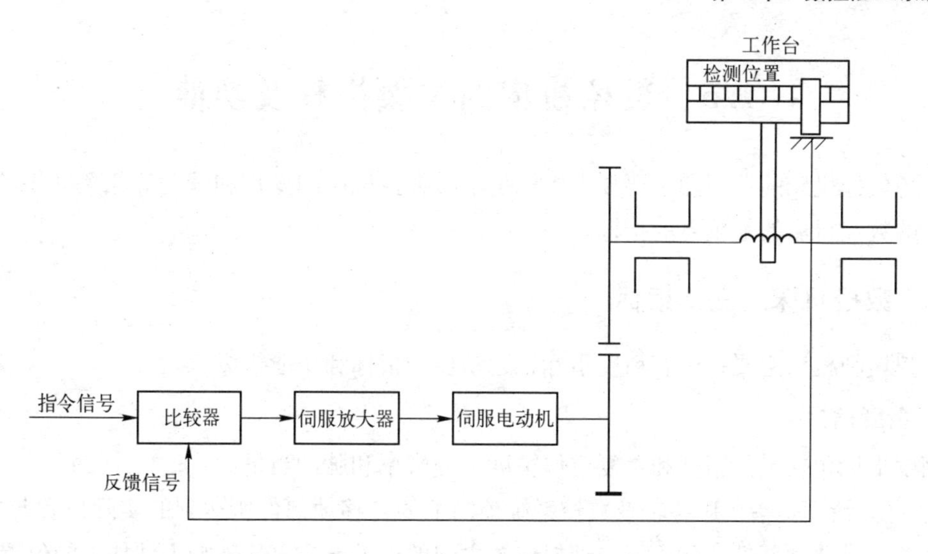

图 1-13 闭环控制系统

1.4.4 按功能水平分类

一般把数控机床分为精密型、普通型和经济型。数控机床水平的高低一般取决于以下几个参数和功能。

1. 中央处理单元

经济型数控机床采用 8 位 CPU，精密型和普通型机床由 16 位 CPU 发展到 32 位或 64 位且采用具有精简指令集的 CPU。

2. 分辨率和进给速度

经济型数控机床分辨率为 10 μm 进给速度为 8 ～ 15 mm/min；普通型数控机床分辨率为 1 μm 进给速度为 15 ～ 24 mm/min；精密型数控机床分辨率为 0.1 μm 进给速度为 24 ～ 100 mm/min。

3. 多轴联动功能

经济型数控为两轴至三轴联动；普通与精密型数控三轴至五轴联动，甚至更多。

4. 显示功能

经济型数控机床只有简单的数码显示或简单的 CRT 字符显示；普通型数控机床则有较为齐全的 CRT 显示，还有图形显示、人机对话、自诊等功能；精密型数控机床则增加了三维图形显示功能。

5. 通信功能

经济型数控机床无通信功能；普通型数控机床有 RS232 或 DNC 等接口；精密型数控机床有 MAP 等高性能通信接口。

除用以上几种参数或功能来衡量数控机床的档次外，还取决于伺服系统的类型和可编程控制器功能的强弱。除此之外，还可以用数控装置的构成方式来分类，分硬件和软件数控。控制坐标轴数和联动轴数方式又分为三轴二联动和四轴四联动等。

1.5 数控机床的主要指标及功能

了解数控机床的功能和主要技术指标是学习数控机床的操作和编程等相关知识的基础，也是了解数控机床的最重要的指标。

1.5.1 数控机床的主要指标

数控切削机床主要指标有精度指标、运动性能指标和功能指标。

1. 精度指标

精度指标包括定位精度和重复定位精度、分辨率和脉冲当量。

① 定位精度是指机床各轴及数控系统控制下的各移动部件所达到的实际位置与指令位置的误差，是移动部件实际位置与理想位置之间的误差，它直接影响零件加工的位置精度。

② 重复定位精度是反映轴运动稳定性的基本指标，是指在同一数控机床上，应用相同程序代码到达某同一位置所得到连续结果的一致程度。一般情况下，重复定位精度是呈正态分布的偶然误差，它主要受伺服系统特征、进给系统的间隙与刚性及摩擦特征等因素的影响。

③ 分辨率是指位移和速度两个相邻的分散细节之间可以分辨的最小间隔。

④ 脉冲当量是指数控系统发出的一个进给脉冲使机械运动机构产生的相应位移量，一个脉冲对应的这个位移即为脉冲当量，其数值大小决定机床的加工精度和表面质量。

2. 运动性能指标

运动性能指标包括主轴系统、伺服驱动系统和坐标行程的技术指标等。

① 主轴系统的指标主要有主轴转速、扭矩与功率。目前机械主轴的转速一般在 8 000 r/min以下，扭矩较大；高速主轴转速在 10 000 r/min 以上，但扭矩要低于机械主轴。

② 伺服驱动系统直接控制着机床的进给速度。进给速度是影响零件加工质量、生产效率以及刀具寿命的主要因素，它受数控装置的运算速度、机床动态特性以及工艺系统刚性等因素的影响。进给运动的位移速度和定位精度两个技术指标又是相互制约的，位移速度要求越高，定位精度就越难提高。

③ 数控机床各坐标（直线轴、旋转轴）行程的大小构成机床的空间加工范围和曲面加工能达到的状态，是直接体现机床加工能力的指标参数。

3. 功能指标

功能指标主要包括可控轴数和联动轴数、插补功能、刀具参数补偿功能、监测功能等。

① 可控轴数是指数控装置能够控制的坐标数；联动轴数是指数控装置控制的坐标轴同时到达空间某一点的坐标数，表示数控装置可同时控制按一定规律完成一定轨迹插补的协调运动控制能力。联动轴数越多，说明数控机床可以加工越复杂的空间线型或型面，编程难度也越大。

② 插补是数控机床实现各种运动轨迹的基础，一般是以一个脉冲当量为插补单位，根据给定的信息，在理想轮廓（或轨迹上）的已知两点之间确定一组中间点的过程，或者说是将已知数据密化的过程。插补方式主要有直线插补、圆弧插补、螺旋插补、样条插补、

NURBS 插补等。

③ 刀具参数补偿是指数控装置进行刀具偏置计算的能力。具有刀具补偿功能的数控机床，在数控编程时只要给出零件轮廓上的数据点（基点或节点）坐标、给出刀具补偿指令数据即可，无须关心刀具的具体尺寸和数度。刀具补偿功能有刀具半径补偿、刀具长度补偿，有些五轴联动控制的机床具有空间刀具轴向长度补偿能力（RTCP 功能），使多坐标程序编制更为便捷。

④ 监测功能主要是基于传感器对机床运行状态的信息采集和控制，如主轴温度、高速铣床的主轴不平衡、瞬时功率等，实现运动部件保护、参数调整等功能。

1.5.2　数控机床的主要功能

数控机床的主要功能有可控制轴数与联动轴数、插补功能、进给功能、主轴功能、刀具补偿、操作功能、程序管理功能、图形显示功能、辅助编程功能、自诊断报警功能以及通信功能。

1. 可控制轴数与联动轴数

可控制轴数是指数控系统最多可以控制的坐标轴数目，包括移动轴和回转轴。联动轴数是指数控系统按加工要求控制同时运动的坐标轴数。目前有二轴联动、三轴联动、四轴联动、五轴联动等。三轴联动的数控机床可以加工空间复杂曲面，四、五轴联动的数控机床可以加工飞行器叶轮、螺旋桨等零件。如果可控轴数为三轴，联动轴数为二轴，则称为二轴半控制。

2. 插补功能

插补功能是指在工件轮廓的某起始点和终点坐标之间进行“数据密化”，求取中间点的过程。插补功能决定数控机床的线型加工能力。

由于直线和圆弧是构成零件的基本几何元素，所以大多数数控系统都具有直线和圆弧的插补功能。椭圆、抛物线、螺旋线等复杂曲面的插补功能，只有高配置的数控系统或特殊需要的数控系统中才具备。

3. 进给功能

数控系统的进给功能包括快速进给、切削进给、手动连续进给、点动进给、进给倍率修调和自动加减速等功能。

4. 主轴功能

数控系统的主轴功能包括恒转速控制、恒线速控制、主轴定向停止和主轴转速修调等功能。恒线速控制即主轴自动变速，使刀具相对切削点的线速度保持不变。主轴定向停止也称为主轴准停，即在换刀、精镗孔等动作后退刀等动作开始之前，主轴在其轴向准确定位。

5. 刀具补偿

刀具补偿功能包括刀具位置补偿、刀具半径补偿和刀具长度补偿。位置补偿是对车刀刀尖位置变化的补偿；半径补偿是对车刀刀尖圆弧半径、铣刀半径的补偿；长度补偿是指沿加工深度方向对刀具长度变化的补偿。

6. 操作功能

数控机床通常有单程序段执行、跳段执行、试运行、图形模拟、机械锁住、暂停和急停等功能，有的还有软件操作功能。

7. 程序管理功能

数控系统的程序管理功能是指对加工程序的检索、编制、修改、插入、删除、更名和程序的存储、通信等功能。

8. 图形显示功能

一般的数控系统都具有较齐全的 CRT 显示，可显示字符和图形、人机对话、自诊断等信息，具有刀具轨迹的动态显示。高配置的数控系统具有三维图形显示功能。

9. 辅助编程功能

除基本的编程功能外，数控系统通常还具有固定循环、镜像、图形缩放、子程序、宏程序、坐标系旋转、极坐标等编程功能，可减少手工编程的工作量和减小难度。

10. 自诊断报警功能

现代数控系统具有人工智能故障诊断系统，可用来实现对整个加工过程的监视，诊断数控系统及机床的故障，并及时报警。这种系统是以专家们所掌握的对于各种故障原因及其处理方法为依据开发的应用软件。操作者只要回答显示器中提出的简单问题，就能诊断出机床的故障原因并指出排除故障的方法。

11. 通信功能

数控系统一般都配有 RS－232C 或 RS－422 远距离串行接口，可以按照用户的格式要求，与同一级计算机进行多种数据交换。现代数控系统大都具有制造自动化协议（MAP）接口，并采用光缆通信，提高数据传送速度和可靠性。

习　　题

1. 数控机床各由哪几部分组成？各部分有什么作用？
2. 数控机床如何进行分类？
3. 什么是开环、闭环、半闭环数控机床？它们之间有什么区别？
4. 数控机床有哪些规格、性能指标？
5. 简述普通机床与数控机床的主要区别。

第❷章　数控编程基础

学习目标：

- 掌握各种坐标系和坐标原点的建立。
- 学会数控系统运动的控制和运动方向的规定。

2.1　数控编程概述

数控编程是数控加工准备阶段的主要内容之一，通常包括分析零件图样，确定加工工艺过程；计算走刀轨迹，得出刀位数据；编写数控加工程序；制作控制介质；校对程序及首件试切。编程有手工编程和自动编程两种方法。总之，它是从零件图纸到获得数控加工程序的全过程。

2.1.1　数控编程的基本概念

在普通机床上加工零件时，一般由工艺人员按照零件图样事先制定好加工工艺规程。在工艺规程中包括零件的加工工序、切削用量、机床的规格及刀具和夹具等内容。操作人员按工艺规程的各个步骤操作机床，加工出图样给定的零件。零件的加工过程（如开车、停车、改变主轴转速、改变进给速度和方向、切削液开/关等）都是由人工手动操作来完成的。

数控机床加工零件时，是按照事先编制好的加工程序自动地对被加工零件进行加工。加工程序是把零件的加工工艺路线、工艺参数、刀具的运动轨迹、位移量、切削用量参数（如主轴转速、进给量、背吃刀量等）以及辅助功能（如换刀、主轴正/反转、切削液开/关等）按照数控机床规定的指令代码及程序格式编写成加工程序单，再把程序单的内容输入到数控机床的数控装置中，从而指挥机床加工零件。从零件图的分析到生成程序单的全过程称为数控程序的编制。数控机床上有 CRT（Cathode Ray Tube，阳极射线管）显示器，可以直观地从显示器上看到加工程序、各种工艺参数等内容；从内部结构看，数控机床可以没有变速箱，其主轴运动和进给运动都是由直流或交流无极变速伺服电动机来完成的。由于数控机床要按照程序来加工零件，所以编程人员要编制好程序后再输入到数控装置中，以此来指挥数控机床工作。数控编程流程如图 2-1 所示。

2.1.2　数控编程的内容和方法

1. 数控编程的内容

数控编程的主要内容包括分析零件图样并确定加工工艺过程、数学处理、编制零件加工程序清单、输入程序、程序校验及首件试切五个部分，如图 2-2 所示。

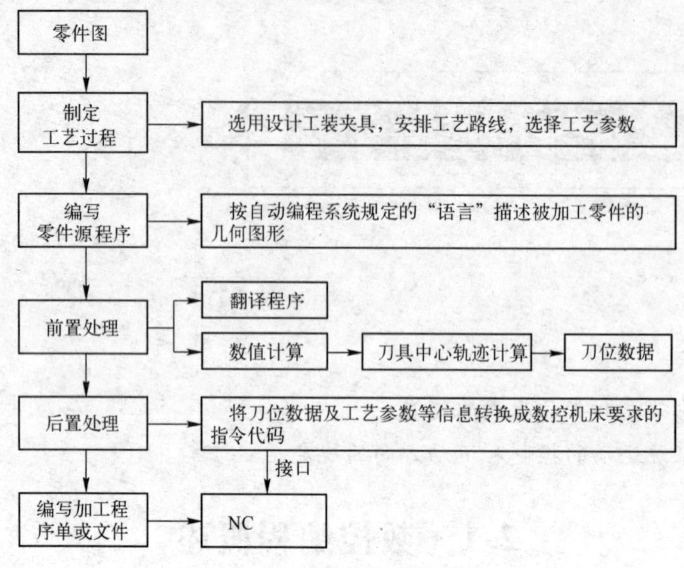

图 2-1　数控编程流程

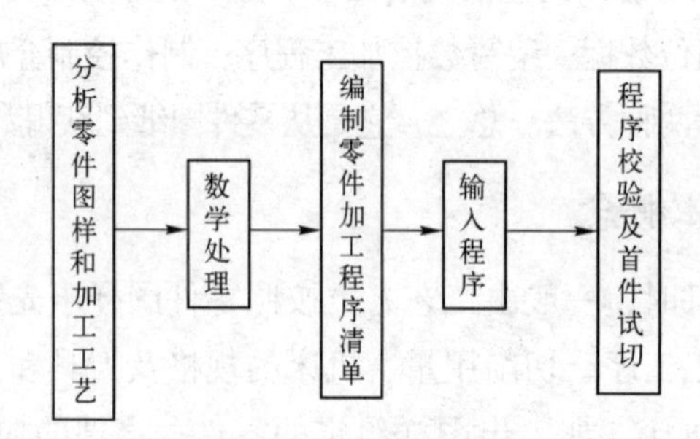

图 2-2　数控编程内容

（1）分析零件图样并确定加工工艺

在确定加工工艺过程时，编程人员要根据零件图样对工件的形状、尺寸、技术要求进行分析，然后选择加工方案，确定加工顺序、加工路线、装夹方式、刀具及切削用量参数，同时还要考虑所用数控机床的功能，以充分发挥机床的效能。其加工路线要尽可能短一些，应力求正确选择对刀点、换刀点、退刀点，减少换刀次数。

（2）数学处理

根据零件图的几何尺寸、确定的工艺路线及设定的坐标系，计算零件粗、精加工各运动轨迹，得到刀位的运行数据。对于点定位控制的数控机床（如数控冲床），一般无须计算。只有当零件图坐标系与编程坐标系不一致时，才需要计算出几何元素的起点、终点、圆弧、圆心以及两几何元素的焦点或切点的坐标值，有的还要计算出刀具中心的运动轨迹坐标值。对于形状比较复杂的零件（如非圆曲线、曲面组成的零件）需要用直线段或圆弧段逼近，按要求的精度计算出其节点坐标值。

（3）编制零件加工程序清单和零件数控加工工艺文件

零件的加工路线、工艺参数及刀位数据确定后，编程人员根据数控系统规定的功能指令代码及程序段格式逐段编制和填写加工程序清单。此外，还应填制有关的工艺文件，如编程任务书、工件安装和零点设定卡片、数控加工工序卡片、数控刀具卡片、数控刀具明细表和数控加工轨迹运行图等。

（4）输入程序

输入程序是指在操作面板上把程序单上的内容输入数控装置。

（5）程序校验及首件试切

程序必须经过校验和试切才能正式使用。校验的方法是输入程序让机床空运转，以检查机床的运动轨迹是否正确。在有 CRT 显示器的数控机床上，用模拟刀具与工件切削过程的方法进行检查；但这些方法只能检验出运动轨迹是否正确，不能检查出被加工零件的加工精度。因此，还要进行零件的首件试切，当发现有加工误差时，应分析误差产生的原因，找出问题所在并加以修正。

2. 数控编程的方法

（1）手工编程

手工编程是指在编程的过程中，全部或主要由人工进行编程。对于加工形状简单、计算量小、程序不多的零件，采用手工编程较简单、经济、效率高。

（2）自动编程（APT 语言）

APT（Automatically Programmed Tool，自动编程工具）是编程人员根据零件图样要求用一种直观易懂的编程语言（包括几何、工艺等语句定义）手工编写一个简短的零件源程序，然后输入计算机，计算机经过翻译处理和刀具运动轨迹计算，再经过后置处理，自动生成数控系统可以识别的加工程序。由此可见，APT 语言不能直接控制机床。采用 APT 语言编制数控程序具有程序简练、走刀控制灵活等优点，使数控加工编程从面向机床指令的“汇编语言”级，上升到面向几何元素。但 APT 仍有许多不便之处。采用语言定义零件几何形状，难以描述复杂的几何形状，缺乏几何直观性；缺少对零件形状、刀具运动轨迹的直观图形显示和刀具轨迹的验证手段；难以和 CAD 数据库和 CAPP 系统有效连接；不容易做到高度的自动化、集成化。

APT 语言编写的源程序和手工编写的加工程序的区别：手工编程的加工程序可直接控制数控机床进行零件加工；自动编程的源程序要经编译处理后才可被数控机床接受。

（3）CAD/CAM 系统

采用具有人机交互功能的计算机图形显示器，在图形显示软件和图像编程应用软件的支持下，只需给出必要的工艺参数，发出相应的命令或使用“指令”菜单，然后根据应用软件提示的操作步骤，实时“指令”被加工零件的图形元素，就能得到零件各轮廓点位置的坐标值，并立即在图像显示器上显示出刀具加工轨迹，再连接适当的后置处理程序，即可输出数控加工程序单。这种编程方法称为计算机图像数控编程（Computer Graphics Aided NC Programming），简称图像编程。

图像编程是目前主要的自动编程方式，国内外的图形交互自动编程软件有很多，较流行的集成 CAD/CAM 系统大都具有图形自动编程功能。以下是目前市面上流行的几种 CAD/CAM 系统软件：

① Pro/Engineer（简称 Pro－E）软件。Pro－E 软件是美国 PTC 公司开发的机械设计自动化软件，也是最早实现参数化和技术商品化的软件，在全球拥有广泛的影响力，且在我国也是使用最为广泛的 CAD/CAM 软件之一。

② UG 软件。UG 软件是美国 EDS 公司的产品，多年来，该软件汇集了美国航空航天以及汽车工业丰富的设计经验，发展成为一个世界一流的集成化 CAD/CAE/CAM（计算机辅助设计/计算机辅助工程/计算机辅助制造）系统，在世界各国都占有重要的市场份额。

③ SolidWorks 软件。SolidWorks 公司的 CAD/CAM 系统从推出开始就是面向微机系统，并基于窗口风格设计的，同时它采用了著名的 Parasolid 为造型引擎，因此该系统的性能先进，主要功能几乎可以和上述大型 CAD/CAM 系统相媲美。

④ MasterCAM 软件。MasterCAM 是美国 CNC Software Inc. 公司研制开发的一套 PC 级套装软件，可以在一般的计算机上运行。它既可以设计绘制所要加工的零件，也可以产生加工这个零件的数控程序，还可以将 AutoCAD、CADKEY、SolidWorks 等软件绘制的图形调入到 MasterCAM 中进行数控编程。该软件简单实用。

⑤ CATIA 软件。CATIA 是法国达索飞机公司开发的高档 CAD/CAM 软件。CATIA 软件以其强大的曲面设计功能而在飞机、汽车、轮船等设计造型功能体现它提供了极丰富的造型工具来支持用户的造型需求。例如其特有的高次 Bezier 曲线曲面功能，次数能达到 15，能满足特殊行业对曲面光滑性的苛刻要求。

⑥ CAXA 软件和金银花系统。目前国内市场信誉较好的 CAD/CAM 软件有北航海尔软件有限公司开发的 CAXA 软件和广州红地公司推出的金银花系统。

（4）语音编程

语音数控自动编程是利用人的声音作为输入信息，并与计算机和显示器直接对话，令计算机编出加工程序的一种方法。语音编程系统的构成如图 2-3 所示。编程时，程序员只需对着话筒讲出所需的指令即可。编程前应使系统“熟悉”程序员的“声音”，即首次使用该系统时，程序员必须对着话筒讲出该系统约定的各种词汇和数字，让系统记录下来并转换成计算机可以接受的数字指令。

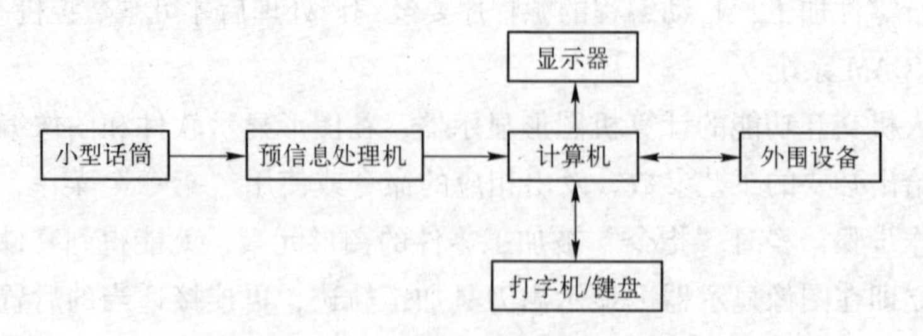

图 2-3　语音编程系统的构成

（5）视觉系统编程

视觉系统编程是采用计算机视觉系统来自动阅读、理解图样，由程序员在编辑过程中实时给定起刀点、下刀点和退刀点，然后自动计算出刀位点的有关坐标值，并经后置处理，最后输出数控加工程序单的过程。视觉系统编程首先由图样扫描器（常用的有CCD扫描器和扫描鼓两种）扫描图样，取得一幅图像，对该图像进行预处理以校正图像的几何畸变和灰度畸变，并将它转换为易处理的二值图像，同时做断口校正、几何交点部分检测、细线化处理，以消除输入部分分辨率的影响；然后分离并识别图样上的文字、符号、线划等元素，并记忆它们之间的关系，对线划还需进行矢量化处理，并用直线或曲线拟合，得到端点和分支点；将这些信息综合处理，确定图样中每条线的意义及其尺寸大小，最后做编辑处理及刀位点坐标计算。连接适当的后置处理后，即可输出数控加工程序单。视觉系统在编程时无须零件源程序和程序员，只要事先输入工艺参数即可，操作简单，能直接与CAD的数据相连接，实现高度自动化。

2.2　数控机床的坐标轴与运动方向

坐标系是机床制造和工件系设定的标准，数控机床的坐标轴和运动方向在程序编制和运行中起着至关重要的作用。

2.2.1　机床坐标系的确定

数控机床的坐标系包括机床坐标系和工件坐标系。

机床坐标系是机床上固有的坐标系，是机床制造和调整的基准，也是工件坐标系设定的基准。按标准规定机床坐标系的原点称为机床原点，其位置由各机床生产厂家设定。机床开机后，首先要设定机床坐标系，具体操作方法是执行手动返回参考点的操作方法。

机床参考点是数控机床的一个固定点，大多数机床将刀具沿其坐标轴正向运动的极限点作为参考点，其位置用机械行程挡块来确定。参考点位置在机床出厂时已经调整好，一般不作变动。必要时可以通过设定参数或改变机床上各挡块的位置来调整。

数控铣床的机床坐标系的原点一般都设在机床参考点上，如图2-4所示。而数控车床的机床坐标系的原点则一般位于卡盘端面，如图2-5所示，或机床参考点处，如图2-6所示。

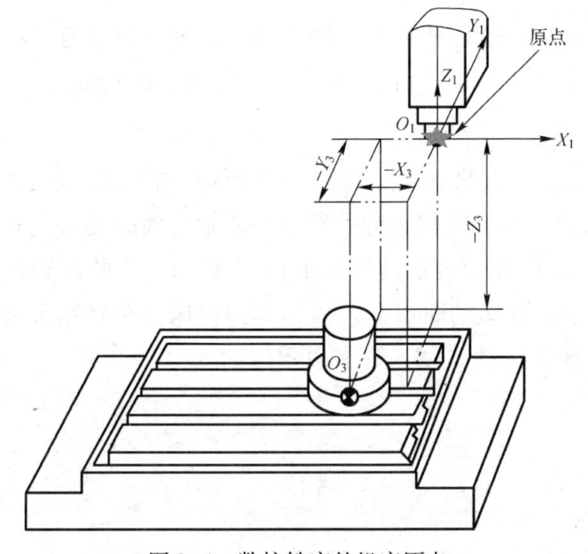

图2-4　数控铣床的机床原点

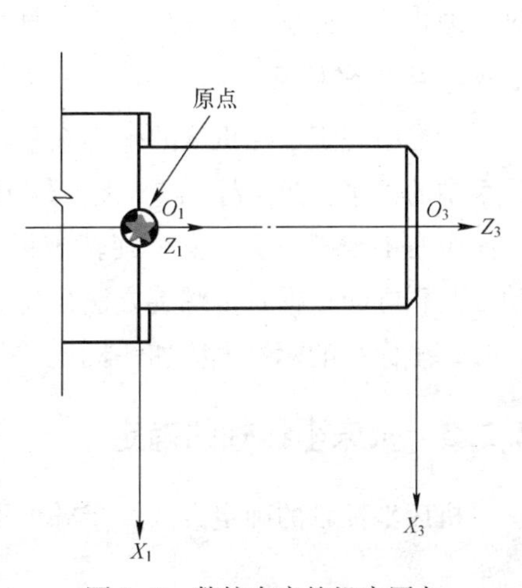

图2-5　数控车床的机床原点

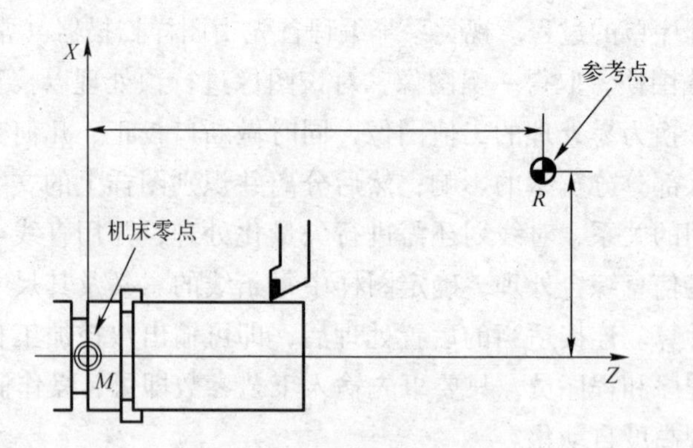

图 2-6 数控车床的机床参考点

机床通电后，不论刀具在什么位置，显示器上显示的坐标值均为零。当执行返回参考点的操作后，装在 *X*、*Y*、*Z* 轴向滑板上的各个行程挡块分别压下对应的开关，向数控系统发出信号。系统记下此点位置，并在显示器上显示出位于此点的刀具中心在机床坐标系中的坐标值，这表示在数控系统内部建立起了机床坐标系。对于将机床坐标系原点设在参考点上的数控机床，参考点在机床坐标系中的各坐标值均为零，因此参考点又称机床零点。因此，通常把参考点的返回操作称为“回零”。

一旦机床断电后，数控系统就失去了参考点的记忆。一般情况下，机床坐标系在以下三种情况下必须进行设定：

① 机床首次开机，或关机后重新接通电源时。

② 解除机床急停状态后。

③ 解除机床超行程报警信号后。

2.2.2 机床各坐标轴及其正方向的确定原则

1. 命名原则

标准规定，无论机床在加工中是刀具移动，还是被加工工件移动，都统一假定刀具相对于静止的工件移动；并且，将刀具与工件之间距离增大的方向作为坐标轴的正方向。

2. 标准坐标系

标准中规定数控机床的坐标系采用右手笛卡儿坐标系，如图 2-7 所示，右手笛卡儿坐标系中的三个直角坐标轴 *X*、*Y*、*Z* 与机床的主要导轨相平行，*X*、*Y*、*Z* 轴之间的关系及其方向由右手定则规定。三个旋转坐标 *A*、*B*、*C* 分别表示其轴线平行于 *X*、*Y*、*Z* 的旋转运动，其正方向根据右手螺旋方法确定。对于工件运动而不是刀具运动的机床，在坐标系命名时，坐标系的标号上应加注标记“'”，如 *X'*、*Y'*、*Z'* 等，以示区别。

2.2.3 机床坐标轴的确定

机床坐标轴的确定方法及步骤如下：

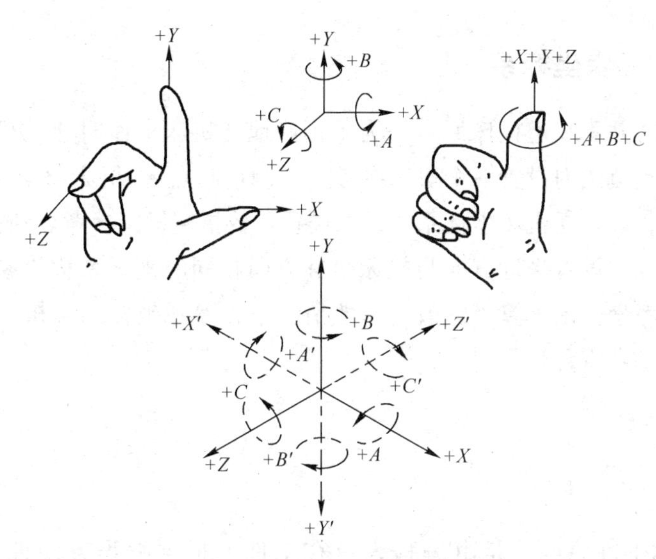

图 2-7　笛卡儿直角坐标系

① 先确定 Z 轴。在标准中，规定平行于机床主轴的刀具运动坐标轴为 Z 轴，取刀具远离工件的方向为正方向($+Z$)。当机床有多个主轴时，选一个垂直于工件装夹面的主轴为 Z 轴。

② 再确定 X 轴。X 轴为水平方向，且垂直于 Z 轴并平行于工件的装夹面。对于工件做旋转运动的机床，取平行于横向滑座的方向为刀具运动的 X 轴，同样，取刀具远离工件的方向为正方向($+X$)；对于刀具做旋转运动的机床，当 Z 轴为水平方向时，沿刀具主轴后端向工件方向看，向右为 X 轴的正方向($+X$)；当 Z 轴为垂直方向时，则从主轴向立柱看，对于单立柱机床，X 轴的正方向($+X$)指向右边；对于双立柱机床，X 轴的正方向($+X$)指向右边。上述的正方向都是刀具相对于工件运动而言。

③ 最后确定 Y 轴。在确定了 X、Z 轴的正方向后，可以按照右手直角笛卡儿坐标系确定 Y 轴的正方向($+Y$)。

④ 附加坐标。如果机床除了有 X、Y、Z 三个主要的直线运动坐标轴以外，还有平行于三个坐标轴的运动，则坐标应分别命名为 U、V、W。图 2-8 所示为立式数控铣床的坐标系，图 2-9 为卧式数控铣床的坐标系。

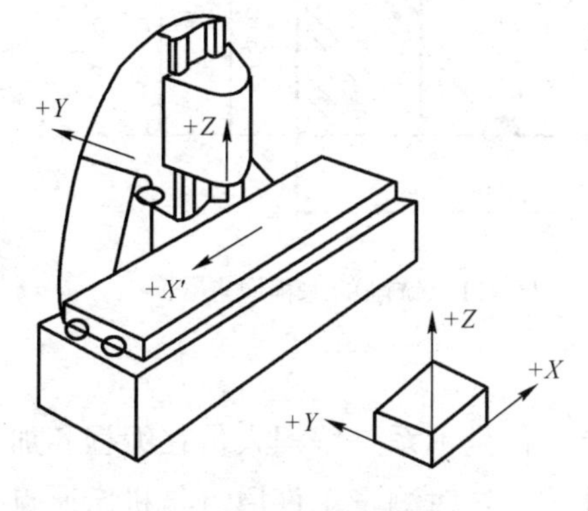

图 2-8　立式数据铣床

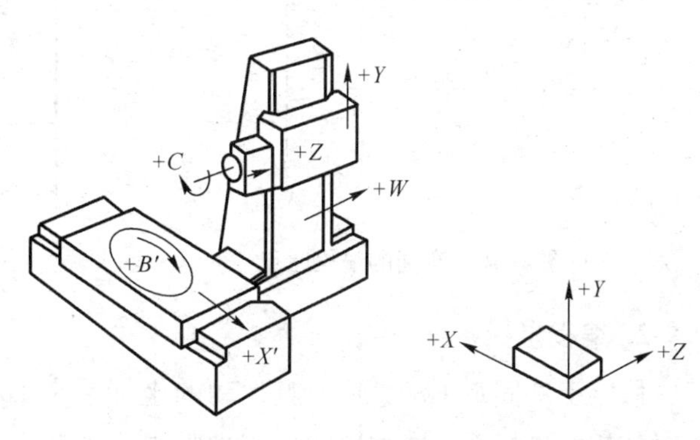

图 2-9　卧式数控铣床

2.2.4 参考点、参考坐标系

数控装置上电时并不知道机床原点，为了正确地在机床工作时建立机床坐标系，通常在每个坐标轴的移动范围内设置一个机床参考点（测量起点）。机床起动时，通常要进行机动或手动回参考点，以建立机床坐标系。通过设置参数指定机床参考点到机床原点的距离。

以参考点为原点，设置坐标方向与机床坐标方向相同的坐标系称为参考坐标系，在实际使用中通常以参考坐标系计算坐标值（一般情况下，参考坐标系与机床坐标系之间偏移一定的距离，或者二者重合）。

2.2.5 工作坐标系

1. 编程原点

编程原点又称工件原点，是由编程人员在工件上根据编程方便性自行设定的加工程序的原点。它只与工件有关，而与机床坐标系无关。但考虑到编程的方便性，工件坐标系中各轴的方向应该与所使用的数控机床坐标轴方向一致。图 2-10 所示为车削的编程原点零件示意图。铣削的编程原点如图 2-11 所示。工件原点的设置一般应遵循下列原则：

① 工件原点与设计基准或装配基准重合，以利于编程。

② 工件原点尽量选在尺寸精度高、表面粗糙度值小的工件表面上。

③ 工件原点最好选在工件的对称中心上。

④ 要便于测量和检验。

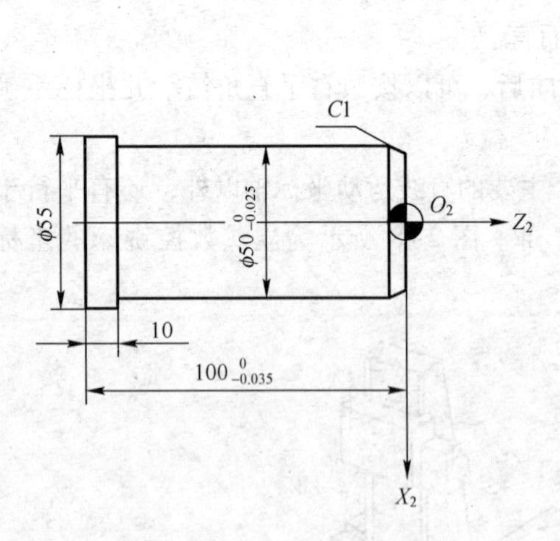

图 2-10 车削的编程原点

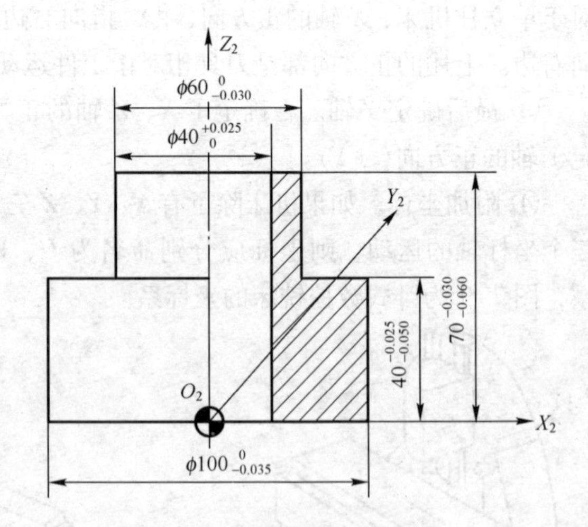

图 2-11 铣削的编程原点

2. 编程坐标系

假定工件固定不动，用刀具运动的坐标系来编程。工件坐标系是编程人员在编程和加工时使用的坐标系。在加工时，工件随夹具安装在机床上，这时测量工件原点与机床原点间的距离称为工件原点偏置。该偏置值预存入数控系统中（G92，G54 - G59），加工时，工件原点偏置便能自动加到工件坐标系上，使数控系统可按机床坐标系确定加工时的绝对坐标值。因此，编程人员可以不考虑工件在机床上的实际安装位置和安装精度，利用原点偏置功能，即可补偿工件在工作台上的位置偏差。

2.2.6　绝对坐标和相对坐标

1. 绝对坐标

刀具（或机床）运动轨迹的坐标值是相对于固定的坐标原点 O 给出的，该坐标称为绝对坐标。如图2-12所示，A、B 两点的坐标均以固定的坐标原点 O 开始计算的，其值为 $A(X_A=10,\ Y_A=20)$，$B(X_B=30,\ Y_B=50)$。

2. 相对（增量）坐标

刀具（或机床）运动轨迹的坐标值是相对于前一位置（或起点）来计算的，该坐标称为相对坐标。如图2-12所示，A、B 两点的坐标均以相对坐标原点来计算，其值为 $A(X_A=0,\ Y_A=0)$，$B(X_B=20,\ Y_B=30)$。

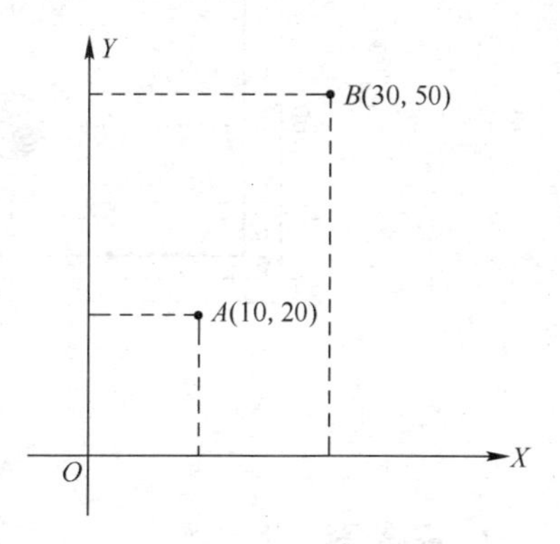

图2-12　绝对坐标和增量坐标

相对坐标系常用 U、V、W 表示。U、V、W 分别表示与 X、Y、Z 平行且同向的坐标轴。UV 坐标系称为相对坐标系，如图2-12所示，B 点相对 A 点的坐标（即为相对坐标）为 $(U_B=20,\ V_B=30)$。

编程时根据零件的加工精度要求及编程方便与否来选用坐标系。在数控程序中，绝对坐标和相对坐标可以单独使用，也可以在不同的程序段上交叉使用，使用原则是看哪种方式更为方便。

2.3　数控编程程序的结构与格式

数控编程有严格的程序结构和格式要求，数控系统不同程序会略有不同，但程序结构大体相同。

2.3.1　程序的结构组成

国际上通用的数控代码有ISO（国际标准化组织）和EIA（美国电子工业协会）两种。穿孔纸带的系统已过时。数控系统种类繁多，每种数控系统根据其自身特点和编程需要，都有一定的程序格式，不同的机床其程序格式也有所不同。一般来讲，一个零件加工程序通常由程序号、程序内容和程序结束三部分组成，如图2-13所示。

```
O0001                                      程序号
N0001 G90 G54 G00 X0 Y0 Z100.0 S300 M03;
N0002 G00 X0 Y-50.0;
N0003 G01 Z-50.0 F100;
```

```
N0004 X100.0;
N0005 Y50.0;                        程序内容
N0006 X-100.0;
N0007 Y-50.0;
N0008 X0;
N0009 Z100.0;
N0010 Y0 M05;
N0011 M30;                          程序结束
```

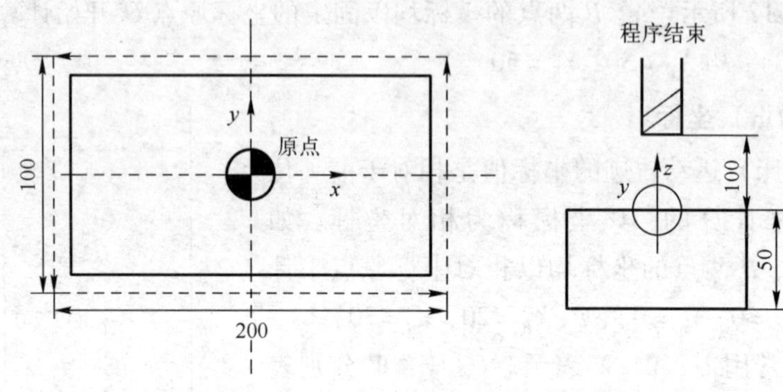

图 2-13　程序格式构成

1. 程序号

程序员是程序的开始标记，为了与存储器中其他程序区别开，每个程序都编有不同的程序号存入系统中。不同的数控系统，程序号表示也不同。如在 FANUC 系统中，采用英文字母“*O*”及其后的四位数字来表示，而其他系统有的采用“%”“P”“:”等与其后的若干位数表示。

2. 程序内容

程序内容是整个程序的核心，由许多程序段组成，且每个程序段由一个或多个指令组成，表示数控机床要完成的全部动作。

3. 程序结束

一般使用辅助功能 M02（程序结束）或 M30（程序结束，返回起点）来表示整个程序的结束。

2.3.2　数控程序段格式

加工程序由若干个程序段组成，程序段由一个或若干个指令字组成，字是数控程序的最小单位。每个指令字由地址符和数字组成（字—地址结构），代表机床的一个位置或一个动作。地址符由字母组成，每个字母、数字、符号（正负号）称为字符。每一行程序段有结束符，如表 2-1 所示。

表 2-1　程序段结束符

N–	G–	X–	Y–	Z–	…	F–	S–	T	M–	LF

2.3.3　常用功能指令

1. 顺序号

格式：N____（注释）

说明：

① 范围：N1 ～ N9999。

② N1、N01、N001、N0001 等价。

准备功能（G 功能）：由地址符“G”和两位数字组成，G01、G02 等，G 功能的指令只有 G00 - G04、G17 - G19、G40 - G44 的含义在各系统中基本相同，G90 - G92、G94 - G97 的含义在多数系统中相同。因此，在编程时要按机床说明书进行。现以中华世纪星（HNC - 21M）系统和 FANUC（发那科）0i 系统的 G 代码指令为例如表 2-2 和表 2-3 所示，可以看出指令的不同。

表 2-2　中华世纪星（HNC - 21M）系统 G 代码功能指令

G 代码	功　能	G 代码	功　能
G00	快速定位	G57	选用 4 号工件坐标系
G01	直线插补（进给速度）	G58	选用 5 号工件坐标系
G02	顺时针圆弧插补	G59	选用 6 号工件坐标系
G03	逆时针圆弧插补	G60	单一方向定位
G04	暂停（精确停止）	G61	精确停止校验方式
G07	虚拟指令	G64	连续方式
G09	准停校验	G65	子程序调用
G17	选择 *XY* 平面	G68	旋转变换开启
G18	选择 *XZ* 平面	G69	旋转变换取消
G19	选择 *YZ* 平面	G73	深孔钻削循环
G20	英寸输入	G74	反螺纹攻丝循环
G21	毫米输入	G76	精镗循环
G22	脉冲当量输入	G80	取消固定循环
G24	镜像开启	G81	定心钻循环
G25	镜像关闭	G82	钻孔循环
G28	返回参考点	G83	深孔钻削循环
G29	从参考点返回	G84	攻螺纹循环
G34	攻螺纹	G85	镗孔循环 1
G40	取消刀具半径补偿	G86	镗孔循环 2
G41	左侧刀具半径补偿	G87	反镗孔循环
G42	右侧刀具半径补偿	G88	镗孔循环 3
G43	刀具长度正向补偿	G89	镗孔循环 4
G44	刀具长度负向补偿	G90	绝对指令方式
G49	取消刀具长度补偿	G91	增量指令方式
G50	缩放关	G92	工件坐标系设定
G51	缩放开	G94	每分钟进给
G53	直接机床坐标系编程	G95	每转进给
G54	选用 1 号工件坐标系	G98	固定循环返回初始点
G55	选用 2 号工件坐标系	G99	固定循环返回安全面
G56	选用 3 号工件坐标系		

表 2-3　FANUC（发那科）0i 系统 G 代码功能指令

G 代码	功　能	G 代码	功　能
G00	快速定位	G55	选用 2 号工件坐标系
G01	直线插补（进给速度）	G56	选用 3 号工件坐标系
G02	顺时针圆弧插补	G57	选用 4 号工件坐标系
G03	逆时针圆弧插补	G58	选用 5 号工件坐标系
G04	暂停（精确停止）	G59	选用 6 号工件坐标系
G10	数据设置	G61	精确停止校验方式
G11	数据设置取消	G64	连续方式
G17	选择 *XY* 平面	G65	宏程序调用
G18	选择 *XZ* 平面	G67	宏程序模态调用取消
G19	选择 *YZ* 平面	G73	高速深孔钻孔循环
G20	英寸输入	G74	左旋攻螺纹循环
G21	毫米输入	G75	精镗循环
G22	行程检查功能打开	G80	取消固定循环
G23	行程检查功能关闭	G81	定心钻循环
G25	主轴速度波动检查关闭	G83	深孔钻循环
G26	主轴速度波动检查打开	G84	攻螺纹循环
G27	参考点返回检查	G85	镗孔循环 1
G28	参考点返回	G86	镗孔循环 2
G31	跳步功能	G87	反镗孔循环
G40	取消刀具半径补偿	G88	镗孔循环 3
G41	左侧刀具半径补偿	G89	镗孔循环 4
G42	右侧刀具半径补偿	G91	增量编程
G43	刀具长度正向补偿	G92	工件坐标系设定
G44	刀具长度负向补偿	G94	每分钟进给
G49	取消刀具长度补偿	G95	每转进给
G50	工作坐标原点设置，最大主轴速度设置	G98	固定循环返回初始点
G52	局部坐标系设置	G99	固定循环返回安全面
G53	机床坐标系设置	G05.1	加工圆滑刀具轨迹，开关参数 Q1/Q0
G54	选用 1 号工件坐标系		

2. 尺寸字（坐标字）

尺寸字由坐标地址符和数字组成，各组数字必须有作为地址代码的字母开头。

① X、Y、Z、U、V、W、P、Q、R。

② A、B、C、D、E。

③ I、J、K。

其中，X50、X50.0、X50.000 在相对坐标编程时，都表示沿 X 轴移动 50 mm。

3. 进给功能指令 F

进给功能指令由进给地址符 F 和数字组成，F 指令表示刀具中心运动时的进给速度，单位一般为 mm/min 或 mm/r。数字的单位取决于每个系统所采用进给速度的指定方法，具体内容见所用机床的编程说明书。编程应注意如下事项：

① 当编写程序时，第一次遇到直线（G01）或圆弧（G02/G03）插补指令时，必须编写进给率 F，如果没有编写 F 功能，CNC 采用 F0。当工作在快速定位（G00）方式时，机床将以通过机床轴参数设定的快速进给率移动，与编写的 F 指令无关。

② F 指令为模态指令，实际进给率可以通过 CNC 操作面板上的进给倍率旋钮调整，范围在 0 ～ 120% 之间。

4. 主轴转速功能指令 S

主轴转速功能指令由主轴地址符 S 和数字组成，S 指令表示机床主轴的转速，单位为 r/min。其表示方法有以下三种：

① 转速。S 表示主轴转速，单位为 r/min。如 S1000 表示主轴转速为 1 000 r/min。

② 线速。在恒线速状态下，S 表示切削点的线速度，单位为 m/min。如 S60 表示切削点的线速度恒定为 60 m/min。

③ 代码。用代码表示主轴速度时，S 后面的数字不直接表示转速或线速的数值，而只是主轴速度的代号。如某机床用 S00 ～ S99 表示 100 种转速，S40 表示主轴转速为 1 200 r/min，S41 表示主轴转速为 1 230 r/min，S00 表示主轴转速为 0 r/min，S99 表示最高转速。

5. 刀具功能 T

刀具功能指令由刀具地址符 T 和数字组成，数字表示刀具库中刀具号。数字的位数由所用的系统决定。如 T03 表示第三号刀。

6. 辅助功能 M

辅助功能指令由辅助操作地址符和两位数字组成。M 功能的代码已接近标准化，由于数控系统不同，指令功能略有不同。现以中华世纪星（HNC－21M）系统和 FANUC（发那科）0i 系统的 M 代码指令表为例，如表 2-4 和表 2-5 所示。

M 指令是控制数控机床“开/关”功能的指令，主要用于完成加工操作时的辅助动作。M 功能有非模态 M 功能和模态 M 功能两种形式。

① 非模态 M 功能（当段有效代码）。该功能只在书写了该代码的程序段中有效。

② 模态 M 功能（续效代码）。该功能是一组可相互注销的 M 功能，这些功能在被同一组的另一个功能注销前一直有效，如 M02 或 M30 、M03、M04、M05 等。

表 2–4　中华世纪星（HNC－21M）系统 M 代码功能指令

M 代码	功　能	M 代码	功　能
M00	程序停止	M08	液态切削液打开
M02	程序结束	M09	切削液停止
M03	主轴正转	M30	程序结束并返回程序起点
M04	主轴反转	M98	调用子程序
M05	主轴停止	M99	子程序结束
M06	换刀	Mxx	用户自定义 M 指令
M07	雾态切削液打开		

表 2–5　FANUC（发那科）0i 系统 M 代码功能指令

M 代码	功　能	M 代码	功　能
M00	程序停止	M12	喷雾停止
M01	程序选择停止	M19	主轴定位
M02	程序结束	M30	程序结束并返回程序起点
M03	主轴正转	M70	镜像取消
M04	主轴反转	M71	X 镜像
M05	主轴停止	M72	Y 镜像
M06	换刀	M77	主轴吹气开
M07	喷雾启动	M78	主轴吹气关
M08	切削液打开	M98	调用子程序
M09	切削液停止	M99	子程序结束

7. 程序段结束

写在每一程序段之后，表示该程序段结束。当用 ISO 标准代码时，结束符为“NL”或“LF”；用 EIA 标准代码时，结束符为“CR”；有的用符号“:”或“*”表示，而有的系统则直接按【Enter】键即可。

习　题

1. 数控编程的程序字符有哪些？简述编程常用格式。
2. 简述数控和编程的内容和步骤。
3. 如何定义数控机床的运动方向和坐标系。

第3章 数控车床的程序编制

学习目标：

- 掌握数控车削加工应用技术，并能运用它进行数控加工。
- 学习和应用 FANUC 数控系统的主要车削加工指令和编程方法。

3.1 数控车床概述

数控车床又称为 CNC 车床，即计算机数字控制车床，是目前国内使用量最大、应用面最广的一种数控机床，约占数控机床总数的 25%。数控机床是集机械、电气、液压、气动、微电子和信息等多项技术为一体的机电一体化产品，也是机械制造设备中具有高精度、高效率、高自动化和高柔性化等优点的工作母机，如图 3-1 所示。数控车床由数控装置、床身、主轴箱、刀架进给系统、尾座、液压系统、冷却系统、润滑系统和排屑器等部分组成。

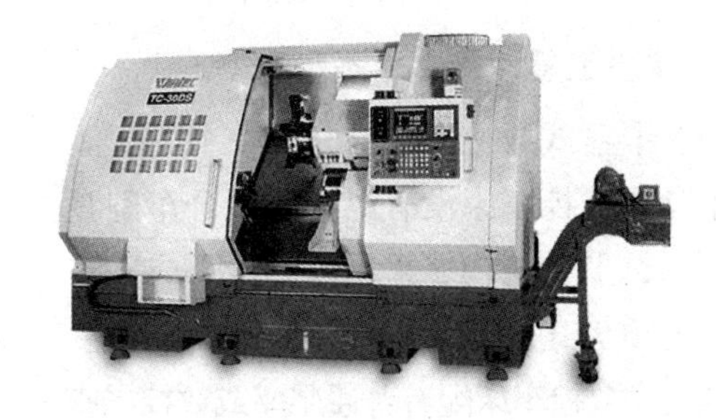

图 3-1 数控车床

数控机床技术水平的高低及其在金属切削加工机床产量和总拥有量中占有的百分比是衡量一个国家国民经济发展和工业制造整体水平的重要标志之一。数控车床是数控机床的主要类型之一，它在数控机床中占有非常重要的位置，几十年来一直被世界各国普遍重视并得到了迅速的发展。数控车床、车削中心，是一种高精度、高效率的自动化机床。它具有广泛的加工性能，可加工直线圆柱、斜线圆柱、圆弧和各种螺纹，具有直线插补、圆弧插补等补偿功能，并在复杂零件的批量生产中发挥了良好的经济效益。

3.1.1 数控车床的分类

1. 按车床主轴位置分类

（1）立式数控车床

立式数控车床简称数控立车，其车床主轴垂直于水平面，配有大直径的圆形工作台，用来装夹工件，如图3-2所示。这类机床主要用于加工径向尺寸大、轴向尺寸相对较小的大型复杂零件。

（2）卧式数控车床

卧式数控车床又分为数控水平导轨卧式车床和数控倾斜导轨卧式车床。图3-3所示为卧式数控车床，其倾斜导轨结构可以使车床具有更大的刚性，并易于排除切屑。这类机床主要用于轴向尺寸较大或小型盘类零件的车削加工。

图3-2 立式数控车床

图3-3 卧式数控车床

2. 按加工零件的基本类型分类

（1）卡盘式数控车床

卡盘式数控车床没有尾座，适合车削盘类（含短轴类）零件。夹紧方式多采用电动或液动控制，卡盘结构多采用可调卡爪或不淬火卡爪（即软卡爪）。

（2）顶尖式数控车床

顶尖式数控车床配有普通尾座或数控尾座，适合车削较长的零件及直径不太大的盘类零件。

3. 按刀架数量分类

（1）单刀架数控车床

单刀架数控车床一般都配置有各种形式的单刀架，如四工位卧动转位刀架或多工位转塔式自动转位刀架。

（2）双刀架数控车床

双刀架数控车床的双刀架配置通常为平行分布，也可以是相互垂直分布。

4. 按功能分类

（1）经济型数控车床

经济型数控车床是采用步进电动机和单片机对普通车床的车削进给系统进行改造后形

成的简易型数控车床。成本较低，自动化程度和功能都比较差，车削加工精度也不高，适用于加工工艺要求不高的回转类零件的车削加工。

（2）普通数控车床

普通数控车床是根据车削加工要求在结构上进行专门设计，配备通用数控系统而形成的数控车床。数控系统功能强，自动化程度和加工精度也比较高，适用于一般回转类零件的车削加工。这种数控车床可同时控制两个坐标轴，即 X 轴和 Z 轴。

（3）车削加工中心

车削加工中心是在普通数控车床的基础上，增加了 C 轴和动力头，更高级的机床还带有刀库，可控制 X、Z 和 C 三个坐标轴，联动控制轴可以是(X、Z)、(X、C)或(Z、C)。由于增加了 C 轴和铣削动力头，这种数控车床的加工功能大大增强，除可以进行一般车削外，还可以进行径向和轴向铣削、曲面铣削、中心线不在零件回转中心的孔和径向孔的钻削等加工。如图 3-4 和图 3-5 所示为车削加工中心。

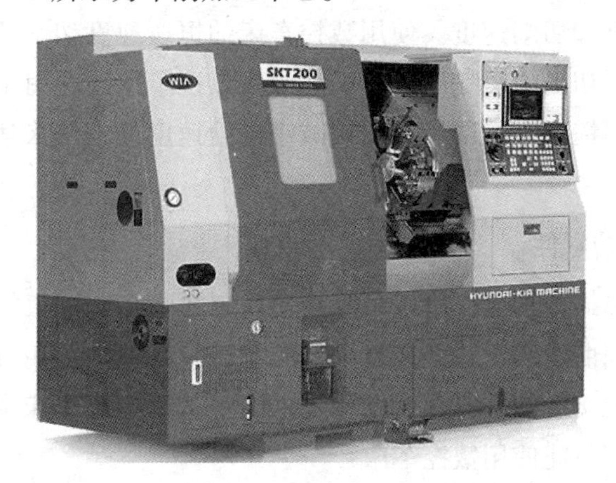

图 3-4　车削加工中心

图 3-5　车削加工中心内部结构

5. 其他分类方法

按数控系统的不同控制方式等指标，也可以对数控车床进行分类，如直线控制数控车床和两主轴控制数控车床等；按特殊或专门工艺性能可分（为螺纹数控车床、活塞数控车床和曲轴数控车床等。

3.1.2 数控车床的加工对象

与传统车床相比，数控车床比较适用于车削具有以下要求和特点的回转体零件。

1. 精度要求高的零件

由于数控车床的刚性好，制造和对刀精度高，且能方便和精确地进行人工补偿甚至自动补偿，所以它能够加工尺寸精度要求高的零件，在有些场合还可以以车代磨。此外，由于数控车削时刀具运动是通过高精度插补运算和伺服驱动来实现的，再加上机床的刚性好和制造精度高，所以它能加工对母线直线度、圆度和圆柱度要求高的零件。

2. 表面粗糙度小的回转体零件

数控车床能加工出表面粗糙度小的零件，是因为机床不仅刚性好、制造精度高，还具有恒线速度切削功能。在材质、精车留量和刀具已定的情况下，加工出的表面粗糙度取决于数控车床的进给速度和切削速度。使用数控车床的恒线速度切削功能，就可选用最佳线速度来切削端面，这样切出的粗糙度既小又一致。数控车床还适用于车削各部位表面粗糙度要求不同的零件。粗糙度小的部位可以用减小进给速度的方法来达到，而这在传统车床上是做不到的。

3. 轮廓形状复杂的零件

数控车床具有圆弧插补功能，所以可直接使用圆弧指令来加工零件的圆弧轮。数控车床也可加工由任意平面曲线所组成的轮廓回转零件，它既能加工用方程描述的曲线，也能加工列表曲线。如果说车削圆柱零件和圆锥零件既可选用传统车床也可选用数控车床，那么车削复杂转体零件就只能使用数控车床。

4. 特殊类型螺纹的零件

传统车床所能切削的螺纹相当有限，只能加工等节距的直面或锥面的公、英制螺纹，而且一台车床只限定加工若干种节距。数控车床不但能加工任何等节距直面、锥面、米制、英制和端面螺纹，而且能加工增节距、减节距，以及要求等节距、变节距之间平滑过渡的螺纹。数控车床加工螺纹时主轴转向不同于传统车床那样交替变换，它可以连续不停顿地循环，直至完成，所以车削螺纹的效率很高。数控车床还配有精密螺纹切削功能，再加上一般采用硬质合金成形刀片，以及可以使用较高的转速，所以车削出来的螺纹精度高、表面粗糙度小。可以说，包括丝杠在内的螺纹零件均适用于数控车床加工。

5. 超精密、超低表面粗糙度的零件

磁盘、录像机磁头、激光打印机的多面反射体、复印机的回转鼓、照相机等光学设备的透镜及其模具，以及隐形眼镜等要求超高轮廓精度和超低表面粗糙度值的零件，它们均适用于高精度、高功能的数控车床加工。以往很难加工的塑料散光用的透镜，现在也可以用数控车床来加工。超精加工的轮廓精度可达到 0.1 μm，表面粗糙度可达 0.02 μm。超精车削加工的零件材质以前主要是金属，现已扩大到塑料和陶瓷材质。

3.1.3　数控车床的编程特点

1. 加工坐标系

加工坐标系应与机床坐标系的坐标方向一致，X 轴对应工件径向，Z 轴对应工件轴向；C 轴（主轴）的运动方向，则以从机床尾架向主轴看，逆时针为 $+C$ 向，顺时针为 $-C$ 向。加工坐标系的原点选择在便于测量或对刀的基准位置，一般设置在工件的右端面或左端面上，如图 3-6 所示。

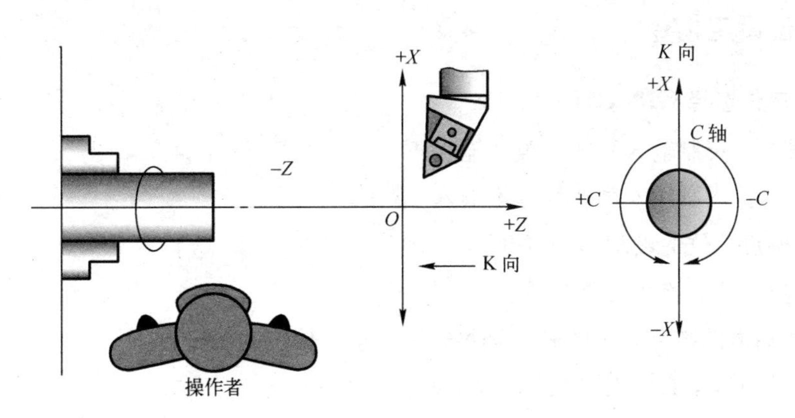

图 3-6　数控车床加工坐标系

2. 直径编程方式

在数控车削加工的程序编制中，X 轴的坐标值取零件图中的直径值。加工中采用直径尺寸编程，与零件图中的尺寸标注方式一致，这样可以避免尺寸换算过程中造成的错误，给编程带来很大方便。如图 3-7 所示，A 点的坐标值为（30，20），B 点的坐标值为（40，60）。采用直径尺寸编程与零件图样中的尺寸标注一致。

3. 进刀和退刀

对于车削加工，进刀时先快速走刀接近工件切削起点附近的某个参考点，如图 3-8 所示，再改用切削进给进行加工，以减少空走刀的时间，提高加工效率。切削起点的确定与工件毛坯的余量大小有关，应该以刀具快速运行到该点时刀尖不与工件发生碰撞为原则。

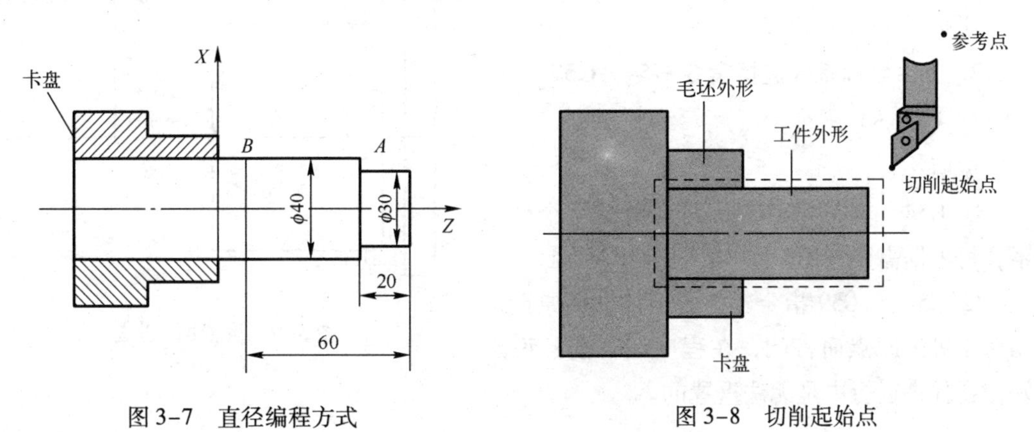

图 3-7　直径编程方式　　图 3-8　切削起始点

3.2 常用的准备功能 G 指令

数控车削加工包括内外圆柱面的车削加工、端面车削加工、钻孔加工、螺纹加工、复杂外形轮廓回转面的车削加工等。在分析了数控车床编程特点的基础上，下面将结合配置 FANUC 0i 数控系统的数控车床重点讨论数控车床基本编程方法。

3.2.1 单位设定指令

1. 尺寸单位选择 G20/G21

格式：G20 英制输入制式，英寸输入

G21 米制输入制式，毫米输入（默认）

2. 进给速度单位的设定 G95/G94

① 每转进给量。格式：G95 F_;

说明：F 后面的数字表示的是主轴每转进给量，单位为 mm/r。

例如，G95 F0.2 表示进给量为 0.2 mm/r。

② 每分钟进给量。格式：G94 F_;

说明：F 后面的数字表示的是每分钟进给速度，单位为 mm/min。

例如，G94 F100 表示进给速度为 100 mm/min。

3.2.2 工件坐标系指令

1. 设定工件坐标系指令 G50

格式：G50 X_ Z_;

说明：式中 X、Z 的值是起刀点相对于加工原点的位置坐标。在数控车床编程时，所有 X 坐标值均使用直径值。

【例 3–1】 按图 3–9 所示设置加工坐标的程序段如下：

G50 X121.8 Z33.9;

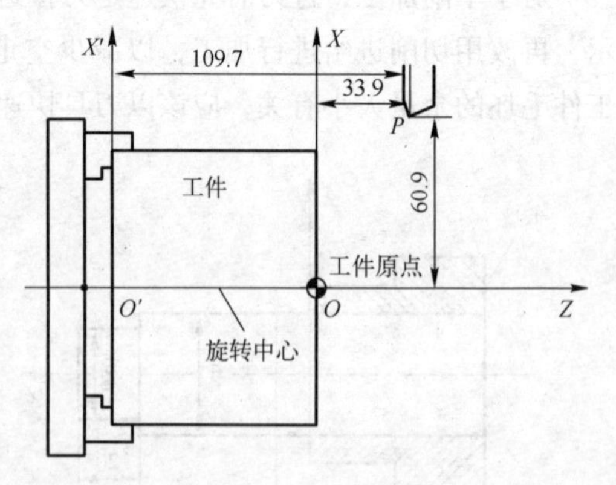

图 3–9 设置加工坐标

2. 工件坐标系的选择指令 G54～G59

格式：G54

说明：

① G54 ～ G59 指令是系统预置的六个坐标系，可根据需要选用。

② G54 ～ G59 指令建立的工件坐标原点是相对于机床原点而言的，在程序运行前已设定好，在程序运行中是无法重置的。

③ G54 ～ G59 指令预置建立的工件坐标原点在机床坐标系中的坐标值可用 MDI（Medium Dependent Input，手动输入程序控制模式）方式输入，系统自动记忆。

④ 使用该组指令前，必须先回参考点。

⑤ G54 ～ G59 指令为模态指令，可相互注销。

【例 3-2】 如图 3-10 所示，用 G54 指令设置如图所示的工件坐标系。

首先设置 G54 原点偏置寄存器：

```
G54 X0 Z85.0;
```

然后再在程序中调用：

```
N010 G54;
```

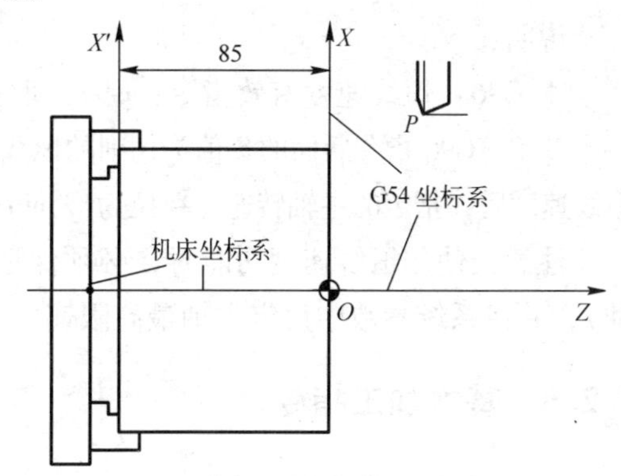

图 3-10　设置工件坐标等

3.2.3　回参考点控制指令

1. 自动返回参考点指令 G28

格式: G28 X(U)_Z(W)_;

说明:

① X、Z：绝对编程时为中间点在工件坐标系中的坐标；U、W：增量编程时为中间点相对于起点的位移量。

② G28 指令首先使所有的编程轴都快速定位到中间点，然后再从中间点返回到参考点。一般用于刀具自动更换或者消除机械误差，在执行该指令前应先取消刀尖半径补偿。

③ 在 G28 指令的程序段中会产生坐标轴移动指令，且记忆了中间点坐标值，可供 G29 指令使用。

④ 电源接通后，在没有手动返回参考点的状态下，执行 G28 指令后，编程轴将从中间点自动返回参考点，与手动返回参考点相同。这时从中间点到参考点的方向就是机床参数“回参考点”设定的方向。

⑤ G28 指令仅在其被规定的程序段中有效。

2. 自动从参考点返回指令 G29

格式: G29 X(U)_Z(W)_;

说明:

① X、Z：绝对编程时为定位终点在工件坐标系中的坐标；U、W：增量编程时为定位终点相对于 G28 指令定义的中间点的位移量。

② G29 指令可使所有编程轴以快速进给经过由 G28 指令定义的中间点，然后再到达指定点。通常该指令紧跟在 G28 指令之后。

③ G29 指令仅在其被规定的程序段中有效。

3.2.4 恒线速度车削指令

格式：G96 S_;

G97 S_;

说明：

① G96：恒线速度有效指令；G97：取消恒线速度功能指令。

② S：G96 指令后面的 S 值为切削的恒线速度，单位为 m/min；G97 指令后面的 S 值为取消恒线速度后，指定的主轴转速，单位为 r/min；若缺省，则执行 G96 指令前的主轴转速。

注意：使用恒线速度功能时，必须保证主轴具有自动变速功能（如伺服主轴、变频主轴），并在系统参数中设定主轴最高限速。

3.2.5 基本加工指令

1. 快速点位移动指令 G00

格式:G00 X(U)_Z(W)_;

说明:X(U)_、Z(W)_为目标点坐标值。

该指令命令刀具以点位控制的方式从刀具所在点快速移动到目标位置，不需要特别规定进给速度（见图 3-11）。

```
G00 X40 Z8;
```

或 G00 U-30 W-92;

2. 直线插补指令 G01

格式: G01 X(U)_Z(W)_F_;

说明：X(U)、Z(W)为目标点坐标，F 为进给速度。

机床执行 G01 指令时，如果之前的程序段中无 F 指令，则在该程序段中必须含有 F 指令。G01 和 F 都是模态指令。

【例 3-3】 如图 3-12 所示，用 G01 指令设置直线插补。

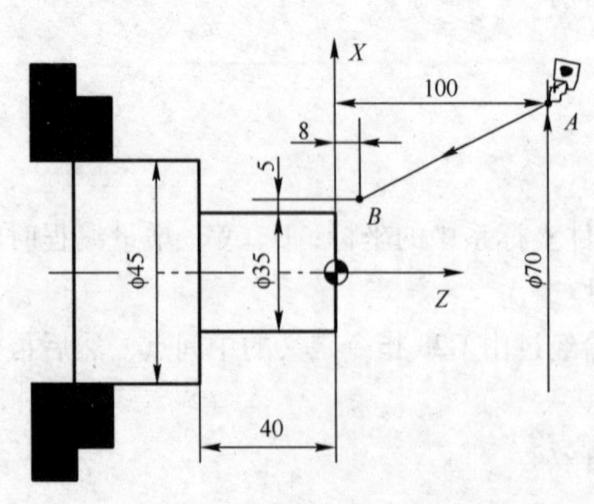

图 3-11 快速点位移动指令 G00

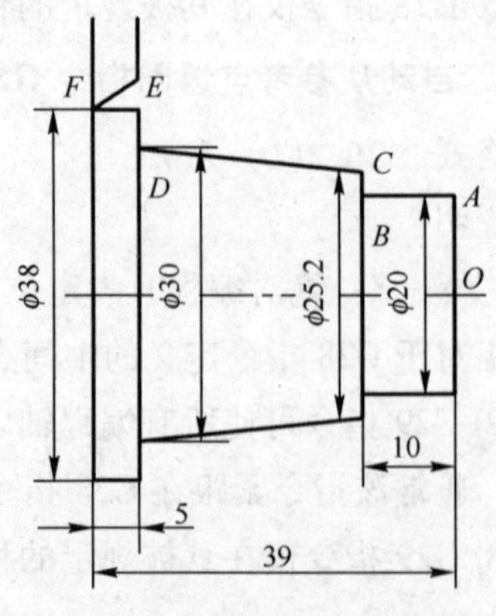

图 3-12 直线插补指令 G01

O→A：G01 X20 (Z0)；

A→B：(G01 X20) Z-10；

B→C：X25.2；

C→D：X30 Z-34；

D→E：X38；

E→F：Z-39；

3. 圆弧插补指令 G02/G03

G02 为按指定进给速度的顺时针圆弧插补；G03 为按指定进给速度的逆时针圆弧插补。

① 方向判别原则。

沿圆弧所在平面另一坐标轴的负方向看去，顺时针方向为 G02 指令，逆时针方向为 G03 指令。

② 格式：G02/G03 X(U)_Z(W)_I_K_F_；

或 G02/G03 X(U)_Z(W)_R_F_；

圆弧插补指令运行轨迹如图 3-13 所示。

说明：*X*、*Z* 的值是指圆弧插补的终点坐标值；*I*、*K* 是指圆弧起点到圆心的增量坐标，与 G90、G91 无关。

【例 3-4】 如图 3-14 所示，设置圆弧插补。

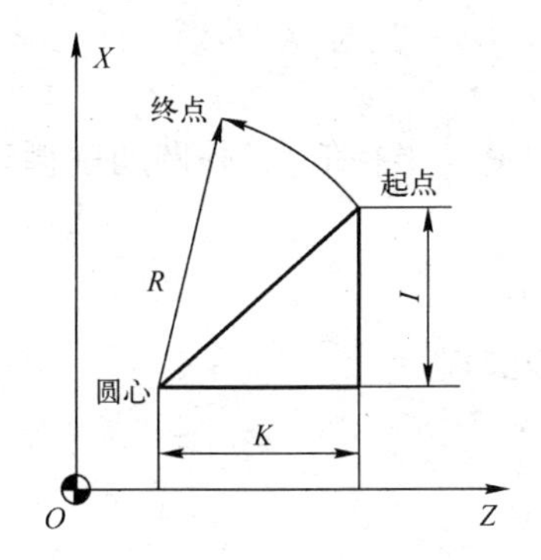

图 3-13　*XZ* 平面圆弧插补指令运行轨迹

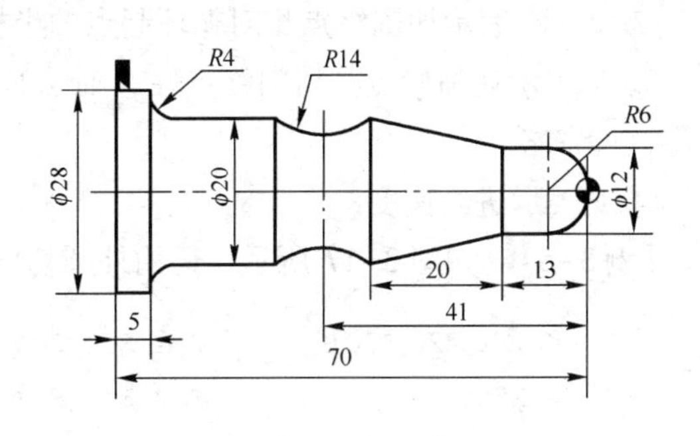

图 3-14　圆弧插补指令 G02/G03

```
G03 X12 Z-6 R6;
G02 X20 Z-49 R14;
G02 X24 W-4 R4;
```

4. 暂停指令 G04

格式：G04 X(P)_；

说明，X(P)为暂停时间；X 后用小数表示，单位为 s；P 后用整数表示，单位为 ms。

例如：G04 X2.0；表示暂停 2 s。G04 P1000；表示暂停 1000 ms。

3.2.6　单一固定循环指令

当车削加工余量较大，需要多次进刀切削加工时，可采用循环指令编写加工程序，这样可减少程序段的数量，缩短编程时间和提高数控机床工作效率。根据刀具切削加工的循环路线不同，循环指令可分为单一固定循环指令和多重复合循环指令。固定循环指令中刀具的运动一般分四步，进刀、切削、退刀与返回。

1. 外圆切削循环指令 G90

格式：`G90  X(U)_Z(W)_R_F_;`

指令功能为实现外圆切削循环和锥面切削循环，刀具从循环起点按图 3-15 和图 3-16 所示走刀路线，最后返回到循环起点，图中虚线表示按 R 指定的坐标增量快速移动，实线表示按 F 指定的工件进给速度移动。

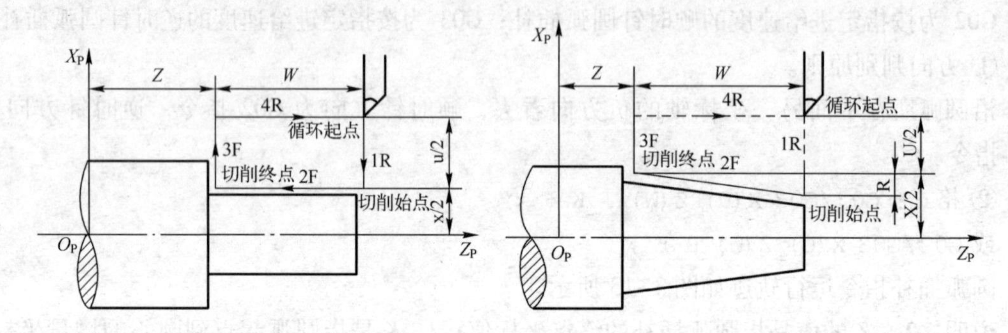

图 3-15　外圆切削循环走刀路线　　图 3-16　锥面切削循环走刀路线

说明：

① *X* 、*Z* 表示切削终点坐标值。

② *U*、*W* 表示切削终点相对循环起点的坐标分量。

③ *R* 表示切削始点与切削终点在 *X* 轴方向的坐标增量（半径值），外圆切削循环时 R 为零，可省略。

④ *F* 表示进给速度。

【例 3-5】 如图 3-17 所示，运用外圆切削循环指令编程。

```
G90 X40 Z20 F30;        A→B→C→D→A
    X30;                A→E→F→D→A
    X20;                A→G→H→D→A
```

【例 3-6】 如图 3-18 所示，运用锥面切削循环指令编程。

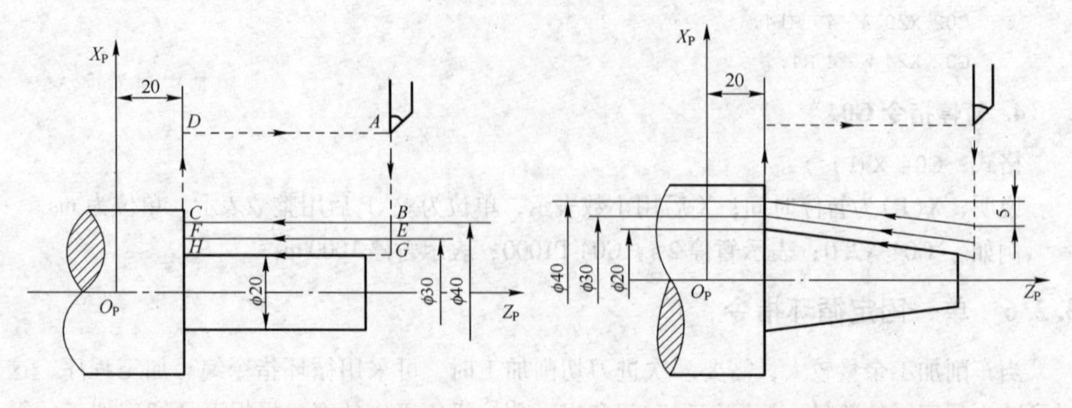

图 3-17　外圆切削循环指令的应用　　图 3-18　锥面切削循环指令的应用

```
G90 X40 Z20 R-5 F30;        A→B→C→D→A
    X30;                    A→E→F→D→A
    X20;                    A→G→H→D→A
```

2. 端面切削循环指令 G94

格式：G94 X(U)_ Z(W)_ R_ F_;

指令功能为实现端面切削循环和带锥度的端面切削循环，刀具从循环起点，按图 3-19 与图 3-20 所示走刀路线，最后返回到循环起点，图中虚线表示按 R 指定的坐标增量快速移动，实线按 F 指定的进给速度移动。

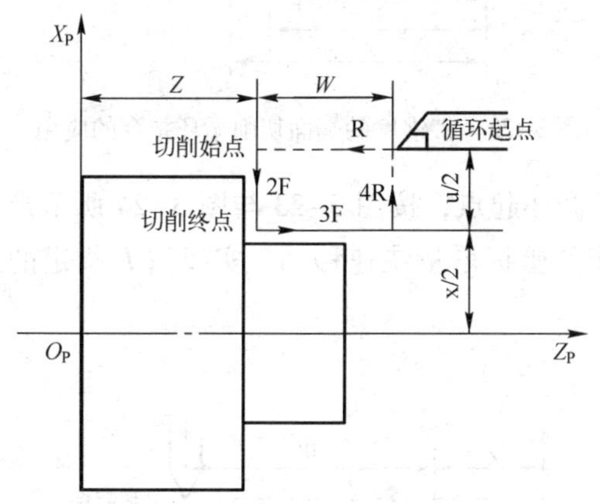

图 3-19　端面切削循环走刀路线

图3-20　带锥度的端面切削循环走刀路线

说明：

① *X*、*Z* 表示端面切削终点坐标值。

② *U*、*W* 表示端面切削终点相对循环起点的坐标分量。

③ *R* 表示端面切削始点至切削终点的位移在 Z 轴方向的坐标增量，端面切削循环时 R 为零，可省略。

④ *F* 表示进给速度。

【例 3-7】 如图 3-21 所示，运用端面切削循环指令编程。

```
G94 X20 Z16 F30;          A→B→C→D→A
        Z13;              A→E→F→D→A
        Z10;              A→G→H→D→A
```

【例 3-8】 如图 3-22 所示，运用带锥度端面切削循环指令编程。

```
G94 X20 Z34 R-4 F30;        A→B→C→D→A
     Z32;                   A→E→F→D→A
     Z29;                   A→G→H→D→A
```

3. 螺纹切削循环指令 G92

格式：G92　X(U)_Z(W)_R_F_;

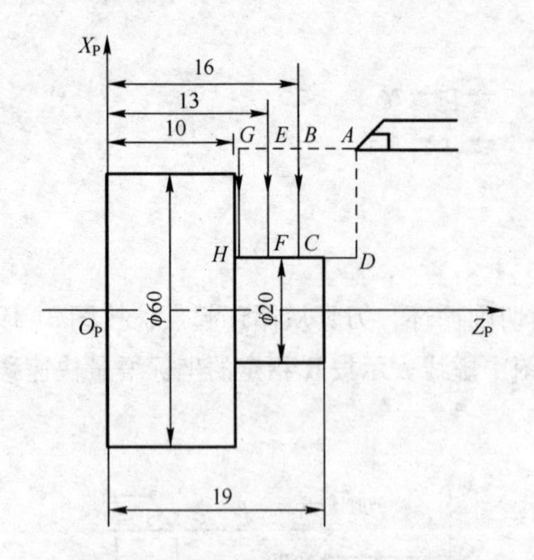

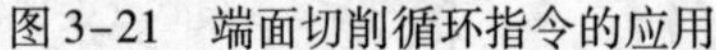

图 3-21　端面切削循环指令的应用

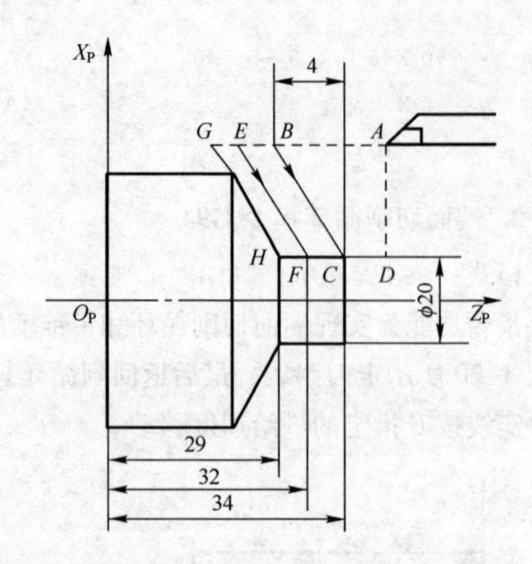

图 3-22　带锥度的端面切削循环指令的应用

指令功能为切削圆柱螺纹和锥螺纹，刀具从循环起点，按图 3-23 与图 3-24 所示走刀路线，最后返回到循环起点，虚线表示按 *R* 指定的坐标增量快速移动，实线按 *F* 指定的进给速度移动。

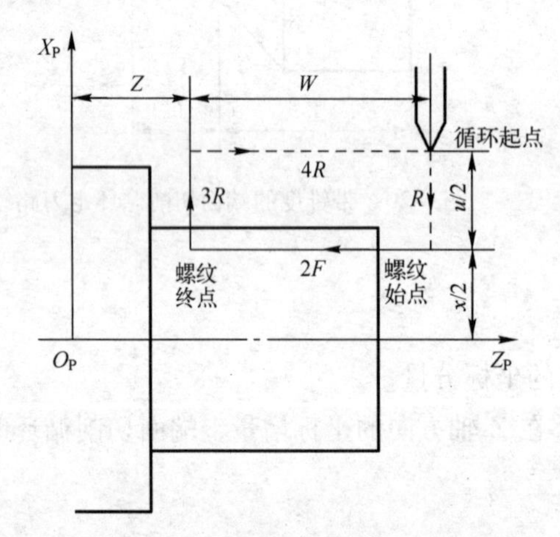

图 3-23　切削圆柱螺纹走刀路线

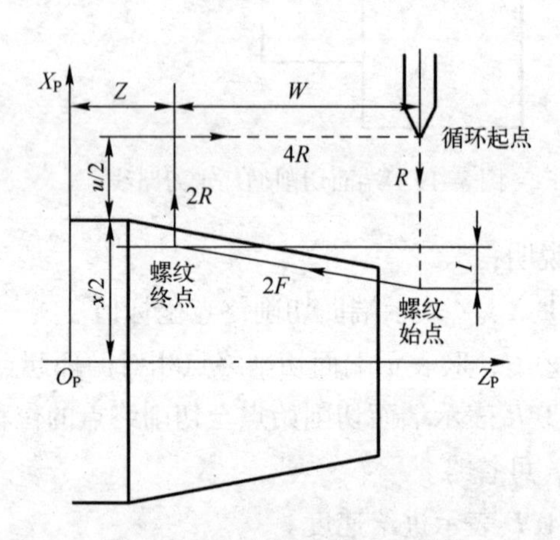

图 3-24　切削锥螺纹走刀路线

说明：

① *X*、*Z* 表示螺纹终点坐标值。

② *U*、*W* 表示螺纹终点相对循环起点的坐标分量。

③ *R* 表示锥螺纹始点与终点在 *X* 轴方向的坐标增量（半径值），圆柱螺纹切削循环时 R 为零，可省略。

④ *F* 表示螺纹导程。

【例 3-9】 如图 3-25 所示，运用圆柱螺纹切削循环指令编程。

```
G50 X100 Z50;
G97 S300;
T0101 M03;
```

```
G00 X35 Z3;
G92 X29.2 Z-21 F1.5;
    X28.6;
    X28.2;
    X28.04;
G00 X100 Z50;
T0000 M05;
M02;
```

【例 3-10】 如图 3-26 所示，运用锥螺纹切削循环指令编程。

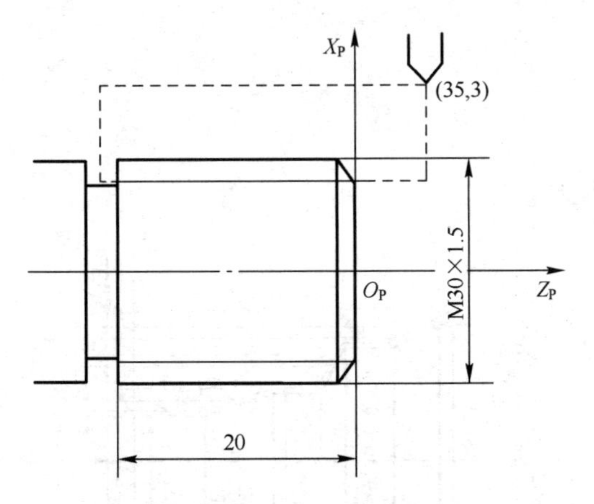

图 3-25　圆柱螺纹切削循环指令的应用

图 3-26　锥螺纹切削循环指令的应用

```
G50 X100 Z50;
G97 S300;
T0101 M03;
G00 X80 Z2;
G92 X49.6 Z-48 R-5 F2;
    X48.7;
    X48.1;
    X47.5;
    X47.1;
    X47;
G00 X100 Z50;
T0000 M05;
M02;
```

3.2.7　复合固定循环指令

复合固定循环指令可以将多次重复的动作用一个指令来表示，系统会自动重复切削，直到加工完成。

1. 车削循环指令 G71

格式：G71 U(Δd) R(e)；

G71 P(ns) Q(nf) U(Δu) W(Δw) F(f) S(s) T(t)；

说明：

Δd——背吃刀量；

e——退刀量；

ns——精加工轮廓程序段中开始程序段的段号；

nf——精加工轮廓程序段中结束程序段的段号；

Δu——*X* 轴向精加工余量；

Δw——*Z* 轴向精加工余量；

f、s、t——F、S、T 代码。

车削循环过程如图 3-27 所示。

【例 3-11】 如图 3-28 所示，设置车削循环。

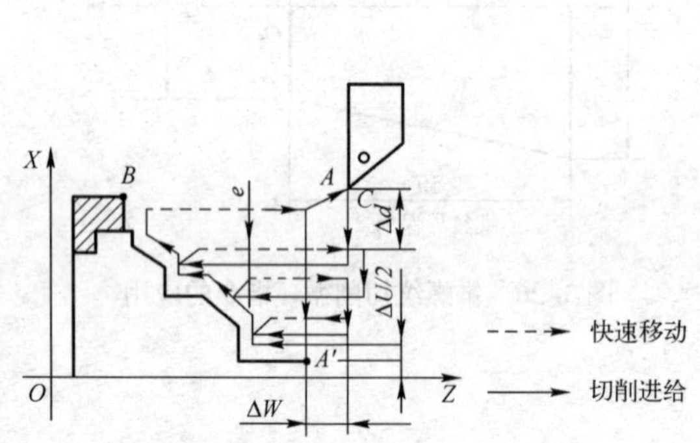

图 3-27 车削循环指令 G71 的循环过程

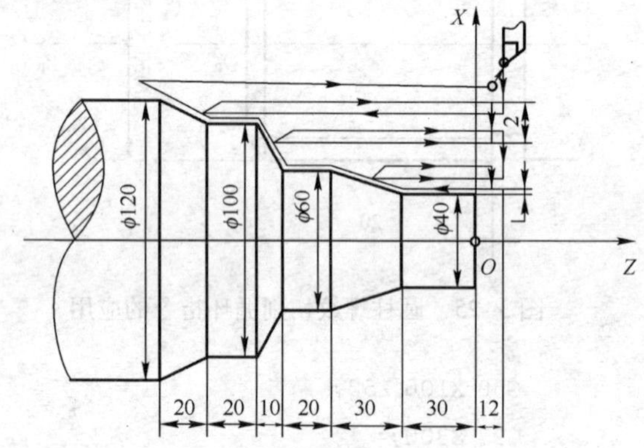

图 3-28 车削循环指令 G71 的应用

```
N10 G50 X200 Z140 T01;
N20 G00 G42 X120 Z10 M08;
N30 G96 S120;
N40 G71 U2 R0.5;
N50 G71 P60 Q120 U2 W2 F0.25;
N60 G00 X40;
N70 G01 Z -30 F0.15;
N80 X60 Z -60;
N90 Z -80;
N100 X100 Z -90;
N110 Z -110;
N120 X120 Z -130;
N130 G00 X125 ;
N140 X200 Z140;
N150 M02;
```

2. 精车加工循环指令 G70

由 G71 指令完成粗车加工后，可以用 G70 指令进行精加工，切除粗加工中留下的余量。精加工时，使用 N(ns)～N(nf)程序段中的 F、S、T 功能。当 N(ns)～N(nf)程序中不指定 F、S、T 时，原粗车循环中指定的 F、S、T 仍有效。

G70 指令后面的 ns 和 nf 是循环的起始段号和结束段号，不需重写，和 G71 指令后的 ns 和 nf 段号相同。

格式：

```
G70 P(ns)Q(nf);
```

G70 指令后面的 ns 和 nf 是循环的起始段号和结束段号，不需重写，和 G71 指令后的 ns 和 nf 段号相同.

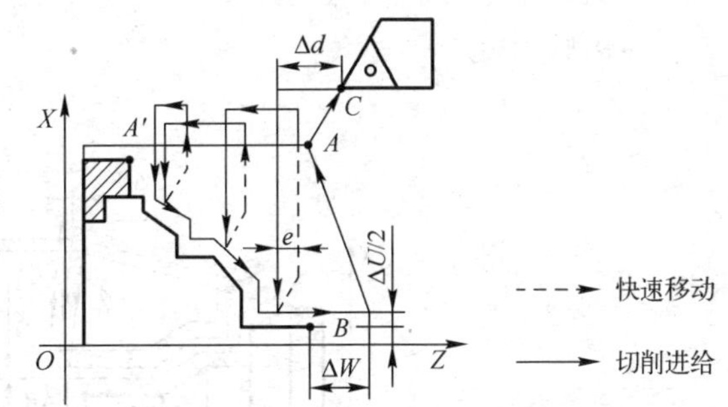

图 3-29　断面粗车循环指令 G72 的切削轨迹

3. 断面粗车循环指令 G72

断面粗车循环指令 G72 与 G71 指令格式相同. 不同的是切削方向与 X 轴平行，如图 3-29所示.

4. 重复车削循环指令 G73

格式：

```
G73 U(i) W(k) R(d);
    G73 P(ns) Q(nf) U(△u) W(△w) F(f) S(s) T(t);
```

说明：

i——*X* 轴向总退刀量；

k——*Z* 轴向总退刀量（半径值）；

d——重复加工次数；

ns——精加工轮廓程序段中开始程序段的段号；

nf——精加工轮廓程序段中结束程序段的段号；

Δu——*X* 轴向精加工余量；

Δw——*Z* 轴向精加工余量；

f、s、t——F、S、T 代码。

重复车削循环指令切削轨迹如图 3-30 所示。

【例 3-12】 如图 3-31 所示，设置重复车削循环。

```
N01 G50 X200 Z200 T010;
N20 M03 S2000;
N30 G00 G42 X140 Z40 M08;
N40 G96 S150;
N50 G73 U9.5 W9.5 R3;
N60 G73 P70 Q130 U1 W0.5 F0.3;
N70 G00 X20 Z0;
```

```
N80 G01 Z-20 F0.15;
N90 X40 Z-30;
N100 Z-50;
N110 G02 X80 Z-70 R20;
N120 G01 X100 Z-80;
N130 X105;
N140 G00 X200 Z200 G40;
N150 M30;
```

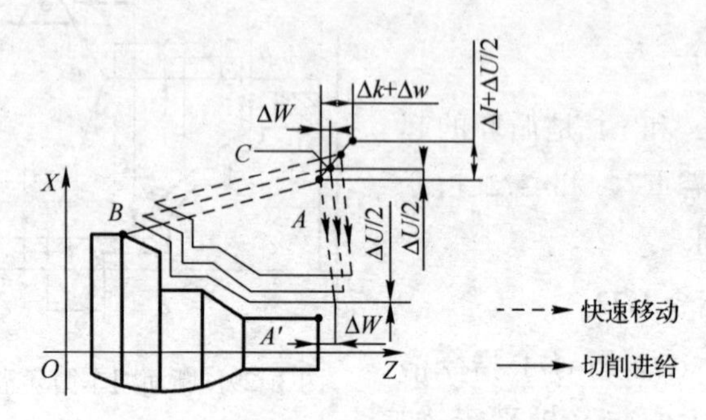

图 3-30　重复车削循环指令 G73 的切削轨迹

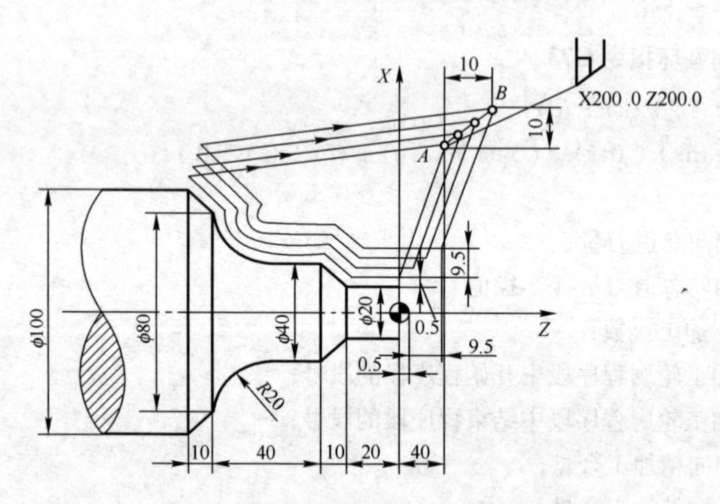

图 3-31　重复车削循环指令 G73 的应用

3.2.8　螺纹加工指令

螺纹加工是数控车床加工中常用指令，如锥螺纹车削和圆柱螺纹车削。在螺纹加工中如果螺距较大时，应分为数次进刀，每次进刀的深度为螺纹深度减去精加工切削深度所得的差，按递减规律分配。

螺纹切削指令为 G32。

格式：`G32 X(U)_Z(W)_F_;`

说明：

① X、Z 为绝对编程时，有效螺纹终点在工件坐标系中的坐标。

② U、W 为增量编程时，有效螺纹终点相对于螺纹切削起点的位移量。

③ F 为螺纹导程，即主轴每转一圈，刀具相对于工件的进给值。

注意：

① 从螺纹粗加工到精加工，主轴的转速必须保持一致。

② 在没有停止主轴的情况下，停止螺纹的切削将非常危险；因此螺纹切削时进给保持功能无效，如果按下进给保持按键，刀具在加工完螺纹后停止运动。

③ 在螺纹加工中不使用恒线速度控制功能。

④ 在螺纹加工轨迹中，应设置足够的升速进刀段和降速退刀段，以消除伺服滞后造成的螺距误差。

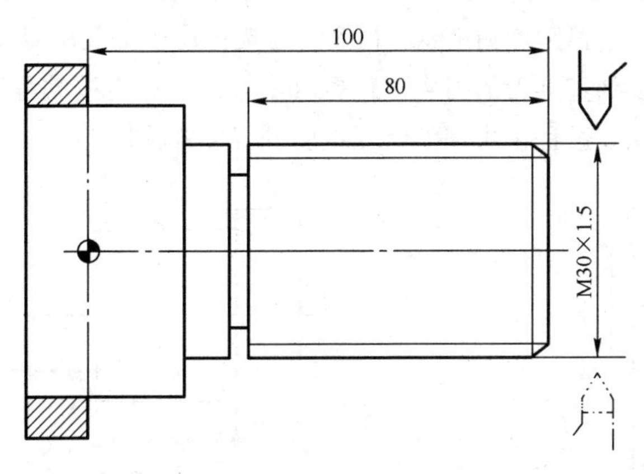

图3-32　螺纹切削指令G32的应用

【例3-13】 如图3-32所示，螺纹导程为1.5 mm，$\delta = 1.5$ mm，$\delta' = 1$ mm，每次吃刀量（直径值）分别为0.8 mm、0.6 mm、0.4 mm、0.16 mm编程如下：

```
N10 G50 X50 Z120;            //设立坐标系,定义对刀点的位置
N20 M03 S300;                //主轴以300 r/min旋转
N30 G00 X29.2 Z101.5;        //到螺纹起点,升速段1.5 mm,吃刀深0.8 mm
N40 G32 Z19 F1.5;            //切削螺纹到螺纹切削终点,降速段1 mm
N50 G00 X40;                 //X轴方向快退
N60 Z101.5;                  //Z轴方向快退到螺纹起点处
N70 X28.6;                   //X轴方向快进到螺纹起点处,吃刀深0.6 mm
N80 G32 Z19 F1.5;            //切削螺纹到螺纹切削终点
N90 G00 X40;                 //X轴方向快退
N100 Z101.5;                 //Z轴方向快退到螺纹起点处
N110 X28.2;                  //X轴方向快进到螺纹起点处,吃刀深0.4 mm
N120 G32 Z19 F1.5;           //切削螺纹到螺纹切削终点
N130 G00 X40;                //X轴方向快退
N140 Z101.5;                 //Z轴方向快退到螺纹起点处
N150 U-11.96;                //X轴方向快进到螺纹起点处,吃刀深0.16 mm
N160 G32 W-82.5 F1.5;        //切削螺纹到螺纹切削终点
```

```
N170 G00 X40;                       //X 轴方向快退
N180 X50 Z120;                      //回对刀点
N190 M05;                           //主轴停
N200 M30;                           //主程序结束并复位
```

3.2.9 刀具补偿指令

在实际加工工件时，使用一把刀具一般不能满足工件的加工要求，通常要使用多把刀具进行加工。作为基准刀的 1 号刀刀尖点的进给轨迹如图 3-33 所示（图中各刀具无刀位偏差）；其他刀具的刀尖点相对于基准刀刀尖的偏移量（即刀位偏差）如图 3-34 所示（图中各刀具有刀位偏差）。在程序里使用 M06 指令使刀架转动，实现换刀，T 指令则使非基准刀刀尖点从偏离位置移动到基准刀的刀尖点位置（*A* 点）然后再按编程轨迹进给，如图 3-34 的实线所示。刀具在加工过程中出现的磨损也要进行位置补偿。

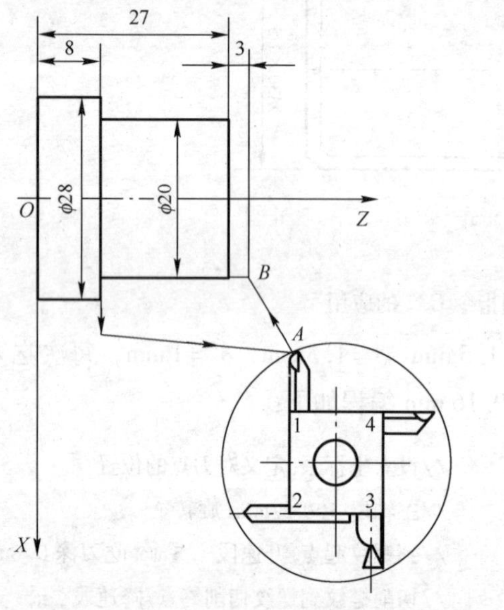

图 3-33　基准刀进给轨迹

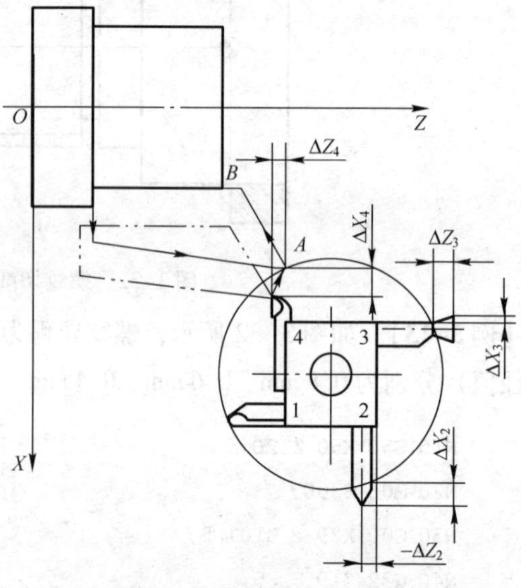

图 3-34　刀具位置补偿

1. 刀尖圆弧半径补偿

刀尖圆弧半径补偿的目的就是为了解决刀尖圆弧可能引起的加工误差，刀尖位置如图 3-35 所示。

在车端面时，刀尖圆弧的实际切削点与理想刀尖点的 *Z* 坐标值相同；车外圆柱表面和内圆柱孔时，实际切削点与理想刀尖点的 *X* 坐标值相同。因此，车端面和内外圆柱表面时不需要对刀尖圆弧半径进行补偿。

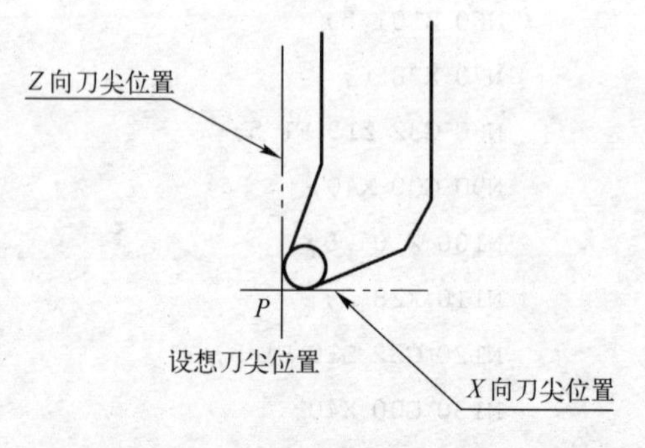

图 3-35　刀尖圆弧半径和理想刀尖点

当加工轨迹与机床轴线不平行（斜线或圆弧）时，则实际切削点与理想刀尖点之间在

X、Z 轴方向都存在位置偏差，如图3-36所示。以理想刀尖点 P 编程的进给轨迹为图中轮廓线，圆弧刀尖的实际切削轨迹为图中细线所示，会出现少切或过切现象，造成了加工误差。刀尖圆弧半径 R 越大，加工误差越大。

常见的刀尖圆弧半径为0.2 mm、0.4 mm、0.8 mm、1.2 mm。为使系统能正确计算出刀具中心的实际运动轨迹，除要给出刀尖圆弧半径 R 以外，还要给出刀具的理想刀尖位置号T。各种刀具的理想刀尖位置号如图3-37所示。

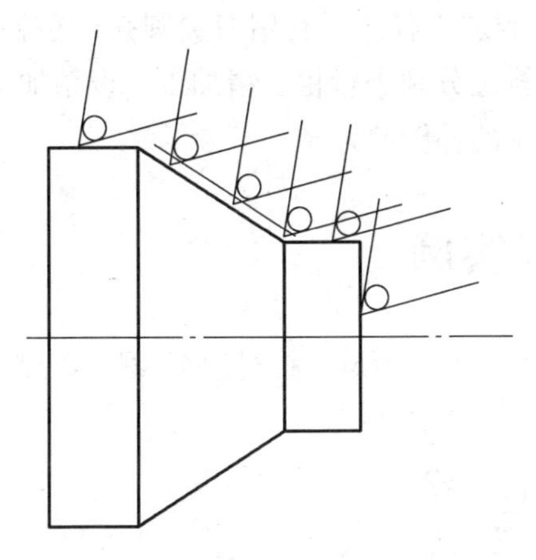

图3-36　刀尖圆弧半径对加工精度的影响

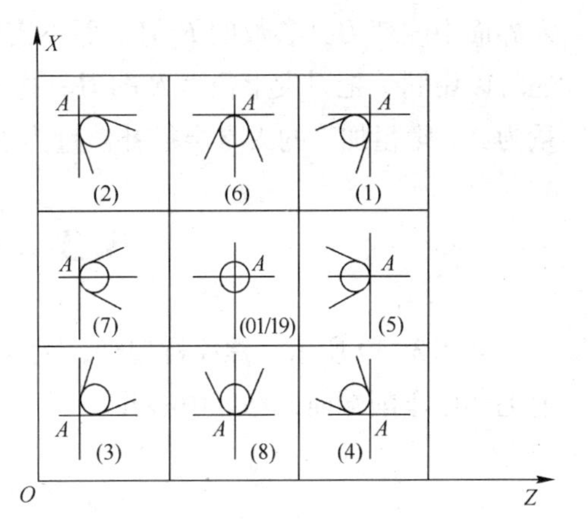

图3-37　理想刀尖位置号

2. 刀尖圆弧半径补偿的实现

刀尖圆弧半径补偿及其补偿方向是由G40、G41、G42指令实现的。

格式：`G40(G41/G42) G01(G00) X_ Z_ F;`

说明：

① G40为取消刀尖圆弧半径补偿，也可用T××00取消刀补。

② G41为刀尖圆弧半径左补偿（左刀补）。顺着刀具运动方向看，刀具在工件左侧，如图3-38（a）所示。

③ G42为刀尖圆弧半径右补偿（右刀补）。顺着刀具运动方向看，刀具在工件右侧，如图3-38（b）所示。

④ X、Z为建立或取消刀尖圆弧半径补偿程序段中，刀具移动的终点坐标。

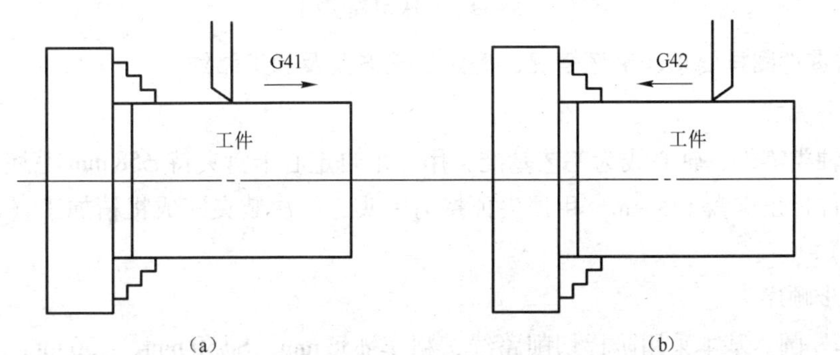

图3-38　刀具半径补偿

G40、G41、G42 指令不能与 G02、G03、G71、G72、G73、G76 指令出现在同一程序段。G01 程序段有倒角控制功能时也不能进行刀具补偿。在调用新刀具前，必须用 G40 取消刀补。

G40、G41、G42 指令为模态指令，G40 为缺省值。要改变刀尖圆弧半径补偿方向，必须先用 G40 指令解除原来的左刀补或右刀补状态，再用 G41 或 G42 指令重新设定，否则补偿会不正常。

当刀具磨损、重新刃磨或更换新刀具后，刀尖半径发生变化，这时只需在刀具偏置输入界面中改变刀具参数的 R 值，而不需修改已编好的加工程序。利用刀尖圆弧半径补偿，还可以用同一把刀尖半径为 R 的刀具按相同的编程轨迹分别进行粗、精加工。设精加工余量为 Δ，则粗加工的刀具半径补偿量为 $R+\Delta$，精加工的补偿量为 R。

3.3　车床编程实例

如图 3-39 所示，螺纹特型轴，毛坯为 $\phi 58$ mm × 180 mm 棒材，材料为 45 钢。数控车削前毛坯已车削端面，钻好中心孔。

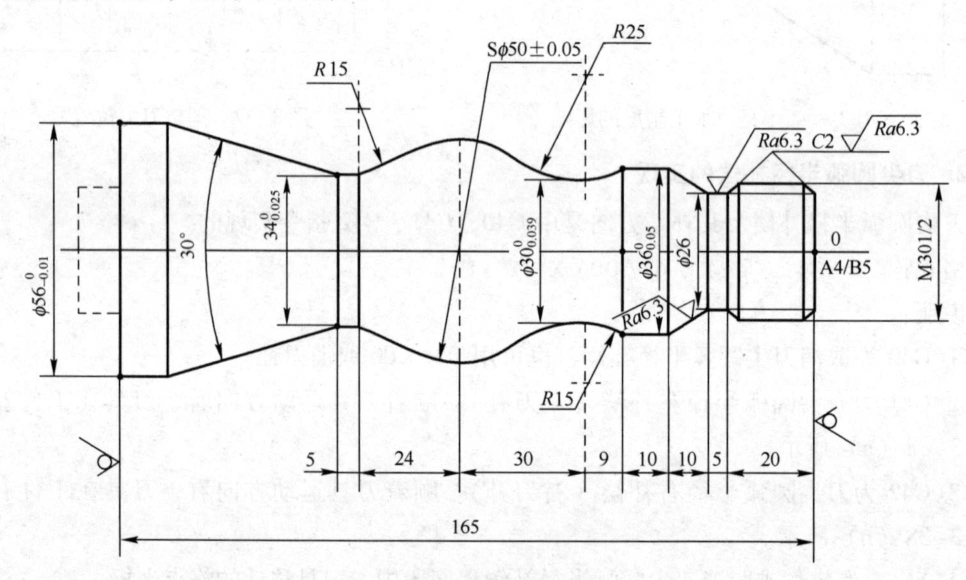

图 3-39　车床编程实例

1. 根据零件图样要求、毛坯情况，确定工艺方案及加工路线

（1）装夹方式

对细长轴类零件，轴心线为工艺基准，用三爪自定心卡盘夹持 $\phi 58$ mm 毛坯棒材的外圆一头，使工件伸出卡盘 175 mm，用顶尖顶持另一头，一次装夹完成粗精加工（注：切断时将顶尖退出）。

（2）工步顺序

① 粗车外圆。基本采用阶梯切削路线，粗车 $\phi 56$ mm、S$\phi 50$ mm、$\phi 36$ mm、M30 mm 各外圆段以及锥长为 10 mm 的圆锥段，留 1 mm 的余量。

② 自右向左精车各外圆面：螺纹段右倒角→切削螺纹段外圆 $\phi 30$ mm →车锥长 10 mm 的

圆锥→车 ϕ36 mm 圆柱段→车 ϕ56 mm 圆柱段。

③ 车 5 mm × ϕ26 mm 螺纹退刀槽，倒螺纹段左倒角，车锥长 10 mm 的圆锥以及车 5 mm × ϕ34 mm 的槽。

④ 车螺纹。

⑤ 自右向左粗车 R15 mm、R25 mm、Sϕ50 mm、R15 mm 各圆弧面及 30°的圆锥面。

⑥ 自右向左精车 R15 mm、R25 mm、Sϕ50 mm、R15 mm 各圆弧面及 30°的圆锥面。

⑦ 切断。

2. 选择机床设备

根据零件图样要求，选用经济型数控车床即可达到要求。故选用 CK0630 型数控卧式车床。

3. 选择刀具

根据加工要求，选用三把刀具，T01 为粗加工刀，选 90°外圆车刀，T03 为切槽刀，刀宽为 3 mm，T05 为螺纹刀。同时把三把刀在自动换刀刀架上安装好，且都对好刀，把它们的刀位偏差值输入相应的刀具参数中。

4. 确定切削用量

切削用量的具体数值应根据该机床性能、相关的手册并结合实际经验确定，详见加工程序。

5. 确定工件坐标系、对刀点和换刀点

确定以工件左端面与轴心线的交点 *O* 为工件原点，建立 X*O*Z 工件坐标系。

采用手动试切对刀方法（操作与上面数控车床的对刀方法相同）把点 *O* 作为对刀点。换刀点设置在工件坐标系下 X70、Z30 处。

6. 编写程序（该程序用于 CK0630 车床）

按该机床规定的指令代码和程序段格式，把加工零件的全部工艺过程编写成程序清单。该工件的加工程序如下：

```
N0010  G59  X0  Z195;
N0020  G90;
N0030  G92  X70  Z30;
N0040  M03  S450;
N0050  M06  T01;
N0060  G00  X57  Z1;
N0070  G01  X57  Z-170  F80;
N0080  G00  X58  Z1;
N0090  G00  X51  Z1;
N0100  G01  X51  Z-113  F80;
N0110  G00  X52  Z1;
N0120  G91;
N0130  G81  P3;
N0140  G00  X-5  Z0;
N0150  G01  X0  Z-63  F80;
```

```
N0160  G00  X0  Z63;
N0170  G80;
N0180  G81  P2;
N0190  G00  X-3  Z0;
N0200  G01  X0  Z-25  F80;
N0210  G00  X0  Z25;
N0220  G80;
N0230  G90;
N0240  G00  X31  Z-25;
N0250  G01  X37  Z-35  F80;
N0260  G00  X37  Z1;
N0270  G00  X23  Z-72.5;
N0280  G00  X26  Z1;
N0290  G01  X30  Z-2  F60;
N0300  G01  X30  Z-25  F60;
N0310  G01  X36  Z-35  F60;
N0320  G01  X36  Z-63  F60;
N0330  G00  X56  Z-63;
N0340  G01  X56  Z-170  F60;
N0350  G28;
N0360  G29;
N0370  M06  T03;
N0380  M03  S400;
N0390  G00  X31  Z-25;
N0400  G01  X26  Z-25  F40;
N0410  G00  X31  Z-23;
N0420  G01  X26  Z-23  F40;
N0430  G00  X30  Z-21;
N0440  G01  X26  Z-23  F40;
N0450  G00  X36  Z-35;
N0460  G01  X26  Z-25  F40;
N0470  G00  X57  Z-113;
N0480  G01  X34.5  Z-113  F40;
N0490  G00  X57  Z-111;
N0500  G01  X34.5  Z-111  F40;
N0510  G28;
N0520  G29;
N0530  M06  T05;
N0540  G00  X30  Z2;
N0550  G91;
```

```
N0560 G33 D30 I27.8 X0.1 P3 Q0;
N0570 G01 X0 Z1.5;
N0580 G33 D30 I27.8 X0.1 P3 Q0;
N0590 G90;
N0600 G00 X38 Z-45;
N0610 G03 X32 Z-54 I60 K-54 F40;
N0620 G02 X42 Z-69 I80 K-54 F40;
N0630 G03 X42 Z-99 I0 K-84 F40;
N0640 G03 X36 Z-108 I64 K-108 F40;
N0650 G00 X48 Z-113;
N0660 G01 X56 Z-135.4 F60;
N0670 G00 X56 Z-113;
N0680 G00 X40 Z-113;
N0690 G01 X56 Z-135.4 F60;
N0700 G00 X50 Z-113;
N0710 G00 X36 Z-113;
N0720 G01 X56 Z-108 F60;
N0730 G00 X36 Z-45;
N0740 G00 X36 Z-45;
N0750 M03 S800;
N0760 G03 X30 Z-54 I60 K-54 F40;
N0770 G03 X40 Z-69 I80 K-54 F40;
N0780 G02 X40 Z-99 I0 K-84 F40;
N0790 G03 X34 Z-108 I64 K-108 F40;
N0800 G01 X34 Z-113 F40;
N0810 G01 X56 Z-135.4 F40;
N0820 G28;
N0830 G29;
N0840 M06 T03;
N0850 M03 S400;
N0860 G00 X57 Z-168;
N0870 G01 X0 Z-168 F40;
N0880 G28;
N0890 G29;
N0900 M05;
N0910 M02
```

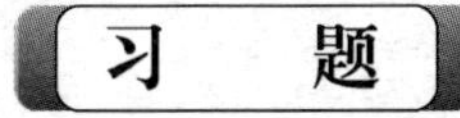

1. 编制图3-40所示零件的加工程序，工艺条件：循环起点在点A（46，3），切削深度

为1.5（半径量）。退刀量为1 mm，X轴方向精加工余量为0.4 mm，Z轴方向精加工余量为0.1 mm，其中双点画线部分为工件毛坯。

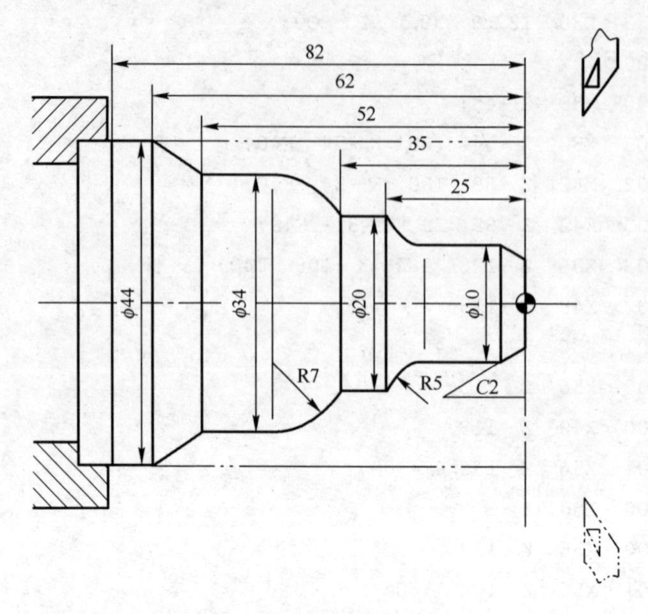

图3-40　编程练习图例1

2. 编制图3-41所示零件加工程序。工艺条件：工件材质为45#钢。毛坯为直径ϕ54 mm，长200 mm的棒料。

刀具选用：1号端面刀加工工件端面，2号端面外圆刀粗加工工件轮廓，3号端面外圆刀精加工工件轮廓，4号外圆螺纹刀加工导程为3 mm，螺距为1 mm的三头螺纹。

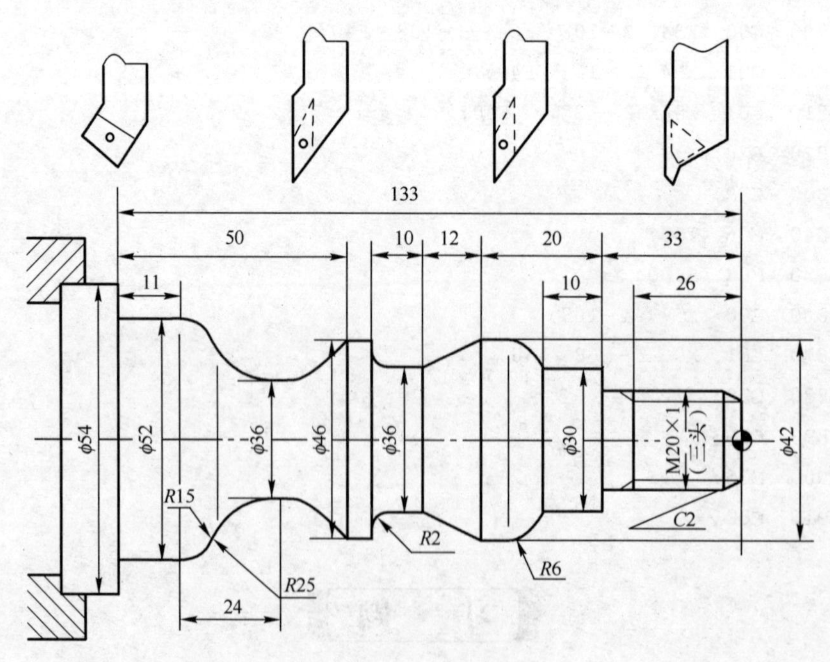

图3-41　编程练习图例2

第4章 数控车床的操作

学习目标：

- 了解数控车床的基本功能及应用。
- 理解数控车床系统的面板和组成及功能。
- 掌握数控车床的基本操作方法。
- 能够自主完成简单的数控车床系统的操作。
- 会使用手动机床外对刀方法进行对刀。

数控车床是在普通车床的基础上发展而来的，具有高效率、高精度、高柔性等特点，并且广泛应用在机械制造业。数控车床主要用于加工轴类零件的内外圆柱面、圆锥面、螺纹表面、成形回转体表面等，也可进行钻、扩、铰、镗孔等加工，还可完成车端面、切槽等加工。现在比较常见的数控系统品牌：发那科（FANUC）、西门子（SIEMENS）、华中数控等。日本系统 FANUC 公司的数控系统具有高质量、高性能、全功能等特点，适用于各种数控机床和生产机械；德国 SIEMENS 公司的数控系统采用模块化结构设计，经济性好。该系统在统一的标准硬件上，配置多种软件模块，可具有多种工艺类型，满足各种机床的需要，并发展成为系列产品；中国华中数控系统是中国涉足数控系统生产较早的一家，其数控系统主要有价格经济、开放性较好可连接不同厂家的硬件设备组成系统，多年来受到了用户的好评。现在发那科（FANUC）系统在市场的占有份额远远超于其他各品牌的数控系统。所以，本章以 FANUC 0i－T 数控系统为例，用图文的方式向读者详细介绍数控系统的面板及操作方法。

4.1 数控车床操作面板的组成及功能

对于不同型号的数控车床，由于机床的结构所用操作面板、电气系统的差别乃至操作方法都会有些许差异，但基本的操作方法是相同的。FANUC 0i 系列数控系统的操作界面与 18i、16i、21i 的操作界面基本相同，熟悉 0i 系统后会很容易对以上系统上手。同时 0i 系统的 PMC 程序的基本指令执行周期短、容量大，功能指令丰富，执行更方便。

4.1.1 FANUC 0i－T 数控系统主面板

FANUC 0i－T 数控系统的操作面板可分为 LCD 显示区、MDI 键盘区（包括字符键和功能键等）、软键盘区，如图 4-1 所示。

MDI 键盘区上面四行为字母、数字和字符部分，操作时用于字符的输入；其他为功能或编辑键，如图 4-2 所示，表 4-1 所示为 MDI 键盘的功能。

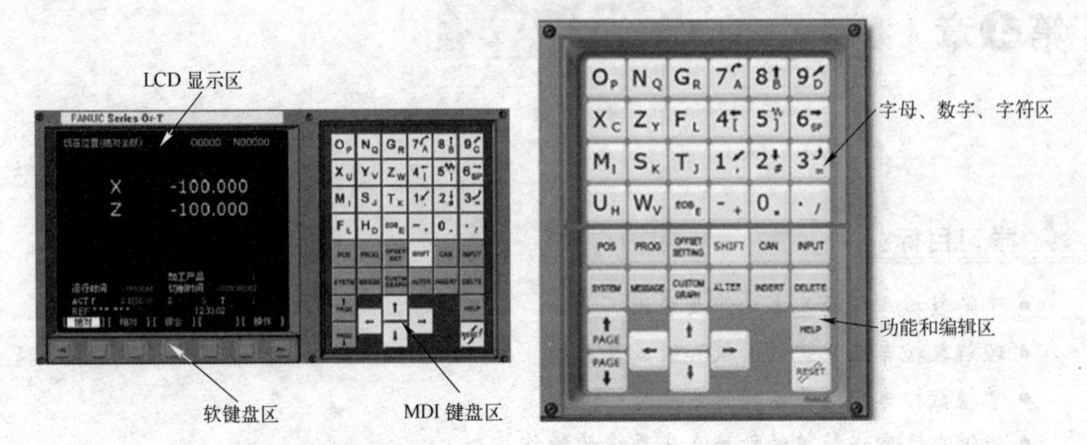

图 4-1　FANUC 0i－T 数控系统主面板　　　图 4-2　FANUC 0i－T MDI 键盘区

表 4-1　FANUC 0i－T MDI 键盘的功能

序　号	键 盘 图 标	功 能 名 称	功 能 说 明
1		数字/字母/字符输入键	数字/字母键用于输入数据到光标位置，系统自动判别取字母还是取数字，其中“EOB”为分号（;）输入键；按下 SHIFT 后再按下按键会在光标处出现相应按键右下角的字符
2		PAGE 键	翻页键，包括上下两个键，分别表示屏幕上页键和屏幕下页键
3		方向键	分别代表光标的上、下、左、右移动
4		POS 键	按下此键显示当前机床的坐标位置画面
5		PROG PAM 键	按下此键显示程序画面
6		OFS/SET 键	按下此键显示刀偏/设定（SETTING）画面
7		SHIFT 键	上挡键，按一下此键，再按字符键，将输入对应右下角的字符
8		CAN 键	退格/取消键，可删除已输入到缓冲器的最后一个字符

续表

序　号	键盘图标	功能名称	功能说明
9	INPUT	INPUT 键	写入键，当按了地址键或数字键后，数据被输入到缓冲器，并在屏幕上显示出来；为了把键入到输入缓冲器中的数据拷贝到寄存器，按此键将字符写入到指定的位置
10	SYSTEM	SYSTEM 键	按此键显示系统画面（包括参数、诊断、PMC 和系统等）
11	MESSAGE	MSSAGE 键	按此键显示报警信息画面
12	CUSTOM GRAPH	CSTM/GR 键	按此键显示用户宏画面（会话式宏画面）或显示图形画面
13	ALTER	ALTER 键	替换键
14	SHIFT	INSERT 键	插入键
15	INSERT	DELETE 键	删除键
16	DELETE	HELP 键	帮助键，按此键用来显示如何操作机床
17	HELP	RESET 键	复位键，按此键可以使 CNC 复位，用以消除报警等

4.1.2　数控车床操作面板

机床操作面板位于窗口的右下侧，如图 4-3 所示。主要用于控制机床的运动和选择机床运行状态，由模式选择旋钮、数控程序运行控制开关等多个部分组成，每一部分的详细说明见表 4-2。

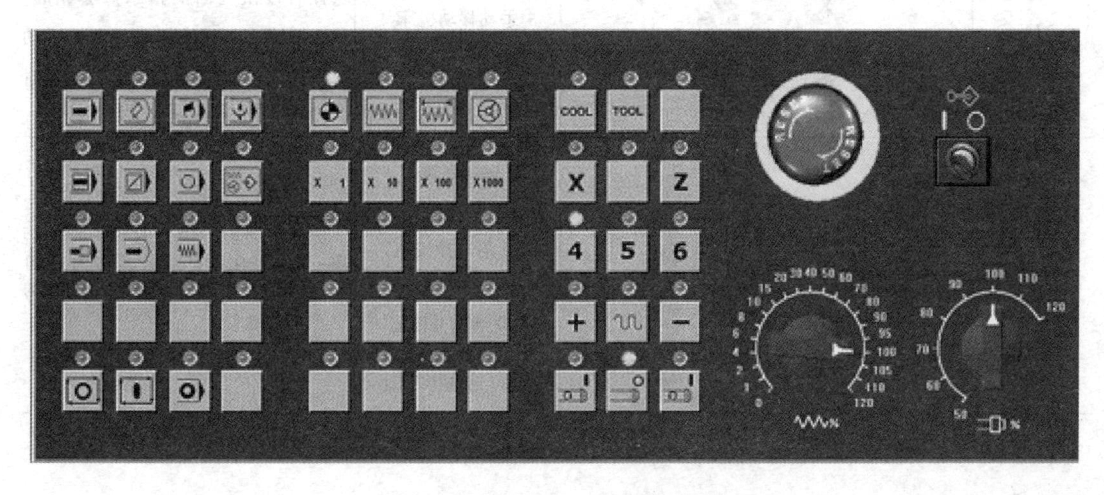

图 4-3　FANUC 0i－T 操作面板

表 4-2 FANUC 0i-T 操作面板功能说明

序 号	功能区域	按键图标	功能名称	功能说明
1	基本功能选择		AUTO 按钮	进入自动加工模式
2			EDIT 按钮	用于直接通过操作面板输入数控程序和编辑程序
3			MDI 按钮	按此键切换到 MDI 运行模式
4			DNC 按钮	按此键设定 DNC 运行模式用模 RS232 电缆线连接 PC 机和数控机床，选择数控程序文件传输。
5			REF 按钮	回参考点
6			JOG 按钮	手动运行模式，手动连续移动台面或者刀具
7			INC 按钮	增量进给运行模式
8			手轮功能按钮	手轮运行模式，手轮方式移动台面或刀具
9	程序运行控制开关		程序运行开始按钮	模式选择旋钮在“AUTO”和“MDI”位置时按下有效，其余时间按下无效
10			程序运行停止按钮	在数控程序运行中，按下此按钮停止程序运行
11	机床主轴手动控制开关		主轴正转按钮	在手动模式下按下按钮机床主轴正转
12			主轴反转按钮	在手动模式下按下按钮机床主轴反转
13			主轴停止按钮	在手动模式下按下按钮机床停止转动
14	X Z + −		手动移动机床台面按钮	按 X 、Z 按钮选择 X 轴和 Z 轴，选择后按钮上面的指示灯会亮起，然后按 + 、− 按钮机床开始手动运行；+ 或 − 按钮和 同时按时为快速进给
15	单步进给量控制按钮	X 1	1 倍选择按钮	选择手动运行模式时每一步的距离；X1 为 0.001 mm，X10 为 0.01 mm，X100 为 0.1 mm，X1000 为 1 mm。
		X 10	10 倍选择按钮	
		X 100	100 倍选择按钮	
		X1000	1000 倍选择按钮	

续表

序 号	功能区域	按键图标	功能名称	功能说明
16			进给率（F）调节旋钮	调节数控程序运行中的进给速度，调节范围从0～120%
17			主轴转速倍率调节旋钮	调节主轴速度，速度调节范围从50～120%
18			手轮	选择轴向后，手动顺时针转动手轮，相应的轴会往正方向移动；手动逆时针转动手轮，相应的轴会往负方向运动
19	程序控制按钮		程序编辑开关旋钮	置于OFF位置时程序处于写保护状态，不能够被编写；置于ON位置，可编辑程序
20			程序重启动	由于刀具破损等原因自动停止后，程序可以从指定的程序段重新启动
21			程序锁开关	按下此按钮，机床空运行程序，机床各轴被锁住不会和程序配合运行
22	程序运行按钮		单步执行开关按钮	按下一次执行一条数控程序指令
23			跳段读取程序按钮	自动方式按下此按钮，跳过程序段开头带有“/”的程序
24			程序停按钮	自动方式下，遇有M00时程序停止
25			机床空转按钮	按下此键，各轴以固定的速度运动
26	功能按钮	COOL	冷却液开关按钮	按下此按钮，冷却液开
27		TOOL	在刀库中选刀按钮	按下此按钮，刀库中选刀
28			紧急停止按钮（简称急停按钮）	遇到紧急情况时，机床立即停止运行

4.2 数控车床的基本操作方法和步骤

在进行数控车床操作前首先要学习数控车床的手动操作方法，利用手动操作可以实现数控加工系统的基本功能，例如开机、关机、主轴转动、冷却液、回参考点等。方便完成简单的加工任务，也可以用于检测设备功能运行是否正常。

4.2.1 开机、关机、急停、回参考点和超程解除操作步骤

1. 开机操作

数控车床的开机操作需要进行如下两个步骤：

① 在确认急停按钮已经按下后，打开数控车床电器柜总开关，使数控机床上电。

② 接通操作面板电源，给数控系统上电。同时向右旋转急停按钮，解除急停状态。上电后数控操作系统的显示屏显示画面如图 4-4 所示，则表示机床启动正常可进行加工工作。

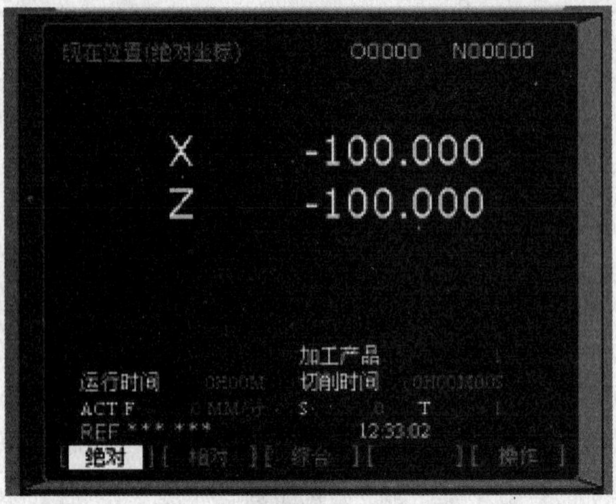

图 4-4　机床开机显示界面

2. 关机操作

数控车床的关机操作与开机操作是反向的，需要进行如下两个步骤：

① 程序运行结束后，断开操作面板电源，按下急停按钮。

② 断开数控车床电器柜总开关，使数控机床断电。

3. 急停操作

当出现紧急情况时用手垂直拍下急停按钮，系统会立即停止，如图 4-5 所示。当紧急情况解除后顺时针旋转急停按钮解除急停状态，如图 4-6 所示。

图 4-5　急停按钮按下方向

图 4-6　急停按钮解除操作

4. 返回参考点操作

由于机床在断电后会失去对各轴的坐标位置记忆，所以在正常开机后应首先让机床找到参考点。具体操作步骤：按回参考点按钮后按钮上的指示灯会亮起，然后分别选择要返回参考点的轴 X、Z，X 轴 Z 轴分别返回参考点。

注意为保证零件加工尺寸的一致性，停电、使用急停等特殊状况后必须进行“回零”操作。

5. 超程解除操作

刀架台超出机床限定行程的位置后系统会出现 ALARM 报警，这时就需要使用手动方式

解除超程报警，可先按下键，使屏幕上的报警信息 ALARM 消失，然后再按照返回参考点的操作方法使机床返回参考点。

4.2.2　手动操作方法和步骤

通过数控车床面板的手动操作，可以完成主轴旋转、进给运动、刀架转动和冷却液开/关等动作，并且可以检查机床状态，保证机床的正常工作。

1. 移动车床操作

手动移动机床的方法有以下三种。

（1）连续移动

这种方法常用于较长距离的台面移动。

① 按下 JOG 按钮进入手动运行模式。

② 选择各轴，按方向按钮，按住按钮机床台面运动，松开后停止运动。

（2）点动按钮

这种方法常用于微量调整，如用在对基准操作中。

① 按下 INC 按钮进入增量进给运行模式，选择 X 1　X 10　X 100　X1000 步进量。

② 选择各轴，按方向按钮，每按一次，台面移动一步。

（3）操纵“手轮”按钮

这种方法常用于微量调整。在实际生产中，使用手轮可以让操作者容易调整自己的工作位置。

2. 开、关主轴操作

① 按下 JOG 按钮。进入手动运行模式。

② 按或按钮启动机床主轴正转或反转，按按钮关闭机床主轴 。

4.2.3　数据设置方法和步骤

1. 输入零件原点参数

① 选择 AUTO 或 EDIT 模式。

② 按键进入参数设定页面，按“坐标系”软按键，如图 4-7 所示。

③ 按下 PAGE 的和键在 N01 ～ N03 坐标系页面和 N04 ～ N06 坐标系页面之间切换，N01 ～ N06 分别对应 G54 ～ G59。

④ 按下 CURSOR 的和键选择所需坐标系。

⑤ 输入地址字（X/Z）和数值到输入域。

⑥ 按 INPUT 键，把输入域中间的内容输入到所指定的位置。

2. 输入刀具补偿参数

① 选择 AUTO 或 EDIT 模式。

② 按[OFFSET SETTING]键进入参数设定页面，按“补正”软按键，如图4-8所示。

③ 按下PAGE的[PAGE↓]和[↑PAGE]键选择补偿号 。

④ 按下CURSOR的[↓]和[↑]键选择补偿参数编号。

⑤ 输入X方向、Z方向和半经补偿值以及刀位号。

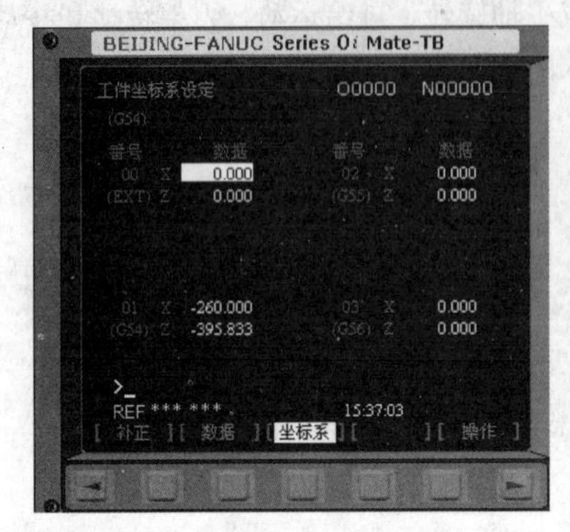

图4-7 数据设置界面

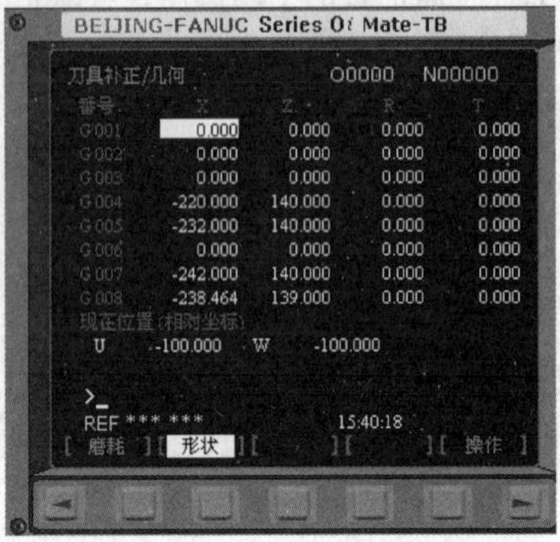

图4-8 刀具补偿输入界面

3. 输入工件平移参数

① 选择AUTO[→]或EDIT[◇]模式。

② 按[OFFSET SETTING]键进入参数设定页面，按“工件移”软按键，如图4-9所示。

③ 按下CURSOR的[↓]和[↑]键选择坐标，并输入坐标。

4. 零件位置显示

① 按[POS]键切换到位置显示页面。

② 位置显示有三种方式，按下PAGE的[↑PAGE]和[↓]键或按键切换，零件位置显示界面如图4-10所示。

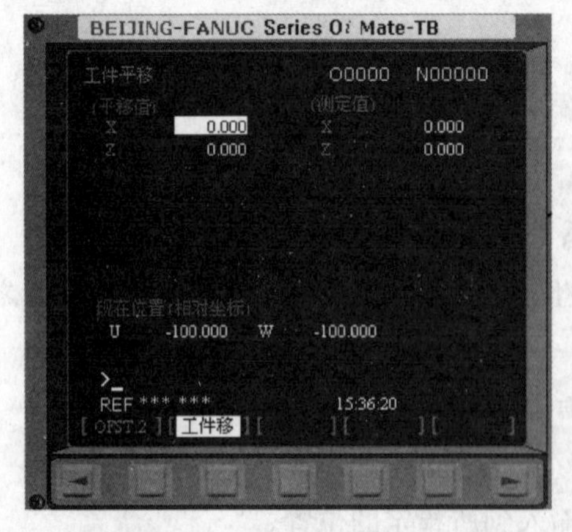

图4-9 工件移参数输入界面

图4-10 零件位置显示界面

零件坐标系（绝对坐标系）位置显示方式：

绝对坐标系位置：显示刀位点在当前零件坐标系中的位置。

相对坐标系位置：显示操作者预先设定为零的相对位置。

综合显示：同时显示刀位点在如图 4-10 所示坐标系中的位置。

4.2.4　程序编辑方法

1. MDI 数据手动输入

首先按 MDI 按钮进入 MDI 模式然后按下 PROGRAM 键，进入单程序句输入界面。按 LIB 软按键进入 MDI 状态。输入所需输入的数据后，按 INPUT 键写入程序完成，按 START 键数控程序运行，按 RESET 键可以重新输入程序。

2. 选择一个数控程序

从数控系统内存中选择一个数控程序，可以使用两种方法进行选择。

（1）按编号搜索

选择 EDIT 或 AUTO 模式，然后键入字母“O”和所搜索的号码“????”，按 CURSOR 的键开始搜索，搜索完成后，“O????”显示在屏幕右上角程序编号位置，NC 程序显示在屏幕中。

（2）按 CURSOR 键搜索

选择 EDIT 或 AUTO 模式，然后按 PROGRAM 键，进入程序控制方式界面，键入字母“O”，按 CURSOR 的键开始搜索，每按一次，会向下一个 NC 程序跳一次。

3. 删除一个数控程序

① 选择 EDIT 模式。

② 然后按下 PROGRAM 键，进入程序控制方式界面。

③ 键入字母“O”。

④ 键入要删除的程序的号码：“????”。

⑤ 最后按 DELET 键，所选 NC 程序被删除。

4. 删除全部数控程序

① 选择 EDIT 模式。

② 然后按 PROGRAM 键，进入程序控制方式界面。

③ 键入字母“O”。

④ 键入“9999”。

⑤ 最后按“DELET”键，所有数控程序被删除 。

5. 搜索一个指定的代码

一个指定的代码可以是一个字母或一个完整的代码，如“N0010”“M”“F”“G03”等。搜索在当前数控程序内进行。操作步骤如下：

① 选择 AUTO 或 EDIT 模式。

② 然后按 PROGRAM 键，进入程序控制方式界面。

③ 选择一个 NC 程序。

④ 输入需要搜索的字母或代码。

⑤ 按 CURSOR 的键开始在当前数控程序中搜索。

6. 编辑 NC 程序（删除、插入、替换操作）

① 选择 EDIT 模式。

② 然后按 PROGRAM 键，进入程序控制方式界面。

③ 选择一个将要被编辑的 NC 程序，按 INSERT 键即可进行编辑。

移动光标。按 PAGE 的和键进行翻页，按 CURSOR 的和键移动光标，也可以使用搜索一个指定代码的方法来移动光标。

输入数据。按数字/字母键输入数据，数据被输入到输入域。按 CAN 键可以删除输入域内的数据。

删除数据。按“DELET”键，将光标所在处的代码删除。

插入数据。按“INSERT”键，把输入域的内容插入到光标所在位置的后面。

替代数据。按 ALTER 键，把输入域的内容替代光标所在位置的代码。

7. 通过控制箱操作面板手工输入 NC 程序

① 选择 EDIT 模式。

② 然后按 PROGRAM 键，进入程序控制方式界面。

③ 键入字母“O”和程序编号，但不可以与已有程序名的重复。

④ 按“INSERT”键，开始输入程序。

输入程序时，每次可以输入一个代码；方法见编辑 NC 程序中的输入数据操作和删除、插入、替换操作。结束一行的输入后用 EOB 键换行，再继续输入。

8. 从计算机输入一个数控程序

① 选择 DNC 状态。

② 用 RS 232 电缆线连接 PC 机和数控机床，并选择数控程序文件传输。

③ 然后按 PROGRAM 键，进入程序控制方式界面。

④ 输入程序编号“O????”。

⑤ 最后按 INPUT 键，即可读入数控程序。

4.2.5 程序运行

运行程序是首先要通过手动或自动方式使机床回归机械厚点后再使用下面几种方法进行程序运行。

1. 启动程序加工零件

① 选择 EDIT 模式，调出所需要的程序。

② 按下 RESET 键使光标位于程序的开始位置。

③ 按上 AUTO 按钮进入自动加工模式。

④ 按数控程序运行控制开关中的程序运行开始按钮，当前程序开始运行。

2. 试运行程序

试运行程序时，机床和刀具不切削零件，仅运行程序。

① 按下程序锁开关按钮。

② 选择一个数控程序如 O001 后按调出程序。

③ 按数控程序运行控制开关中的程序运行开始按钮。

3. 单步运行

① 将单步开关打开，至 ON 位置。

② 数控程序运行过程中，每按一次执行一条指令。

4.3　对　　刀

数控加工中需要在工件坐标系确定后，确定刀具的刀尖在工件坐标系中的位置，也就是我们所说的对刀。实际操作中使用的对刀方法有两种，即手动对刀法和机外对刀仪对刀法。

1. 手动对刀法

采用手动对刀法对刀比较方便，但机床必须具备回机械零点功能。

① 回参考点操作。打开机床总电源及数控系统电源后，采用手动方式进行回参考点的操作，建立机床的坐标系。

② 装夹好工件及刀具，起动主轴。

③ 选择 1 号刀，手动将工件外圆表面切削一刀（5 ～ 10 mm），保持 X 轴尺寸不变，仅 Z 轴方向释放刀具，并停止主轴，测量工件外圆直径 D，按 OFFSET 键，用翻页键找到 101 号刀补。把光标移到该偏置号处，按 X 键输入测量直径 D 再按“输入”键，这样 1 号刀 X 向刀偏被设定。

④ 手动切削端面一刀，Z 轴不动，仅 X 轴释放刀具，按 OFFSET 键，找到 101 号刀偏；按 Z 键；输入“O”（以工件前端面为零点）或工件长度，（以工件后端面为零点）如“100”再按“输入”键这样 1 号刀 Z 向刀偏值设定完闭。

⑤ 把刀架移到安全距离，选择 2 号刀，用 2 号刀接近刚才 1 号刀切出的交角处。按“刀补”键，找到 102 号刀偏，按 X 键，输入工件直径 D 再按“输入”键；按 Z 键，输入“O”或工件长度（如“100”）再按输入键，这样 2 号刀 X 向及 Z 向刀偏值设定完闭。

⑥ 用同样方法寻 3 号刀及 4 号刀，把刀偏值分别设置到 103、104 刀编号中。

2. 机外对刀仪对刀法

机外对刀法需要在实际安装刀具前测量出刀具的假想刀尖到刀具基准点之间 X 轴和 Z

轴上的长度。利用机外对刀仪对刀法可以将刀具预先在机床外校对好，这样就可以在上机床直接使用。

机外对刀仪一般安装在对刀刀具台上，尺寸及制造精度相同。机外对刀的大致顺序如下

① 将刀具随同刀座一起紧固在对刀刀具台上。

② 摇动 X 方向和 Z 方向进给手柄，使移动部件载着投影放大镜沿着两个方向移动，直至假想刀尖点与放大镜十字线交点重合为止，这时通过 X 方向和 Z 方向的长度值就是这把刀具的对刀长度。

③ 在使用这个刀具进行加工时只要将这把刀具连同刀座一起装到机床某刀位上，并将对刀长度输入到相应刀具补偿数据中就可以了。

习　题

1. 比较常见的数控系统品牌有哪些，其特点分别是什么？
2. FANUC 0i－T 数控系统的操作面板可分为哪几个区域？
3. 手动主轴正转启动后如需要进行手动反转启动要怎样操作，简述操作步骤。
4. 请说明手动返回参考点的操作方法。
5. 在系统中要删除程序名为“O123”的程序，应该怎样操作，简述操作步骤。
6. 怎样进行程序的试运行操作，简述操作步骤。

第5章 数控铣床的程序编制

学习目标：

- 掌握数控铣削技术，并且能够运用它进行数控加工。
- 学习和应用 FANUC 数控系统的主要车削加工指令和编程方法。

5.1 数控铣床的概述

数控铣床是在普通铣床上集成了数字控制系统，可以在程序代码的控制下较精确地进行铣削加工的机床，它是一般铣床的基础上发展起来的，两者的加工工艺基本相同，结构也有些相似，但数控铣床是靠程序控制的自动加工机床，所以其结构也与普通铣床有很大区别。

5.1.1 数控铣床的分类

1. 按数控系统的功能分类

（1）经济型数控铣床

经济型数控系统，进给采用步进电动机，系统为开环控制。如使用西门子 802S 等系统，可以实现三轴联动。这种铣床成本低，功能简单，加工精度不高，适合于一般复杂零件的加工。一般有工作台升降式和床身式两种类型。

（2）全功能数控铣床

全功能数控系统，采用半闭环或全闭环位置控制，功能丰富，一般可以实现四坐标以上的联动，加工适用性强，应用最广泛。

（3）高速铣削数控铣床

高速铣削是数控加工的一个发展方向，技术已经比较成熟，已逐渐得到广泛的应用。这类数控铣床采用全新的机床结构、功能部件和功能强大的数控系统并配以加工性能优越的刀具系统，加工时主轴转速一般为 8 000 ～ 40 000 r/min，切削进给速度可达 10 ～ 30 m/min，可以对大面积的曲面进行高效率、高质量的加工。但这种机床价格昂贵，使用成本较高。

2. 按机床主轴的布置形式及机床的布局特点分类

（1）立式数控铣床

立式数控铣床是数控铣床中数量最多的一种，应用范围最广，如图 5-1 所示。小型数控铣床 X、Y、Z 轴方向的移动一般都由工作台完成；主运动由主轴完成，与普通立式升降台铣床相似。中型数控立铣的纵向和横向移动一般由工作台完成，且工作台还可以手动升降，主轴除完成主运动外，还能沿垂直方向伸缩。

（2）卧式数控铣床

卧式数控铣床与通用卧式铣床相同，其主轴轴线平行于水平面，如图5–2所示。为了扩大加工范围和扩充功能，卧式数控铣床通常采用增加数控转盘或万能转盘来实现四坐标和五坐标加工。这样不但工件侧面上的连续回转轮廓可以加工出来，而且可以实现一次装夹，通过转盘改变工位，进行“四面体加工”。尤其是万能数控转盘可以把工件上各种不同的角度或空间角度的加工面摆成水平加工。这样可以省去很多专用夹具或专用角度的成形铣刀。对于箱体类零件或需要在一次装夹中改变工位的零件来说，选择带数控转盘的卧式数控铣床进行加工是非常合适的。

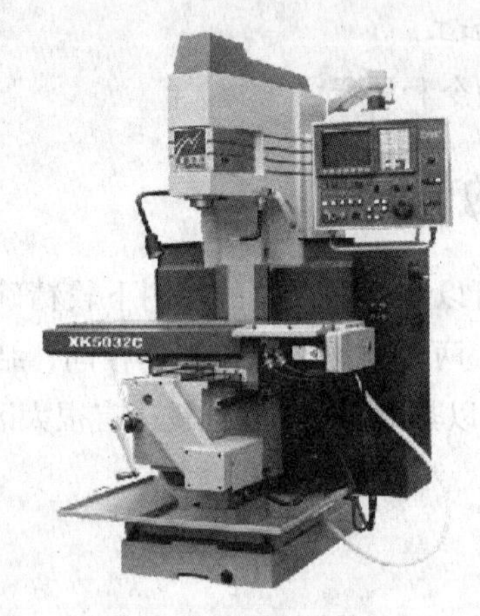

图5–1　立式数控铣床

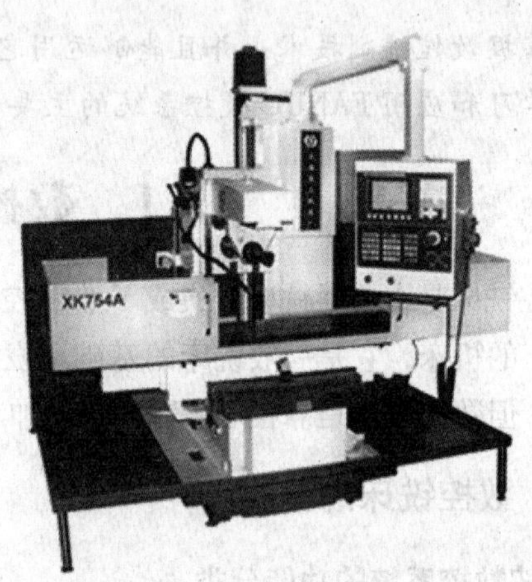

图5–2　卧式数控铣床

（3）立、卧两用数控铣床

目前，立、卧两用铣床的数量正逐步增加。由于这类铣床的主轴方向可以更换，能达到在一台铣床上即可以进行立式加工，又可以进行卧式加工；所以其应用范围更广，功能更全，选择加工对象的类型更多，给用户带来了很大的便利。尤其是当生产批量小、品种多，又需要立、卧两种方式加工时最为适用，如图5–3所示。

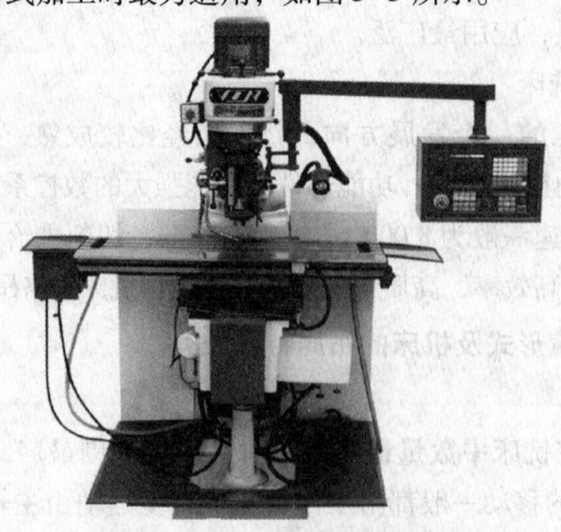

图5–3　立、卧两用数控铣床

5.1.2　数控铣床的加工对象

（1）平面类零件

加工平行、垂直于水平面或其加工面与水平面的夹角为定角的零件。其特点是各个加工单元面为平面或可以展开为平面。

（2）曲面类零件

加工面为曲面的零件称为曲面类零件，又称立体类零件。其特点为加工面不能展开为平面，加工面始终与铣刀点接触。

（3）变斜角类零件

加工面与水平面的夹角呈连续变化的零件，这类零件多为飞机零件。其特点是加工面不能展开为平面，但在加工中，加工面与铣刀圆周的接触为一条直线。

5.2　数控铣床的编程

数控铣床程序编制方法和数控车床基本相同，不同在于从两轴编程变为三轴编程（增加 Y 轴）。编程体现编程者的工艺思路，不仅仅指编写数控加工指令代码的过程，它还包括从零件分析到编写加工指令代码，再到制成控制介质以及程序校核的全过程。在编程前首先要进行零件的加工工艺分析，确定加工工艺路线、工艺参数、刀具的运动轨迹、位移量、切削参数（切削速度、进给量、背吃刀量）以及各项辅助功能（换刀、主轴正反转、切削液开关等）；接着根据数控机床规定的指令代码及程序格式编写加工程序单；再把这一程序单中的内容记录在控制介质上（如软盘、移动存储器、硬盘等），检查正确无误后采用手工输人方式或计算机传输方式输入数控机床的数控装置中，从而指挥机床加工零件。

5.2.1　常用的准备功能 G 代码

大多数的 G 代码是模态的，模态 G 代码是指这些 G 代码不只在当前的程序段中起作用，而且在以后的程序段中一直起作用，直到程序中出现另一个同组的 G 代码为止，同组的模态 G 代码控制同一个目标但起不同的作用，它们之间是不相容的。00 组的 G 代码是非模态的，这些 G 代码只在它们所在的程序段中起作用。标有 * 号的 G 代码是上电时的初始状态。G01 和 G00、G90 和 G91 上电时的初始状态由参数决定。同一程序段中可以有几个 G 代码出现，但当两个或两个以上的同组 G 代码出现时，最后出现的一个（同组的）G 代码有效。在固定循环模态下，任何一个 01 组的 G 代码都将使固定循环模态自动取消，成为 G80 模态。表 5-1 所示为 G 代码编号分组及相应功能。

表 5-1　G 代码分组表

G 代码	分　组	功　能
* G00	01	定位（快速移动）
* G01	01	直线插补（进给速度）
G02	01	顺时针圆弧插补

续表

G代码	分　组	功　能
G03	01	逆时针圆弧插补
G04	00	暂停，精确停止
G09	00	准停校验
* G17	02	选择 *XY* 平面
G18	02	选择 *ZX* 平面
G19	02	选择 *YZ* 平面
G27	00	返回并检查参考点
G28	00	返回参考点
G29	00	从参考点返回
G30	00	返回第二参考点
* G40	07	取消刀具半径补偿
G41	07	左侧刀具半径补偿
G42	07	右侧刀具半径补偿
G43	08	刀具长度正向补偿
G44	08	刀具长度负向补偿
* G49	08	取消刀具长度补偿
G52	00	设置局部坐标系
G53	00	选择机床坐标系
* G54	14	选用 1 号工件坐标系
G55	14	选用 2 号工件坐标系
G56	14	选用 3 号工件坐标系
G57	14	选用 4 号工件坐标系
G58	14	选用 5 号工件坐标系
G59	14	选用 6 号工件坐标系
G60	00	单一方向定位
G61	15	精确停止方式
* G64	15	切削方式
G65	00	宏程序调用
G66	12	模态宏程序调用
* G67	12	模态宏程序调用取消
G73	09	深孔钻削固定循环
G74	09	反攻螺纹固定循环
G76	09	精镗固定循环
* G80	09	取消固定循环
G81	09	钻削固定循环
G82	09	带停顿的钻削固定循环
G83	09	深孔钻削固定循环
G84	09	攻螺纹固定循环
G85	09	镗削固定循环
G86	09	镗削固定循环
G87	09	反镗固定循环

续表

G 代码	分　组	功　能
G88	09	手动镗削固定循环
G89	09	镗削固定循环
* G90	03	绝对值指令方式
* G91	03	增量值指令方式
G92	00	工件零点设定
* G98	10	固定循环返回初始点
G99	10	固定循环返回 R 点

5.2.2　基本加工指令

各类数控铣床所配置的数控系统虽然各有不同，但各种数控系统的功能除了一些特殊功能不尽相同以外，其主要功能基本相同。注意应用时应该参照数控铣床的编程说明书。

1. 平面选择指令 G17 ～ G19

平面选择 G17 ～ G19 指令分别用来指定程序段中刀具的插补平面和刀具半径补偿平面。

① G17：选择 *XY* 平面。

② G18：选择 *ZX* 平面。

③ G19：选择 *YZ* 平面。

如图 5-4 所示，为平面选择指令示意图。

2. 绝对值和增量值编程指令 G90、G91

在绝对值指令模态下，指定的是运动终点在当前坐标系中的坐标值；而在增量值指令模态下，指定的则是各轴运动的距离。

① G90：绝对值指令。

② G91：增量值指令。

图 5-5 所示的绝对值和增量值指令编程和运动轨迹示意图可以更好地理解绝对值方式和增量值方式的编程。

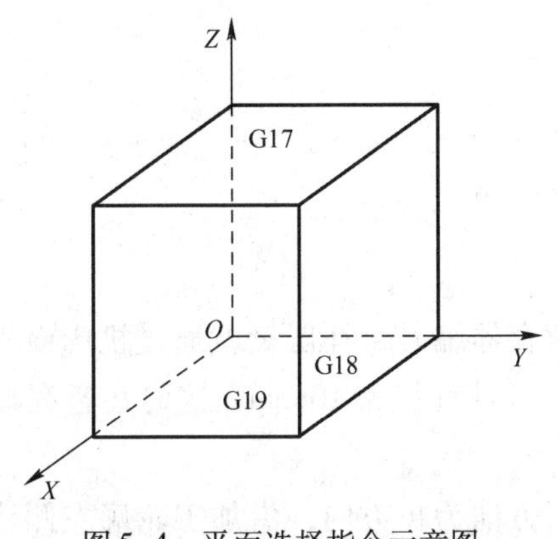

图 5-4　平面选择指令示意图

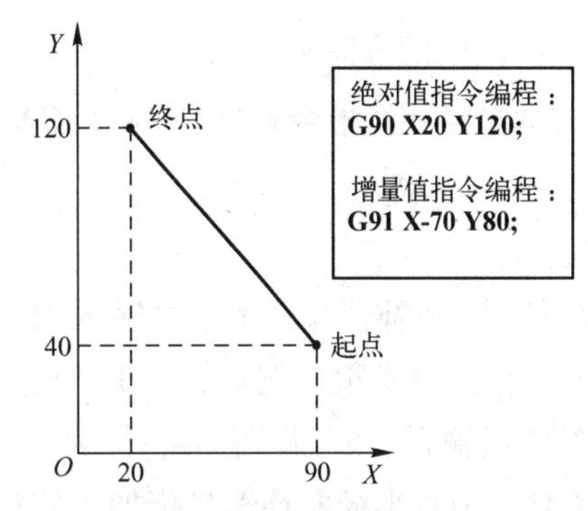

图 5-5　绝对值和增量值

3. 设定零点偏移 G54 ～ G57

可设定的零点偏置，程序可以通过选择相应的 G54 ～ G57 四个偏置寄存器激活预置值，从而确认工件零点的位置，建立工件坐标系，如图5-6所示。

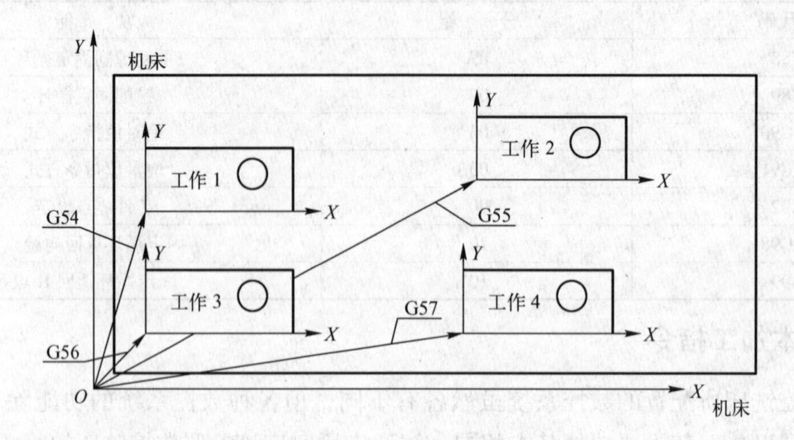

图5-6　设定零点偏置

5.2.3　刀具半径补偿功能

在编制数控铣床轮廓铣削加工程序时，为了编程方便，通常将数控刀具假想成一个点（即刀位点），认为刀位点与编程轨迹重合；但实际上由于刀具存在一定的直径，使刀具中心轨迹与零件轮廓不重合。这样，编程时就必须依据刀具半径和零件轮廓计算刀具中心轨迹，再依据刀具中心轨迹完成编程，但如果人工完成这些计算将给手工编程带来很多的不便，甚至当计算量较大时，也容易产生计算错误。为了解决这个加工与编程之间的矛盾，数控系统提供了刀具半径补偿功能。

1. 补偿量

刀具半径补偿量包括以下4点内容：

① 实际使用刀具的半径。

② 程序中指定的刀具半径与实际刀具半径之间的差值。

③ 刀具的磨损量。

④ 工件间的配合间隙。

2. 刀具半径补偿指令G41、G42、G40

格式：G41/G42　X_Y_D_；

说明：

D为刀具半径补偿号，也就是输入刀具补偿暂存器编号，补偿量就通过机床面板输入到指定的暂存器编号里。例如，G41　X_Y_D01，刀具直径为10 mm，这时在暂存器编号“1”里补偿量输入“5”即可。

① G41：刀具半径左补偿是指加工路径以进给方向为正方向，沿加工轮廓左侧让出一个给定的偏移量。

② G42：刀具半径右补偿是指加工路径以进给方向为正方向，沿加工轮廓右侧让出一个给定的偏移量。

③ G40：取消补偿是指关闭左右补偿的方式，刀具沿加工轮廓切削。

图 5-7 所示为半径补偿的过程。

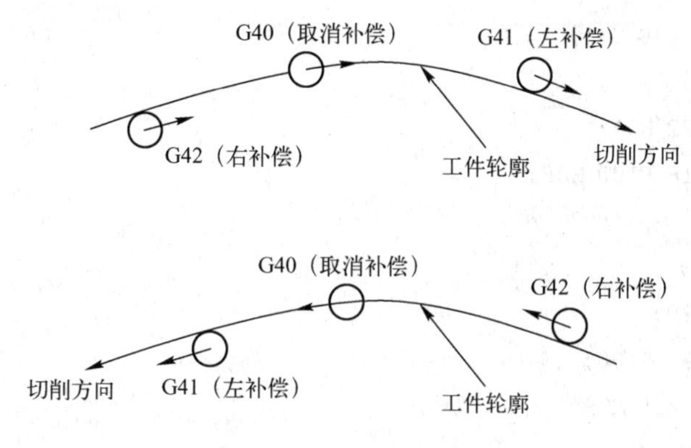

图 5-7　半径补偿过程图

5.2.4　刀具长度补偿

刀具长度补偿指令 G43、G44、G49

刀具长度补偿指令一般用于刀具轴向（*Z* 方向）的补偿，它使刀具在 *Z* 方向上的实际位移量比程序给定值增加或减少一个偏置量，这样当刀具在长度方向的尺寸发生变化时（如钻头刃磨后），可以在不改变程序的情况下，通过改变偏置量，加工出所要求的零件尺寸。

G43、G44 和 G49 指令的功能是对刀具的长度进行补偿。

格式：
```
G43 Z_ H_;
G44 Z_ H_;
G49;
```

说明：

① G43 指令为刀具长度正补偿。

② G44 指令为刀具长度负补偿。

③ G49 指令为取消刀具长度补偿。

④ 刀具长度补偿指刀具在 *Z* 方向的实际位移比程序给定值增加或减少的偏置值。

⑤ 格式中的 Z 值是指程序中的指令值，即目标点坐标。

⑥ H 为刀具长度补偿代码，后面两位数字是刀具长度补偿寄存器的地址符。H01 指 01 号寄存器，在该寄存器中存放对应刀具长度的补偿值。

使用 G43、G44 时，不管用绝对尺寸还是用增量尺寸指令编程，程序中指定的 Z 轴移动指令的终点坐标值，都要与 H 代码指令的存储器中的偏移量进行运算。

执行 G43 时，Z 实际值 = Z 指令值 + H_中的偏置值。

执行 G44 时，Z 实际值 = Z 指令值 - H_中的偏置值。

如图 5-8 所示，*A* 点为刀具起点，加工路线为①→②→③→④→⑤→⑥→⑦→⑧→⑨。

要求刀具在工件坐标系零点 Z 轴方向向下偏移 3 mm，按增量坐标值方式编程（提示：把偏置量 3 mm 存入地址为 H01 的寄存器中）。

```
N01 G91 G00 X70 Y45;
S800 M03;
N02 G43 Z -22 H01;
N03 G01 Z -18 F100 M08;
N04 G04 X5;
N05 G00 Z18;
N06 X30 Y -20;
N07 G01 Z -33 F100;
N08 G00 G49 Z55 M09;
N09 X -100 Y -25;
N10 M30
```

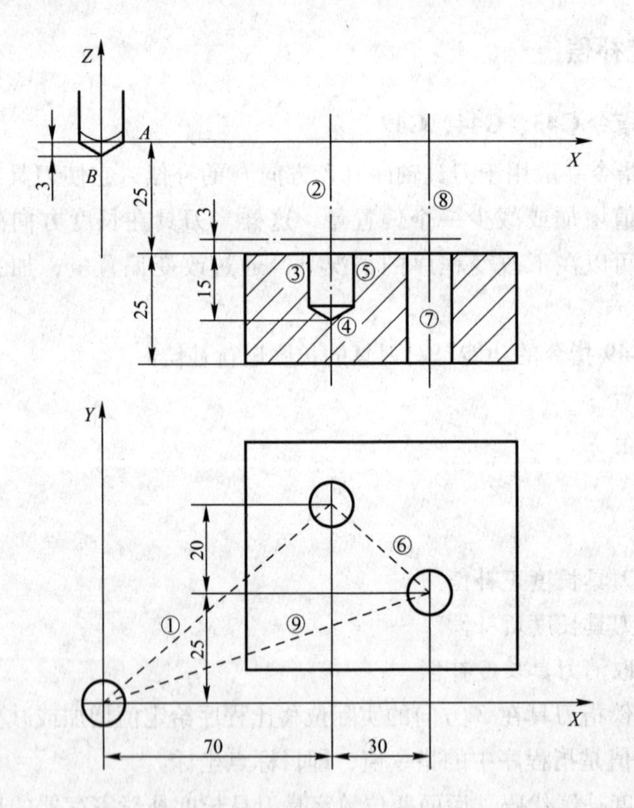

图 5-8　刀具长度补偿指令 G43、G44、G49 的应用

5. 2. 5　简化编程指令

1. 子程序调用技术

编程时，为了简化程序的编制，当一个工件上有相同的加工内容时，常用调子程序的方法进行编程。调用子程序的程序叫做主程序，子程序是在编制加工程序中有规律、重复

出现的程序段。将程序中重复的程序段单独抽出，并按一定格式单独命名，即为子程序。子程序不能单独运行，由主程序或上层子程序调用执行。调用子程序的流程，如图5-9所示。主程序用M02或M30结束程序。子程序用M99指令结束程序。

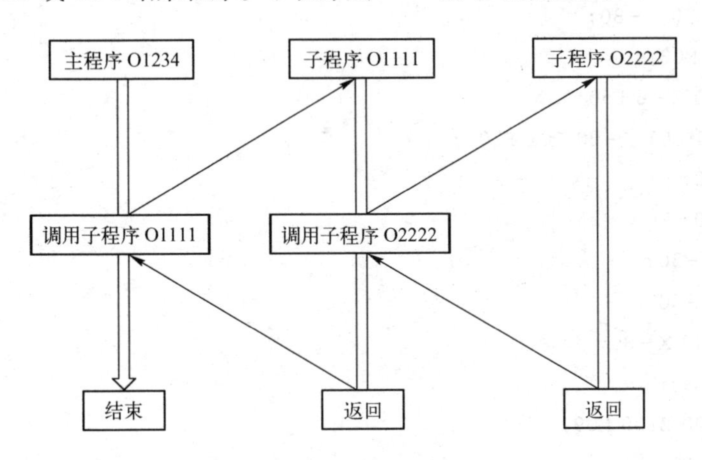

图5-9　调用子程序流程

调用子程序的编程格式：M98 P_;

说明：P表示子程序调用情况。P后共有八位数字，前四位为调用次数，省略时为调用一次，后四位为所调用的子程序号。

2. 镜像、旋转、缩放指令

（1）坐标系旋转功能G68、G69

该指令可使编程图形按照指定旋转中心及旋转方向旋转一定的角度，G68表示开始坐标系旋转，G69用于撤消旋转功能。

① 基本编程方法。

格式：
```
G68 X_Y_R_;
......
G69;
```

说明：X、Y为旋转中心的坐标值（可以是X、Y、Z中的任意两个，它们由当前平面选择指令G17～G19中的一个确定）。当X、Y省略时，G68指令认为当前的位置即为旋转中心。

R表示为旋转角度，逆时针旋转定义为正方向，顺时针旋转定义为负方向。

当程序在绝对值指令方式下时，G68程序段后的第一个程序段必须使用绝对值指令方式移动，才能确定旋转中心。如果这一程序段为增量值指令方式移动，那么系统将以当前位置为旋转中心，按G68给定的角度旋转坐标。

② 坐标系旋转功能与刀具半径补偿功能的关系。旋转平面一定要包含在刀具半径补偿平面内，如图5-10所示。

程序如下：

```
O1234;
```

```
N10 G54 G90 G00 X0 Y0 Z100;
N20 M03 S1000;
N30 G68 X0 Y0 R13.7;
N40 X-30 Y-80;
N50 Z5 M08;
N60 G01 Z-6 F50;
N70 G41 G01 Y-30 D01 F100;
N80 Y30;
N90 X30;
N100 Y-30;
N110 X-30;
N120 G40 X-80;
N130 G69;
N140 G00 Z100 M09;
N150 M05;
N160 M30;
```

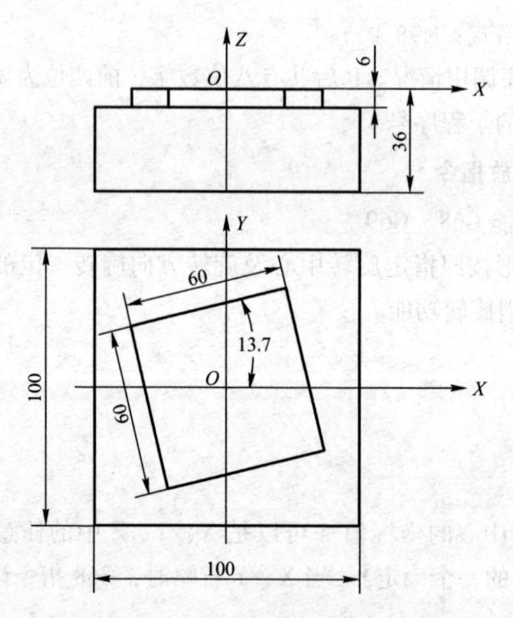

图 5-10　坐标旋转与刀具半径补偿

（2）比例缩放功能

比例缩放功能可使原编程尺寸按指定比例缩小或放大，也可让图形按指定规律产生镜像变换。G51 为比例编程指令，G50 为撤消比例编程指令。G50、G51 均为模式 G 代码。

① 各轴按相同比例编程。

格式：G51 X_Y_Z_P_;

… …

G50;

说明：X、Y、Z 表示为比例中心坐标值（绝对值指令方式）。

P 表示为比例系数，最小输入量为0.001，比例系数的范围为0.001 ～999.999。该指令以后的移动指令，从比例中心点开始，实际移动量为原数值的 P 倍。P 值对偏移量无影响。

例如，如图 5-11 所示，P1 ～ P4 为原编程图形，P1′～ P4′为比例编程后的图形，P_0为比例中心。

② 各轴以不同比例编程。各个轴可以按不同比例来缩小或放大，当给定的比例系数为 -1 时，可获得镜像加工功能。

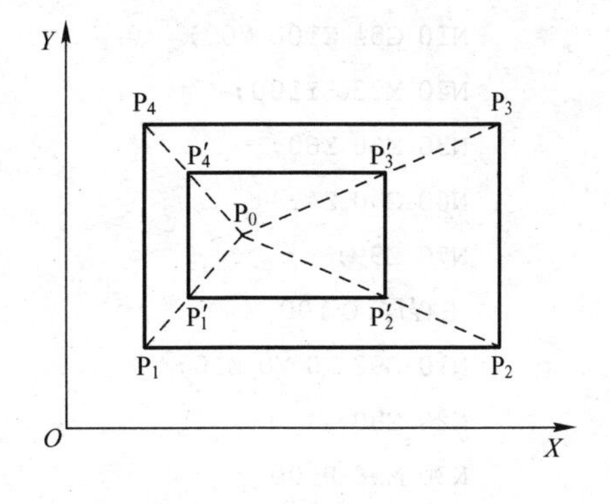

图 5-11　各轴按相同比例编程

格式：`G51 X_Y_Z_I_J_K_;`

……

`G50;`

说明：X、Y、Z 表示为比例中心坐标值。

I、J、K 表示为对应 *X*、*Y*、*Z* 轴的比例系数，在 ±0.001 ～ ±9.999 范围内。本系统设定 I、J、K 不能带小数点，比例为 1 时，应输入 1000，并在程序中都应输入，不能省略。比例系数与图形的关系，如图 5-12 所示。其中，*b/a* 为 *X* 轴系数；*d/c* 为 *Y* 轴系数；*O* 为比例中心。

（3）镜像功能

镜像功能指令格式同上，此处不再详细说明。

如图5-13 所示，举例来说明镜像功能的应用。其中槽深为2 mm，比例系数取为 +1000 或 -1000。

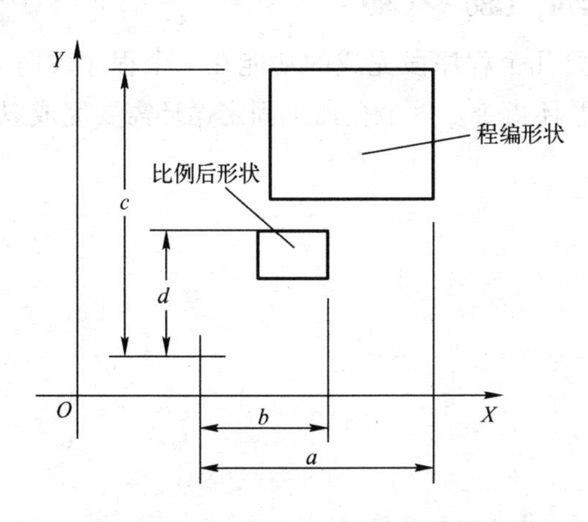

图 5-12　各轴以不同比例编程

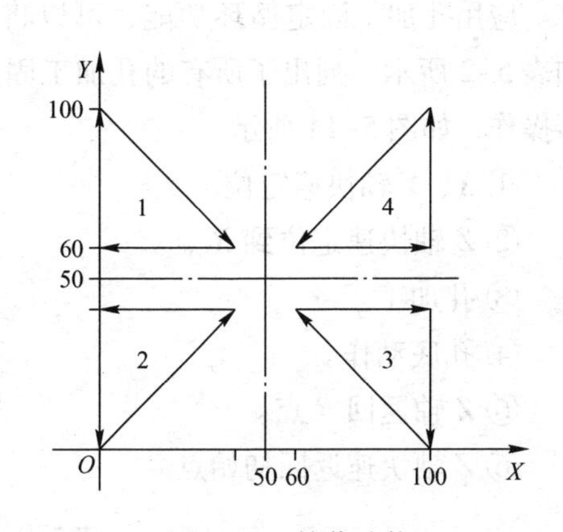

图 5-13　镜像功能

设刀具起始点在 O 点，程序如下：

```
子程序: O 9000
N10 G00 X60 Y60;                    //到三角形左顶点
N20 G01 Z -2 F100;                  //切入工件
```

```
N30 G01 X100 Y60;                  //切削三角形一边
N40 X100 Y100;                     //切削三角形第二边
N50 X60 Y60;                       //切削三角形第三边
N60 G00 Z4;                        //向上抬刀
N70 M99;                           //子程序结束
主程序:O100
N10 G92 X0 Y0 Z10;                 //建立加工坐标系
N20 G90;                           //选择绝对值指令方式
N30 M98 P9000;                     //调用9000号子程序切削1#三角形
N40 G51 X50 Y50 I-1000 J1000;      //以X50 Y50为比例中心,以X比例为-1、Y比例为+
                                     1开始镜向
N50 M98 P9000;                     //调用9000号子程序切削2#三角形
N60 G51 X50 Y50 I-1000 J-1000;     //以X50 Y50为比例中心,以X比例为-1、Y比例为-
                                     1开始镜向
N70 M98 P9000;                     //调用9000号子程序切削3#三角形
N80 G51 X50 Y50 I1000 J-1000;      //以X50 Y50为比例中心,以X比例为+1、Y比例为-1
                                     开始镜向
N90 M98 P9000;                     //调用9000号子程序切削4#三角形
N100 G50;                          //取消镜像
N110 M30;                          //程序结束
```

5.2.6 固定循环指令

1. 孔加工固定循环功能 G73，G74，G76，G80 ~ G89

应用孔加工固定循环功能，可以将需要几个程序段完成的功能在一个程序段内完成。如表5-2所示，列出了所有的孔加工固定循环指令。一个孔加工固定循环需要完成以下六步操作，如图5-14所示。

① *X*、*Y* 轴快速定位。

② *Z* 轴快速定位到 *R* 点。

③ 孔加工。

④ 孔底动作。

⑤ *Z* 轴返回 *R* 点。

⑥ *Z* 轴快速返回初始点。

表5-2　孔加工固定循环指令

G代码	加工运动（Z轴负向）	孔底动作	返回运动（Z轴正向）	应用
G73	分次，切削进给	—	快速定位进给	高速深孔钻削
G74	切削进给	暂停—主轴正转	切削进给	左螺纹攻丝
G76	切削进给	主轴定向，让刀	快速定位进给	精镗循环

续表

G 代码	加工运动（Z 轴负向）	孔底动作	返回运动（Z 轴正向）	应用
G80	—	—	—	取消固定循环
G81	切削进给	—	快速定位进给	普通钻削循环
G82	切削进给	暂停	快速定位进给	钻削或粗镗削
G83	分次，切削进给	—	快速定位进给	深孔钻削循环
G84	切削进给	暂停—主轴反转	切削进给	右螺纹攻丝
G85	切削进给	—	切削进给	镗削循环
G86	切削进给	主轴停	快速定位进给	镗削循环
G87	切削进给	主轴正转	快速定位进给	反镗削循环
G88	切削进给	暂停—主轴停	手动	镗削循环
G89	切削进给	暂停	切削进给	镗削循环

对孔加工固定循环指令的执行有影响的指令主要有 G90/G91 及 G98/G99 指令。图 5-15 所示为 G90/G91 对孔加工固定循环指令的影响。

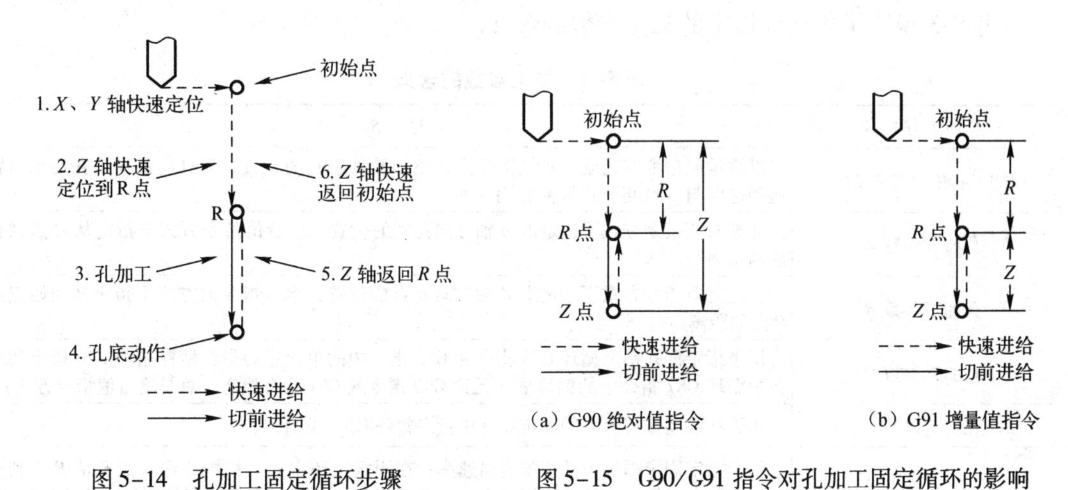

图 5-14 孔加工固定循环步骤　　图 5-15 G90/G91 指令对孔加工固定循环的影响

G98/G99 决定固定循环在孔加工完成后返回 *R* 点还是起始点，G98 模态下孔加工完成后 Z 轴返回起始点，在 G99 模态下则返回 *R* 点。

如果被加工的孔在一个平整的平面上，常使用 G99 指令，因为 G99 模态下返回 *R* 点进行下一个孔的定位，而一般编程中 *R* 点非常靠近工件表面，这样可以缩短零件加工时间。如果工件表面有高于被加工孔的凸台或筋时，使用 G99 指令时非常有可能使刀具和工件发生碰撞，这时就应该使用 G98 指令，使 *Z* 轴返回初始点后再进行下一个孔的定位，这样就比较安全。如图 5-16 所示。

在 G73/G74/G76/G81 ～ G89 后面，给出孔加工参数。

格式：G× ×X_Y_Z_R_Q_P_F_K_;

说明：

① GXX：孔加工方法指令；

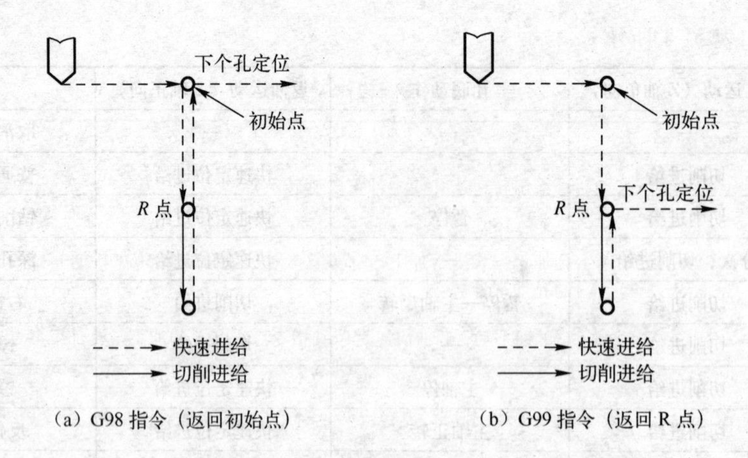

图 5-16　G98/G99 指令对孔加工固定循环的影响

② X_Y_：被加工孔的位置参数；

③ Z_ R_ Q_ P_ F_：孔的加工参数；

④ K_ ：重复次数。

表 5-3 说明了各地址指定的加工参数的含义。

表 5-3　加工参数的含义

孔加工方式 G	见表 5-2
被加工孔位置参数 *X*、*Y*	以增量值指令方式或绝对值指令方式指定被加工孔的位置，刀具向被加工孔运动的轨迹和速度与 G00 指令设置的相同
孔加工参数 *Z*	在绝对值指令方式下指定沿 *Z* 轴方向孔底的位置，增量值指令方式下指定从 *R* 点到孔底的距离
孔加工参数 *R*	在绝对值指令方式下指定沿 *Z* 轴方向 *R* 点的位置，增量指令值方式下指定从初始点到 *R* 点的距离
孔加工参数 *Q*	用于指定深孔钻削循环 G73 指令和 G83 指令中的单次进刀量，精镗循环 G76 指令和反镗削循环 G87 指令中的偏移量（无论 G90 指令或 G91 指令模态，总是增量值指令方式）
孔加工参数 *P*	用于孔底动作有暂停的固定循环中指定暂停时间，单位为 s
孔加工参数 F	用于指定固定循环中的切削进给速率；在固定循环中，从初始点到 *R* 点及从 *R* 点到初始点的运动以快速进给的速度进行，从 *R* 点到 *Z* 点的运动以 F 指定的切削进给速度进行，而从 *Z* 点返回 *R* 点的运动则根据固定循环的不同指令以 F 指定的速率或快速进给速率进行
重复次数 *K*	指定固定循环在当前定位点的重复次数，如果不指定 K，NC 系统认为 *K*=1，如果指定 *K*=0，则固定循环在当前点不执行

由孔加工固定循环指令 G××指定的孔加工方式是模态的，如果不改变当前的孔加工模态或取消固定循环，孔加工模态会一直保持下去。使用 G80 或 01 组的 G 指令可以取消固定循环。孔加工参数也是模态的值，在参数被改变或取消固定循环之前会一直保持，即使孔加工模态被改变参数仍然保持。可以在固定循环时或执行固定循环中的任何时候，指定或改变任何一个孔加工参数。重复次数 *K* 不是一个模态的值，只在需要重复的时候给出。进给速率 *F* 则是一个模态的值，即使固定循环取消后仍然会保持。

如果正在执行固定循环的过程中 NC 系统被复位，则孔加工模态、孔加工参数及重复次数 *K* 均被取消。

示例程序如表 5-4 所示。

表 5-4　示例程序及解释

序号	程序内容	注　释
1	S_M03;	给出转速，并使主轴正向旋转
2	G81X_Y_Z_R_F_K_;	快速定位到 X、Y 指定点，以 Z、R、F 给定的孔加工参数，使用 G81 给定的孔加工方式进行加工，并重复 K 次，在固定循环执行的开始，Z、R、F 是必要的孔加工参数
3	Y_;	*X* 轴不动，*Y* 轴快速定位到指令点进行孔的加工，孔加工参数及孔加工方式保持序号 2 程序段中的模态值。序号 2 程序段中的 K 值在此不起作用
4	G82 X_P_K_;	孔加工方式改变，孔加工参数 Z、R、F 保持模态值，给定孔加工参数 P 的值，并指定重复 K 次
5	G80 X_Y_;	固定循环被取消，除 F 以外的所有孔加工参数被取消
6	G85 X_Y_Z_R_P_;	由于执行序号 5 程序段时固定循环已被取消，所以必要的孔加工参数除 F 之外必须重新给定，即使这些参数和原值相比没有变化
7	X_Z_;	*X* 轴定位到指令点进行孔的加工，孔加工参数 Z 在此程序段中被改变
8	G89 X_Y_;	定位到 X、Y 指令点进行孔加工，孔加工方式被改变为 G89。R、P 由序号 6 程序段指定，Z 由序号 7 程序段指定
9	G01 X_Y_;	固定循环模态被取消，除 F 外所有的孔加工参数都被取消

当加工在同一条直线上的等分孔时，可以在 G91 模态下使用 K 参数，K 的最大取值为 9999。

例如 G91 G81 X_ Y_ Z_ R_ F_ K5;

以上程序段中，X、Y 给定了第一个被加工孔和当前刀具所在点的距离，各被加工孔的位置如图 5-17 所示。

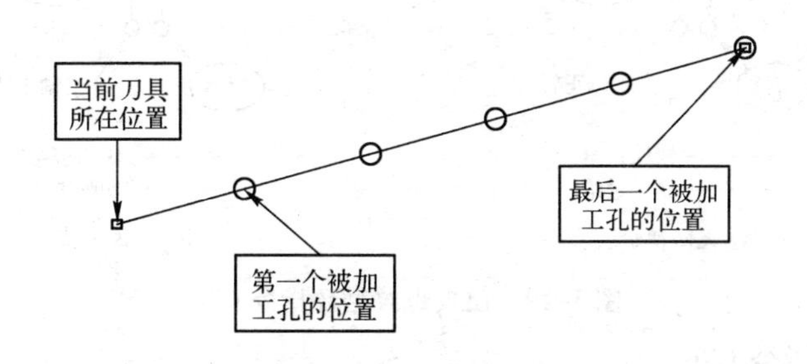

图 5-17　被加工孔的位置

2. 每个固定循环的执行过程

（1）高速深孔钻削循环指令 G73

在高速深孔钻削循环中，如图 5-18 所示，从 *R* 点到 *Z* 点的进给是分段完成的，每段切削进给完成后 *Z* 轴向上抬起一段距离，然后再进行下一段的切削进给，*Z* 轴每次向上抬起的距离为 d，每次进给的深度由孔加工参数 Q 给定。该固定循环主要用于径深比小的孔（如 $\phi5$，深 70）的加工，每段切削进给完毕后 *Z* 轴抬起的动作起到了断屑的作用。

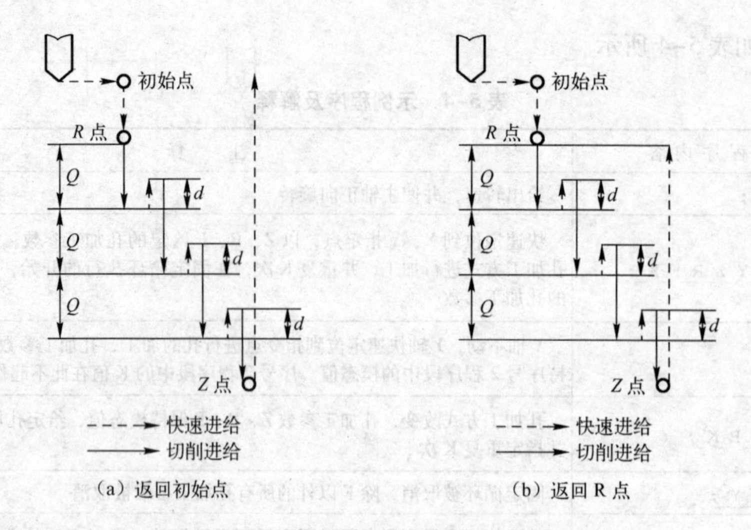

图 5-18　高速深孔钻削循环指令 G73

（2）反攻螺纹循环指令 G74

在使用反攻螺纹循环时，如图 5-19 所示，循环开始以前必须给 M04 指令使主轴反转，并且使 F 与 S 的比值等于螺距。另外，在 G74 或 G84 循环进行中，进给倍率开关和进给保持开关的作用将被忽略，即进给倍率被保持在 100%，而且在一个固定循环执行完毕之前不能中途停止。

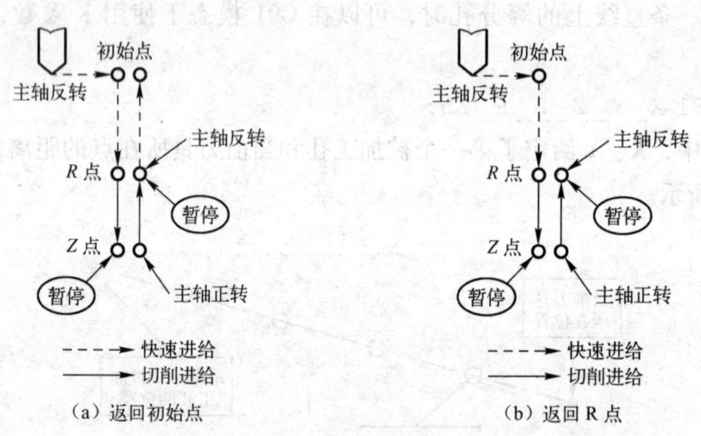

图 5-19　反攻螺纹循环指令 G74

（3）精镗循环指令 G76

如图 5-20 所示，*X*、*Y* 轴定位后，*Z* 轴快速运动到 *R* 点，再以 F 给定的速度进给到 *Z* 点，然后主轴定向并向给定的方向移动一段距离，再快速返回初始点或 *R* 点，返回后，主轴再以原来的转速和方向旋转。孔底的移动距离由孔加工参数 Q 给定，Q 始终应为正值。在使用该固定循环时，应注意孔底移动的方向是使主轴定向后，刀尖离开工件表面的方向，这样退刀时便不会划伤已加工好的工件表面，可以得到较好的精度和光洁度。

（4）取消固定循环指令 G80

执行 G80 指令以后，固定循环（G73、G74、G76、G81 ～ G89）被该指令取消，*R* 点和 *Z* 点的参数以及除 F 外的所有孔加工参数均被取消。另外 01 组的 G 代码也会起到同样的作用。

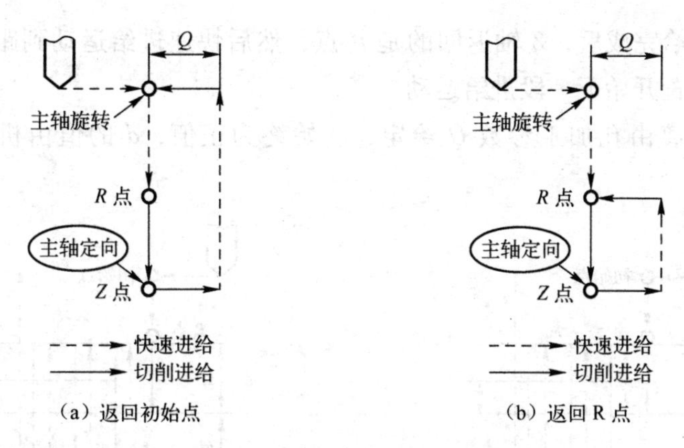

图 5-20　精镗循环指令 G76

（5）钻削循环指令 G81

G81 是最简单的固定循环，它的执行过程如图 5-21 所示，*X*、*Y* 轴定位，*Z* 轴快进到 *R* 点，以 *F* 给定的速度进给到 *Z* 点，快速返回初始点（G98）或 *R* 点（G99），没有孔底动作。

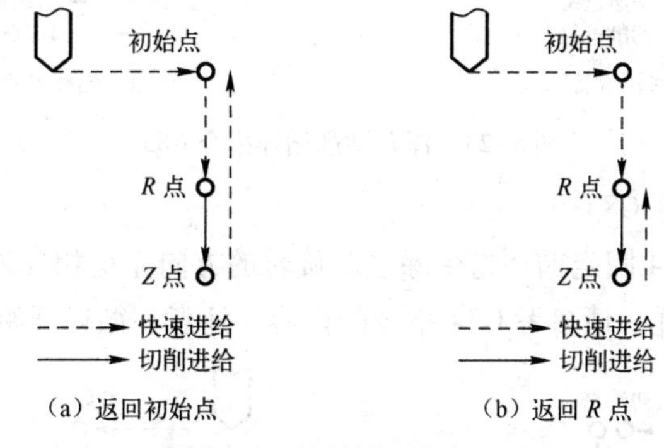

图 5-21　钻削循环指令 G81

（6）钻削循环，粗镗削循环指令 G82

如图 5-22 所示，G82 固定循环指令在孔底有一个暂停的动作，除此之外和 G81 指令完全相同。孔底的暂停可以提高孔深的精度。

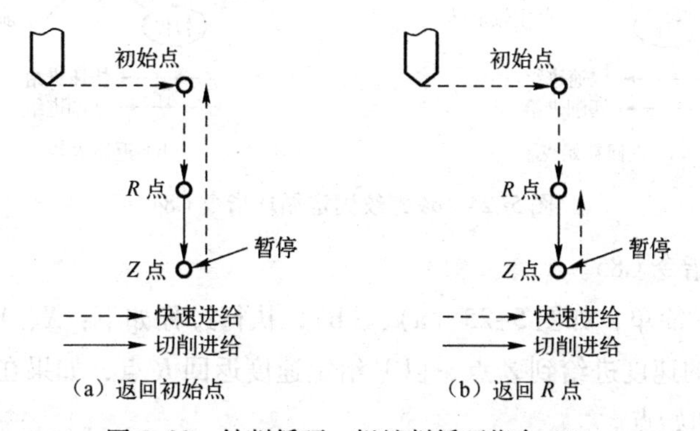

图 5-22　钻削循环，粗镗削循环指令 G82

（7）深孔钻削循环指令 G83

G83 指令和 G73 指令相似，G83 指令下从 *R* 点到 *Z* 点的进给也分段完成，和 G73 指令不同的是，每段进给完成后，Z 轴返回的是 R 点，然后快速进给运动到距离下一段进给起点上方 d 长度的位置开始下一段进给运动。

每段进给的距离由孔加工参数 Q 给定，Q 始终为正值，d 的值由机床参数给定，如图 5-23 所示。

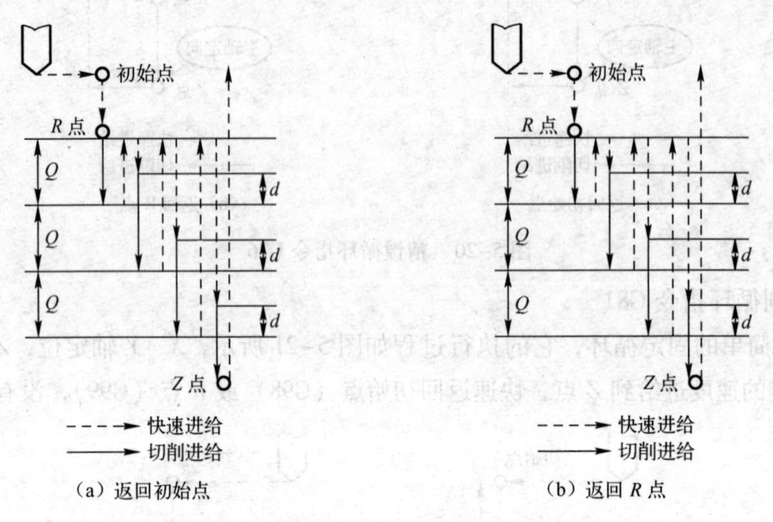

图 5-23　深孔钻削循环指令 G83

(8) 攻螺纹循环指令 G84

如图 5-24 所示，G84 固定循环指令除主轴旋转的方向完全相反外，其他与反攻螺纹固定循环指令 G74 完全一样，请参考 G74 指令的内容。注意在循环开始以前指令主轴正转。

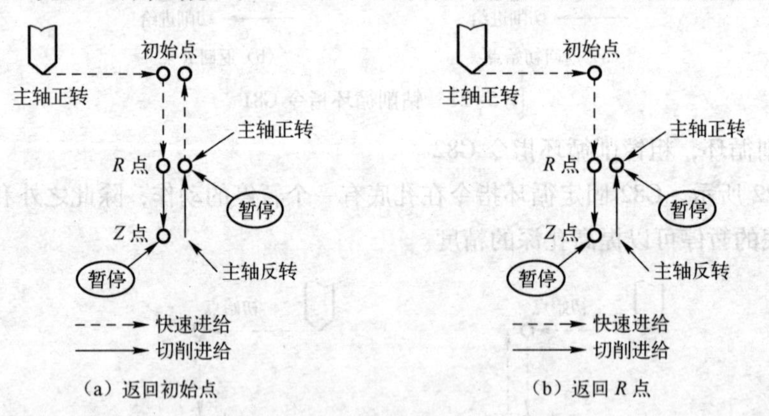

图 5-24　攻螺纹固定循环指令 G84

(9) 镗削循环指令 G85

该固定循环非常简单，如图 5-25 (a)、(b)，执行过程如下：X、Y 轴定位，Z 轴快速到 R 点，以 F 给定的速度进给到 Z 点，以 F 给定速度返回 R 点，如果在 G98 模态下，返回 R 点后再快速返回初始点。

(10) 镗削循环指令 86

该固定循环的执行过程和 G81 指令相似，不同之处是 G86 指令中刀具进给到孔底时主轴停止，快速返回到 R 点或初始点时再使主轴以原方向、原转速旋转。如图 5-26 所示。

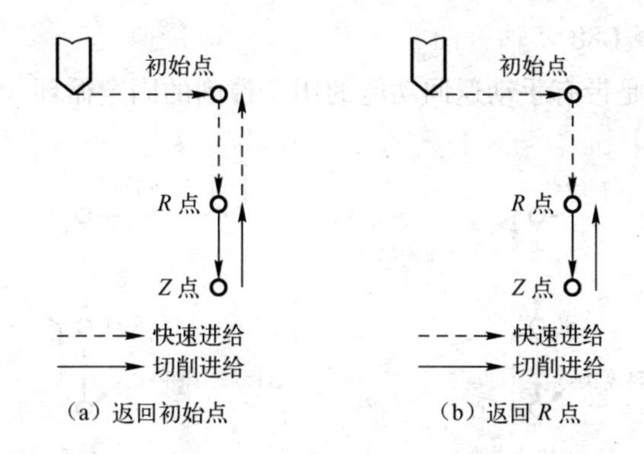

图 5-25　镗削循环指令 G85

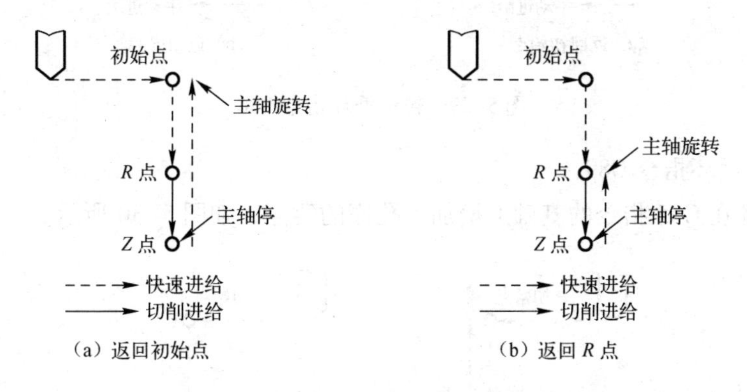

图 5-26　镗削循环指令 G86

（11）反镗削循环指令 G87

G87 指令循环中，如图 5-27 所示，*X*、*Y* 轴定位后，主轴定向，*X*、*Y* 轴向指定方向移动由加工参数 Q 给定的距离，快速进给运动到孔底（*R* 点），*X*、*Y* 轴恢复原来的位置，主轴以给定的速度和方向旋转，*Z* 轴以 F 给定的速度进给到 *Z* 点，然后主轴再次定向，*X*、*Y* 轴向指定方向移动 Q 指定的距离，以快速进给速度返回初始点，*X*、*Y* 轴恢复定位位置，主轴开始旋转。该固定循环用于，如图 5-28 所示的孔的加工。该指令不能使用 G99 指令，注意事项同 G76 指令。

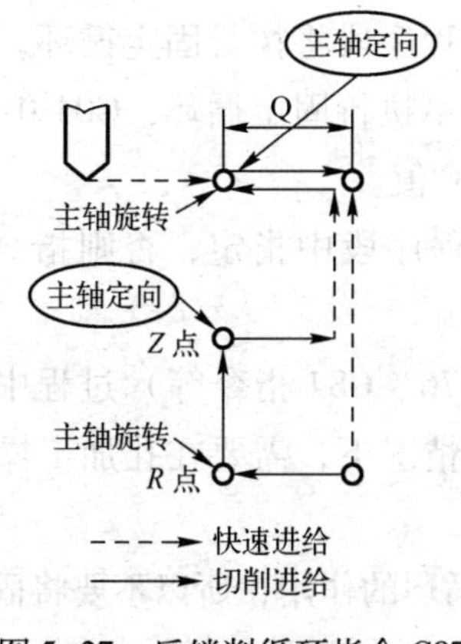

图 5-27　反镗削循环指令 G87

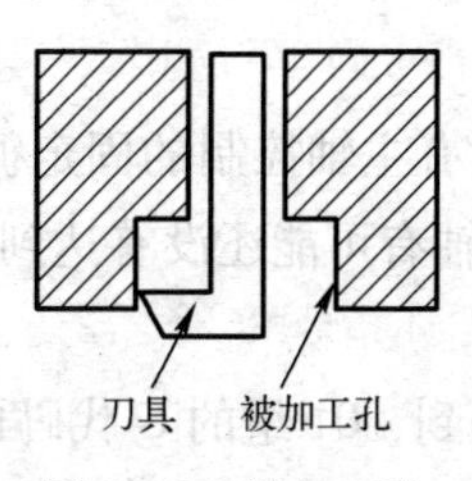

图 5-28　被加工孔

(12) 镗削循环指令 G88

固定循环指令 G88 是带有手动返回功能的用于镗削的固定循环，如图 5-29 所示。

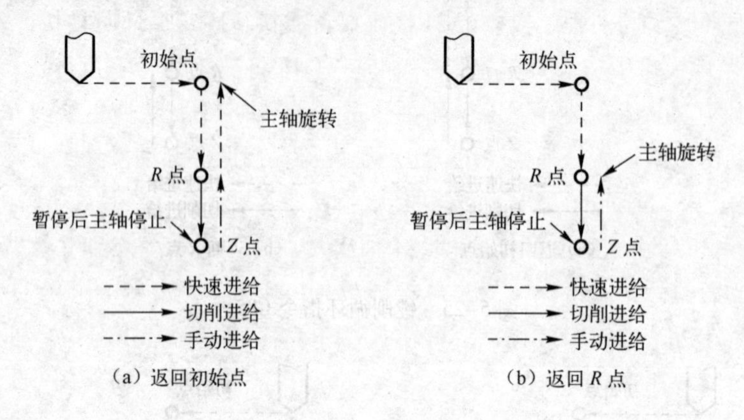

图 5-29　镗削循环指令 G88

(13) 镗削循环指令 G89

该固定循环在 G85 指令的基础上增加了孔底的暂停，如图 5-30 所示。

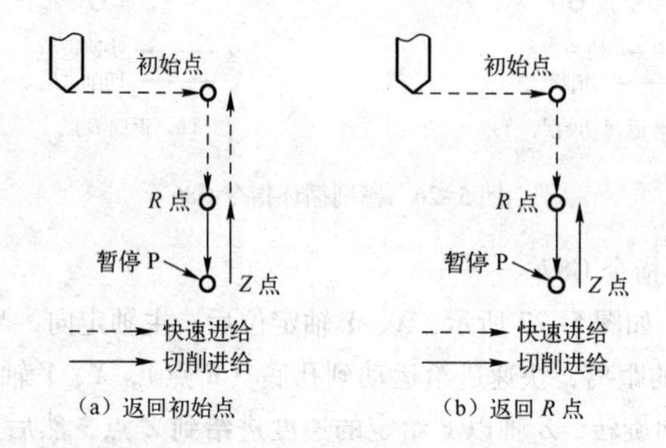

图 5-30　镗削循环指令 G89

3. 使用孔加工固定循环的注意事项

① 编程时需注意在固定循环指令之前，必须先使用 S 和 M 代码指令使主轴旋转。

② 在固定循环模态下，包含 X、Y、Z、A、R 的程序段将执行固定循环，如果一个程序段不包含上列的任何一个地址，则在该程序段中将不执行固定循环，G04 中的地址 X 除外。另外，G04 中的地址 P 不会改变孔加工参数中的 P 值。

③ 孔加工参数 Q、P 必须在固定循环被执行的程序段中指定，否则指令的 Q、P 值无效。

④ 在执行含有主轴控制的固定循环（如 G74、G76、G84 指令等）过程中，刀具开始切削进给时，主轴有可能还没有达到指令转速。这种情况下，需要在孔加工操作之前加入 G04 暂停指令。

⑤ 上述中提到，01 组的 G 代码也起到取消固定循环的作用，所以不要将固定循环指令和 01 组的 G 代码编写在同一程序段中。

⑥ 如果执行固定循环的程序段中编写了一个 M 代码，M 代码将在固定循环执行定位时被同时执行，M 指令执行完毕的信号在 Z 轴返回 R 点或初始点后被发出。使用 K 参数指令重复执行固定循环时，同一程序段中的 M 代码在首次执行固定循环时被执行。

⑦ 在固定循环模态下，刀具偏置指令 G45 ～ G48 将被忽略（不执行）。

⑧ 单程序段开关置上位时，固定循环执行完 X、Y 轴定位、快速进给到 R 点及从孔底返回（到 R 点或到初始点）后，都会停止。也就是说需要按循环起动按钮三次才能完成一个孔的加工。三次停止中，前面的两次是处于进给保持状态，后面的一次是处于停止状态。

⑨ 执行 G74 和 G84 固定循环指令时，Z 轴从 R 点到 Z 点和 Z 点到 R 点两步操作之间如果按进给保持按钮的话，进给保持指示灯立即会亮，但机床的动作却不会立即停止，直到 Z 轴返回 R 点后才进入进给保持状态。另外 G74 和 G84 固定循环指令中，进给倍率开关无效，进给倍率被固定在 100%。

5.3　数控铣床编程实例

例如图 5-31 所示，进行外形轮廓加工。

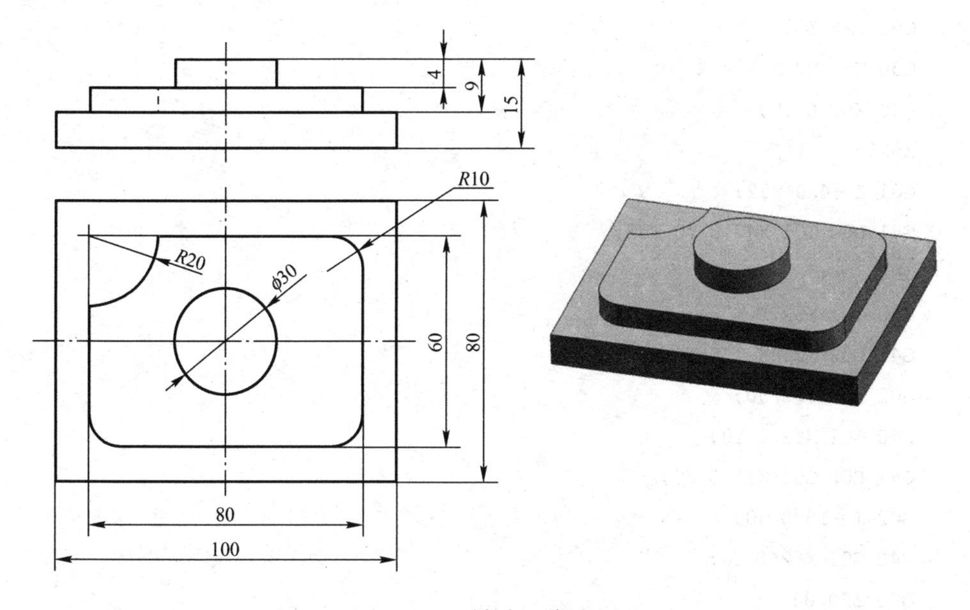

图 5-31　零件加工任务图

1. 根据零件图样要求、毛坯情况，确定工艺方案及加工路线

① 根据被加工件选择毛坯尺寸为 100 mm × 80 mm × 15 mm，选择适合的夹具。

② 工步顺序和刀具选择：

粗加工时，选用 ϕ20 的立铣刀，刀具号为 T02，刀具半径补偿号为 D02，补偿值为 10. 2 mm（0. 2 mm 是精加工余量）。

精加工时，选用 ϕ12 的立铣刀，刀具号为 T03，刀具半径补偿号为 D03，补偿值为 6 mm。

2. 选择机床设备

根据零件图样要求，选用经济型数控铣床即可达到要求。故选用 X5032 立式数控铣床

3. 确定切削用量

切削用量的具体数值应根据该机床性能、相关的手册并结合实际经验确定，详见加工程序。

4. 确定工件坐标系、对刀点和换刀点

确定以工件左端面与轴心线的交点 *O* 为工件原点，建立工件坐标系。

采用手动试切对刀方法把点 *O* 作为对刀点。换刀点设置在参考点。

5. 编写程序（该程序用于 X5032 立式数控铣床）

按该机床规定的指令代码和程序段格式，把加工零件的全部工艺过程编写成程序清单。该工件的加工程序如下：

（1）圆柱台加工程序

```
O0001;
G90 G94 G40 G17 G21;
G91 G28 Z0;
G90 G54 M3 S350;
G00 X62.0 Y0;
Z5.0;
G01 Z-4.0 F52;
G41 D02 G01 X47.0 Y0 F52;
G02 I-47.0 J0;
G40 G01 X62.0 Y0;
G41 D02 G01 X31.0 YO;
G02 I-31.0 J0;
G40 G01 X62.0 Y0;
G41 D02 G01 X15.0 Y0;
G02 I-15.0 J0;
G40 G01 X62.0 Y0;
G00 Z20.0;
G91 G28 Z0;
M30;
```

（2）外轮廓加工程序

```
O0002;
G90 G94 G40 G17 G21;
G91 G28 Z0;
G90 G54 M03 S350;
G00 X-62.0 Y52.0 M08;
```

```
Z5.0;
G01 Z-9.0 F52;
G41 D02 G01 X-40.0 Y30.0 F52;
G01 X-20.0 Y30.0;
X30.0;
G02 X40.0 Y20.0 R10.0;
G01 Y-20.0;
G02 X30.0 Y-30.0 R10.0;
G01 X-30.0;
G02 X-40.0 Y-20.0 R10.0;
G01 Y10.0;
G03 X-20.0 Y30.0 R20.0;
G40 G01 X-62.0 Y52.0;
G00 Z20.0 M09;
G91 G28 Z0;
M30;
```

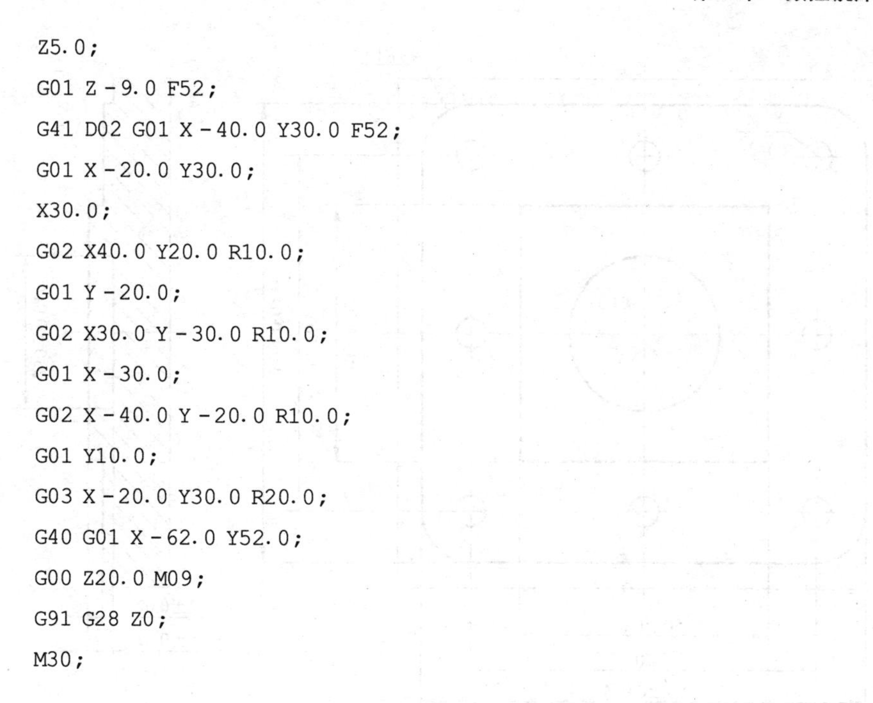

习　题

1. 如图 5-32 所示零件，毛坯料尺寸为 100 mm × 80 mm × 15 mm，进行镗孔加工编程，编程时注意加工工序和刀具的使用。

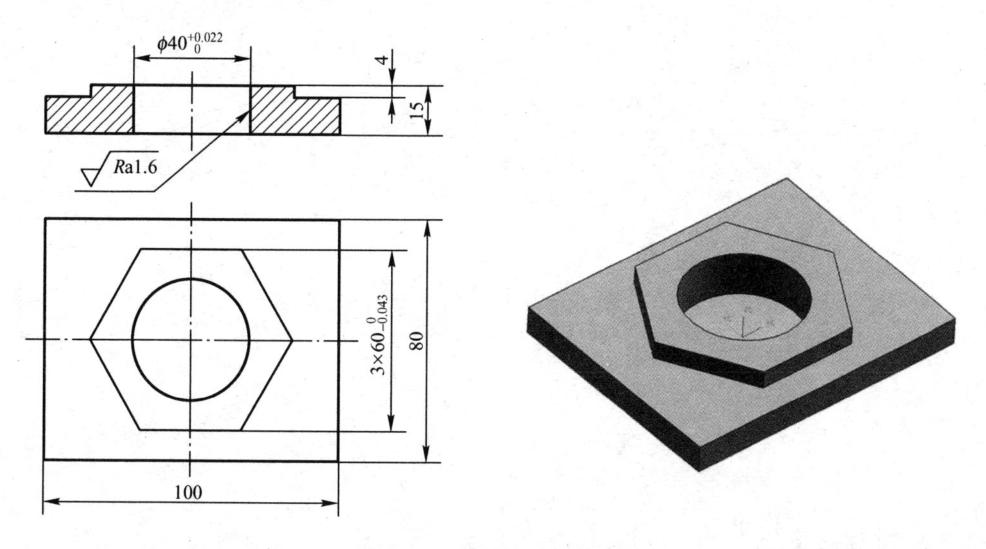

图 5-32　零件加工任务图 1

2. 如图 5-33 所示零件，毛坯料尺寸为 100 mm × 100 mm × 20 mm，进行钻孔和内外轮廓的编程，注意尺寸要求和刀具的选择。

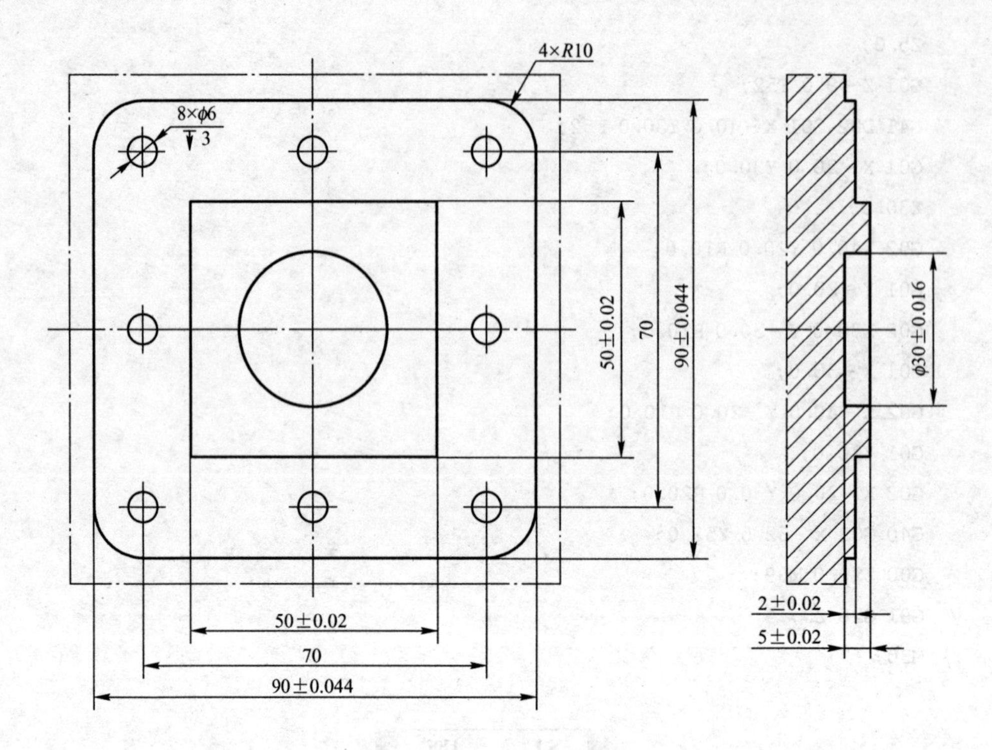

图 5-33　零件加工任务图 2

第6章 数控加工中心的程序编制

学习目标：

- 了解数控加工中心的编程特点和加工特点。
- 熟悉数控加工中心编程的基本方法和流程。
- 掌握自动换刀指令的运用。

6.1 数控加工中心概述

数控加工中心，简称CNC加工中心，是由机械设备与数控系统组成的，是用于加工复杂形状工件的高效率自动化机床。数控加工中心备有刀库，具有自动换刀功能，是对工件一次装夹后进行多工序加工的数控机床。数控加工中心最初是从数控铣床发展而来的，它与数控铣床的最大区别在于，数控加工中心具有自动交换加工刀具的能力，通过在刀库上安装不同用途的刀具，可以在一次装夹中通过自动换刀装置改变主轴上的加工刀具，实现多种加工功能。

第一台数控加工中心是1958年由美国卡尼－特雷克公司首先研制成功的。它在数控卧式镗铣床的基础上增加了自动换刀装置，从而实现了工件一次装夹后即可进行铣削、钻削、镗削、铰削和攻螺纹等多种工序的集中加工。

20世纪70年代以来，数控加工中心得到迅速的发展，出现了可换主轴箱加工中心，它备有多个可以自动更换的装有刀具的多轴主轴箱，能对工件同时进行多孔加工。数控加工中心是高效、高精度数控机床，工件在一次装夹中便可完成多道工序的加工，同时还备有刀具库，有自动换刀功能。数控加工中心所具有的这些丰富的功能，决定了其程序编制的复杂性。

数控加工中心能实现三轴或三轴以上的联动控制，以保证刀具进行复杂表面的加工。数控加工中心除具有直线插补和圆弧插补功能外，还具有各种加工固定循环、刀具半径自动补偿、刀具长度自动补偿以及加工过程图形显示、人机对话、故障自动诊断和离线编程等功能。

6.2 数控加工中心的主要加工对象

数控加工中心适宜于加工复杂、工序多、要求较高的，需使用多种类型的普通机床和多种刀具夹具，且经多次装夹和调整才能完成加工的零件。其加工的主要对象有箱体类零件、复杂曲面、异形件、盘套板类零件和特殊加工等五类。

1. 箱体类零件

箱体类零件一般是指具有一个以上孔系，内部有型腔，在长、宽、高方向有一定比例的零件，如图6-1所示。这类零件在机床、汽车、飞机制造等行业应用较多。

箱体类零件一般都需要进行多工位孔系及平面加工，公差要求较高，特别是形位公差要求较为严格；通常要经过铣、钻、扩、镗、铰、锪和攻螺纹等工序，需要刀具较多，在普通机床上加工难度大，工装夹具套数多，费用高，加工周期长，需多次装夹、找正，手工测量次数多，加工时必须频繁地更换刀具，工艺难以制定，更重要的是精度难以保证。

2. 复杂曲面

复杂曲面在机械制造业，特别是航天航空工业中占有特殊重要的地位。复杂曲面采用普通机加工方法是难以完成甚至无法完成的。我国传统的方法是采用精密铸造，可想而知其精度是很低的。复杂曲面类零件如叶轮（见图6-2）、导风轮、球面、各种曲面成形模具、螺旋桨及水下航行器的推进器，以及一些其他形状的自由曲面。这些类型的零件均可用加工中心进行加工。铣刀可以作包络面来逼近球面。而复杂曲面用数控加工中心加工时，编程工作量较大，大多数需要有自动编程技术。

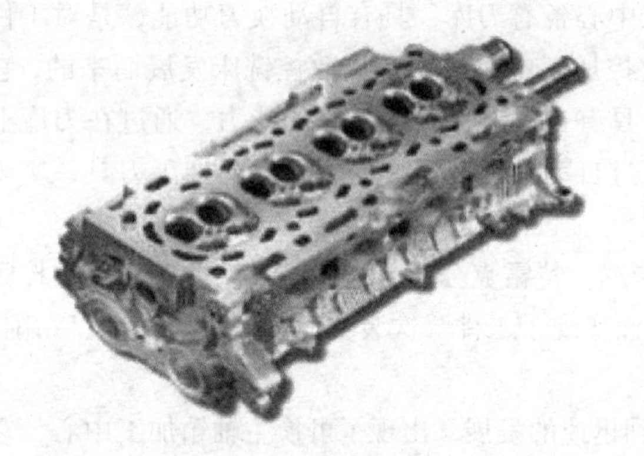

图6-1　箱体类零件

图6-2　叶轮

3. 异形件

异形件是外形不规则的零件，大都需要点、线、面多工位混合加工，如图6-3所示。异形件的刚性一般较差，夹压变形难以控制，加工精度也难以保证，甚至某些零件的有些加工部位用普通机床难以完成。用数控加工中心加工时应采用合理的工艺措施，一次或二次装夹，利用数控加工中心多工位点、线、面混合加工的特点，完成多道工序或全部的工序内容。

4. 盘、套、板类零件

此类零件是带有键槽或径向孔或端面有分布的孔系零件曲面的盘套或轴类零件、带法兰的轴套、方头的轴类零件等，还有具有较多孔加工的板类零件，如各种电机盖等（见图6-4）。端面有分布孔系、曲面的盘类零件宜选择立式加工中心，有径向孔的可选卧式加工中心。

图 6-3　异形件

图 6-4　盘类零件

5. 特殊加工

在熟练掌握数控加工中心的功能之后，配合一定的工装夹具和专用工具，利用数控加工中心可完成一些特殊的工艺工作，如在金属表面上刻字、刻线、刻图案等，如图 6-5 所示。在数控加工中心的主轴上装上高频电火花电源，可对金属表面进行线扫描表面淬火；用数控加工中心装上高速磨头，可实现小模数渐开线圆锥齿轮磨削及各种曲线、曲面的磨削等。

图 6-5　特殊加工

6.3　数控加工中心的分类

数控加工中心的类型繁多，形态各异，分类方法有很多。按照换刀的形式可分为带刀库、机械手的数控加工中心、无机械手的数控加工中心和回转刀架式的数控加工中心。下面按照加工工序和可控轴数等对加工中心进行分类。

6.3.1　按加工工序分类

数控加工中心按加工工序分类，可分为镗铣与车铣两大类。

1. 镗铣加工中心

数控镗铣能够加工形状复杂的轮廓，这些复杂的轮廓零件加工有的需要二轴联动，比如二维曲线、二维轮廓和二维区域加工；有的则需要三轴联动，比如三维曲面加工。由于具有自动换刀功能，适用于多工序加工，如箱体等需要铣、钻、铰及攻螺纹等加工的零件。

2. 车铣加工中心

数控车铣主要用于加工轴类、盘类等回转体零件。通过数控加工程序的运行，可自动完成内外圆柱面、圆锥面、成形表面、螺纹和端面等工序的切削加工，并能进行车槽、钻孔、扩孔、铰孔等工作。车削中心可在一次装夹中完成更多的加工工序，提高加工精度和生产效率，特别适合于复杂形状回转类零件的加工。数控加工中心可以加工一些普通机床不能或不便加工的零件，且加工质量稳定，减轻了工作者的劳动强度。数控加工中心的工艺内容较多，包含部分与普通机床加工相似的工艺。

6.3.2　按控制轴数分类

轴是机床加工中可变换的纬度，又分为直线轴和旋转轴。直线轴就是常说的 X、Y、Z 轴，旋转轴常见为五轴机床的两个旋转轴。有些数控机床可以多轴联动，响应快、精度高，可以加工复杂工件。五轴联动一般五轴同步，同步轴数越多，控制系统越复杂。

1. 三轴加工中心

三轴加工中心加工时三个轴可同步加工，一般为 X、Y、Z 三轴。

2. 四轴加工中心

数控四轴加工中心加工时除了直线运动的三个轴以外，第四轴为自动分度回转工作台或可自动转角度的主轴箱。

3. 五轴加工中心

五轴加工中心加工时三个轴为直线运动，两个轴为旋转轴。

4. 多轴加工中心

多轴加工准确地说应该是多坐标联动加工，加工中可以实现多轴联动，加工复杂工件，价格昂贵，对控制系统要求很高。

6.3.3　按主轴与工作台相对位置分类

按主轴与工作台的相对位置分类可分为卧式加工中心、立式加工中心、万能加工中心等，这种分类方法最为普遍。

1. 卧式加工中心

卧式加工中心是指主轴轴线与工作台平行设置的加工中心，主要适用于加工箱体类零件，如图 6-6 所示。卧式加工中心一般具有分度转台或数控转台，可加工工件的各个侧面，也可作多个坐标的联合运动，以便加工复杂的空间曲面。

图 6-6　卧式加工中心

2. 立式加工中心

立式加工中心是指主轴轴线与工作台垂直设置的加工中心，主要适用于加工板类、盘类、模具及小型壳体类复杂零件；如图 6-7 所示。立式加工中心一般不带转台，仅作顶面加工。此外，还有带立、卧两个主轴的复合式加工中心和主轴能调整成卧轴或立轴的立卧可调式加工中心，能对工件进行五个面的加工。

图 6-7 立式加工中心

3. 万能加工中心

万能加工中心又称多轴联动型加工中心，是指通过控制加工主轴轴线与工作台回转轴线的角度来控制联动变化，完成复杂空间曲面加工的加工中心。适用于具有复杂空间曲面的叶轮转子、模具、刃具等工件的加工，如图 6-8 所示为高动态五轴加工中心。

图 6-8 高动态五轴加工中心

6.4 数控加工中心的编程特点和加工特点

6.4.1 编程特点

数控加工中心的加工特点是在编写加工程序前，首先要注意换刀程序的应用，不同的数控加工中心，其换刀过程是不完全一样的，通常选刀和换刀可以分开进行。换刀完毕启动主轴后，方可进行下面程序段的加工。选刀动作可与机床的加工重合，即利用切削时间进行选刀。多数加工中心都规定了固定的换刀点位置，运动部件只有移动到这个位置，才能开始换刀动作。为了保证换刀安全，设备管理人员可将该程序段隐藏，在加工过程中只需调用指令即可。

编程特点如下：

① 首先进行合理的工艺分析和工艺设计。在数控加工中心上加工的零件工序多、刀具多，一次装夹后要完成粗加工、半精加工和精加工，因此，合理地安排各工序的顺序，可大大提高加工精度和生产效率。

② 确定采用自动换刀还是手动换刀。换刀方式根据加工批量来确定。一般对于加工批量在十件以上且刀具更换频繁的情况，宜采用自动换刀；当加工批量很少且用的刀具种类又少时，多采用手动换刀，否则把自动换刀安排到程序中，反而会增加机床调整时间。

③ 尽量采用刀具机外预调，这样可以提高机床的利用率，将所测量的尺寸填写在刀具卡片中，以便操作者在运行程序前确定刀具补偿参数。

④ 将不同工序内容的程序分别编写在不同的子程序中。当零件加工工序较多时，可将各工序内容分别编写在不同的子程序中，以便于调试程序。主程序主要完成换刀与子程序的调用。这样既便于每一工序独立地调试程序，也便于调整加工顺序。

⑤ 编好的程序必须认真检查和调试，在实际生产加工前要进行首件试切。

⑥ 除换刀程序外，数控加工中心的编程方法与数控铣床基本相同。

6.4.2 加工工艺特点

在编程前对所加工的零件进行工艺分析，拟定加工方案，选择合适的刀具，确定切削用量。在编程中，对一些工艺问题 如对刀点、加工路线等也需做适当处理。因此程序编制中的工艺分析是十分重要的。在普通机床上加工零件时，是用工艺规程或工艺卡片规定每道工序的操作程序，操作者按工艺卡上规定的步骤加工零件。而在数控机床上加工零件时，要把被加工的全部工艺过程、工艺参数和位移数据编制成程序，来控制机床加工。数控机床加工工艺与普通机床加工工艺在原则上基本相同，但数控加工的整个过程是自动进行的，与普通机床加工相比，数控加工中心具有许多显著的工艺特点。工艺特点如下：

① 工序的内容复杂，工艺范围宽，能加工复杂曲面。由于数控加工中心比普通机床价格贵，若只加工简单工序在经济上不合算，所以在数控机床上通常安排较复杂的工序，甚至在普通机床上难以完成的工序。与数控铣床一样，数控加工中心也能实现多坐标轴联动

所以容易实现许多普通机床难以完成或无法加工的空间曲线、曲面的加工，大大增加了机床的工艺范围。数控加工中心工步的安排更为详尽，且依靠程序完成所有工艺过程。因为在普通机床的加工工艺中不必考虑的问题，如工序内工步的安排、对刀点、换刀点及加工路线的确定等问题，在编制数控机床加工工艺时却不能忽略。

② 数控加工效率高，加工精度高，劳动强度低，对不同工件适应能力强。工件进行一次装夹后，数控系统能够控制机床按不同工序自动选择和更换刀具，自动改变主轴转速、进给量，刀具相对工件的运动轨迹和其他辅助功能，依次完成工件多个面上多工序的加工。既提高了加工精度和效率又降低了劳动强度。

③ 便于实现计算机辅助制造，研制、开发新产品。数控加工中心是柔性制造系统（Flexible Manufacturing System，FMS）中的核心机器，是自动化生产中不可或缺的设备；能够和各种辅助设计制造软件链接，进行产品的设计和开发。

6.5　刀库及自动换刀装置

数控加工中心利用刀库实现换刀，这是目前数控加工中心普遍使用的换刀方式。由于有了刀库，机床只要一个固定主轴夹持刀具，有利于提高主轴刚度。独立的刀库，大大增加了刀具的储存数量，有利于扩大机床的功能，并能较好地隔离各种影响加工精度的干扰因素。

6.5.1　数控加工中心刀库形式

数控加工中心的自动换刀装置由存放刀具的刀库和换刀机构组成。刀库种类很多，常见的有盘式和链式两类。

1. 盘式刀库

操作者将一把刀具安装进某一刀位后，不管该刀具更换多少次，总是在该刀位内。盘式刀库的特点为制造成本低，装配调整比较方便，维护简单。圆盘式刀库的总刀具数量受限制，不宜过多，一般有 20 ～ 24 把，大型龙门机床也有把圆盘转结合链式结构的设计，刀具数量多达 60 把，如图 6-9 和图 6-10 所示。

图 6-9　盘式刀库 1

图 6-10　盘式刀库 2

2. 链式刀库

链式刀库的基本结构如图 6–11 和图 6–12 所示，通常其刀具容量比盘式的要大，结构也比较灵活。可以采用加长链带方式加大刀库的容量，也可采用链带折叠回绕的方式提高空间利用率，在要求刀具容量很大时还可以采用多条链带结构。链式刀库的特点是存刀多，一般都在 20 把以上，多的可以存 100 把。它是通过链条将要换的刀具传到指定位置，再由机械手把刀装到主轴上，全部换刀动作均采用电动机加机械凸轮的结构，其结构简化、工作可靠，但是价格很高。

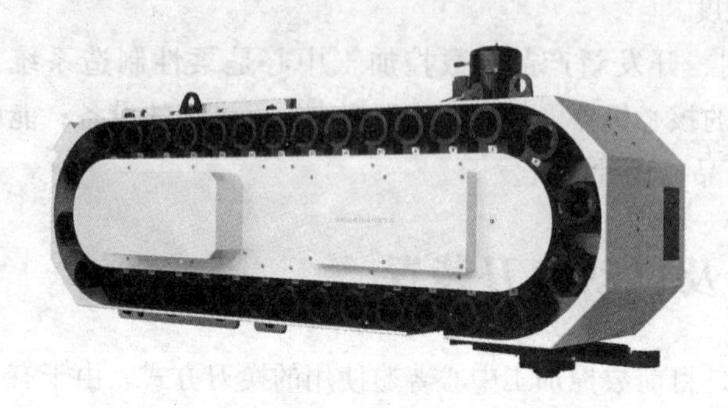

图 6–11　链式刀库 1

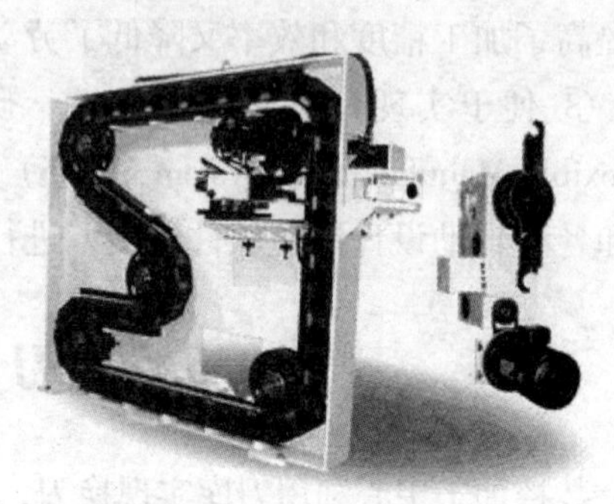

图 6–12　链式刀库 2

6.5.2　数控加工中心的自动换刀装置

刀库换刀，按照换刀过程有无机械手参与，分成有机械手换刀和无机械手换刀两种情况。有机械手的系统在刀库配置、与主轴的相对位置及刀具数量上都比较灵活，换刀时间短。无机械手方式结构简单，只是换刀时间要长。

1. 转塔式换刀装置

转塔式换刀是带有旋转刀具的数控机床上常用的一种换刀装置，这种换刀装置的转塔头上装有多个主轴，每个主轴上装一把刀具，加工中通过转塔头自动转位实现自动换刀，如图 6–13 和图 6–14 所示。转塔式换刀通常只适用于工序较少，精度要求不太高的机床，如数控钻床、数控铣床等。这种换刀形式省去了自动松、夹、装刀、卸刀以及刀具搬运等一系列的复杂操作，从而缩短了换刀时间（仅为 2 s 左右），并提高了换刀操作的可靠性。但其缺点在于因为空间位置的限制，使主轴部件结构不能设计得十分坚实，从而影响了主轴系统的刚度。为了保证主轴的刚度，必须限制主轴的数目，否则将使结构尺寸大大增加。

2. 无机械手换刀

无机械手换刀方式是直接在刀库与主轴（或刀架）之间换刀的自动换刀方式。因无机械手，所以结构简单，换刀时必须首先将用过的刀具送回刀库，然后再从刀库中取出新刀具。这两个动作不能同时进行，所以换刀过程较为复杂，换刀时间较长，但是刀库回转是在工步与工步之间，即非切削时进行的，因此可免去刀库回转时的振动对加工精度的影响。无机械手换刀方式适用于小型加工中心或换刀次数少的用重型刀具的重型机床。

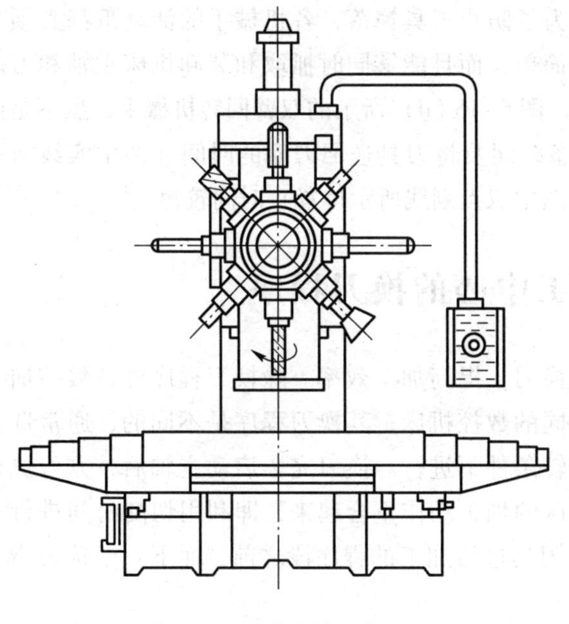

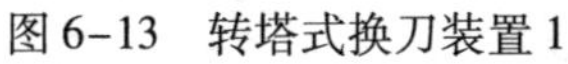

图 6-13　转塔式换刀装置 1

图 6-14　转塔式换刀装置 2

3. 机械手换刀

由于刀库及刀具交换方式的不同，换刀机械手也有多种形式。因为机械手换刀有很大的灵活性，而且还可以减少换刀时间，其应用最为广泛。

如图 6-15 所示为双臂机械手中最常见的几种结构形式。这几种机械手能够完成抓刀、

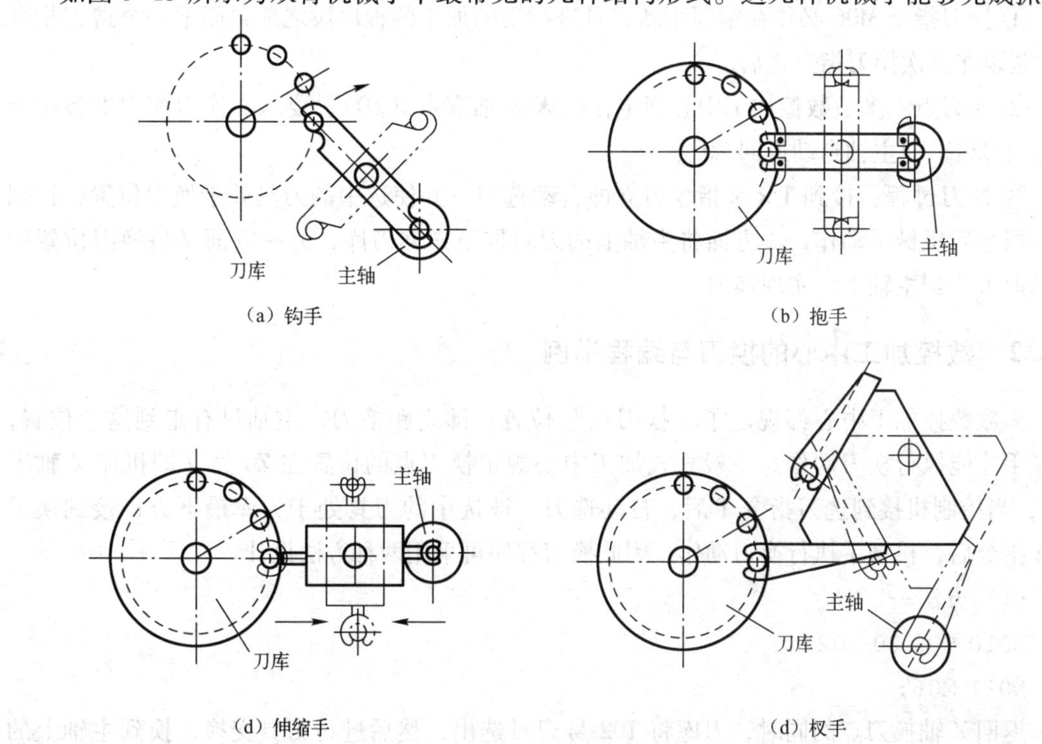

（a）钩手　（b）抱手

（d）伸缩手　（d）杈手

图 6-15　双臂机械手常见的结构形式

拔刀、回转、插刀以及返回等全部动作。为了防止刀具掉落，各机械手的活动爪都必须带有自锁结构。双臂回转机械手的动作比较简单，而且能够同时抓取和装卸机床主轴和刀库中的刀具，因此换刀时间可以进一步缩短。图6-15（d）所示的双臂回转机械手，虽不是同时抓取主轴和刀库中的刀具，但是换刀准备时间及将刀具送回刀库的时间（图中实线所示位置）与机械加工时间重合，因而换刀（图中双点划线所示位置）时间较短。

6.6 数控加工中心的换刀程序

数控加工中心的最大优点是能够自动换刀，提高加工效率。除换刀程序外，数控加工中心的编程方法和普通数控铣床相同。不同的数控机床，其换刀程序是不同的，通常选刀和换刀分开进行，换刀动作必须在主轴停转条件下进行。换刀完毕启动主轴后，方可执行下面程序段的加工动作，选刀动作可与机床的加工动作重合起来，即利用切削时间进行选刀，因此，换刀 M06 指令必须编写在用新刀具进行加工的程序段之前，而下一个选刀指令常紧接编写在这次换刀指令之后。

6.6.1 换刀动作

数控加工中心换刀指令简单，便于操作。

格式：T× × M06；

说明：

① 换刀指令 M06 必须在编写用新刀具进行切削加工的程序段之前，而下一个选刀指令 T 常紧跟在这次换刀指令之后。

② 换刀点：多数数控加工中心规定在机床 Z 轴零点（Z0），要求在换刀前用准备功能指令（G28）使主轴自动返回 Z0 点。

③ 换刀过程：接到 T× ×指令后立即自动选刀，并使选中的刀具处于换刀位置，接到 M06 指令后机械手动作，一方面将主轴上的刀具取下送回刀库，另一方面又将换刀位置的刀具取出装到主轴上，实现换刀。

6.6.2 数控加工中心的换刀与编程举例

多数数控加工中心都规定了“换刀点”位置，即定距换刀，主轴只有走到这个位置，机械手才能执行换刀动作。一般立式加工中心规定换刀点的位置在 Z0 处（即机床 Z 轴零点），当控制机接到选刀指令 T 后，自动选刀，被选中的刀具处于刀库最下方；接到换刀 M06 指令后，机械手执行换刀动作。因此换刀程序可采用两种方法设计。

（1）方法一

```
N010 G00 Z0 T02;
N011 M06;
```

返回 Z 轴换刀点的同时，刀库将 T02 号刀具选出，然后进行刀具交换，换到主轴上的刀具为 T02，若 Z 轴回零时间小于 T 功能执行时间（即选刀时间），则 M06 指令等刀库将

T02 号刀具转到最下方位置后才能执行，因此这种方法占用机动时间较长。

（2）方法二

```
N010 G01 Z…T02
⋮
N017 G00 Z0 M06
N018 G01 Z…T03
⋮
```

N017 程序段换上 N010 程序段选出的 T02 号刀具；在换刀后，紧接着选出下次要用的 T03 号刀具，在 N010 程序段和 N018 程序段执行选刀时，不占用机动时间，所以这种方式较好。

6.7　加工中心的编程实例

【例 6-1】　如图 6-16 所示，毛坯为 100 mm × 80 mm × 27 mm 的方形坯料，材料 45 钢，且底面和四个轮廓面均已加工好，要求在立式加工中心上加工顶面、孔及沟槽。

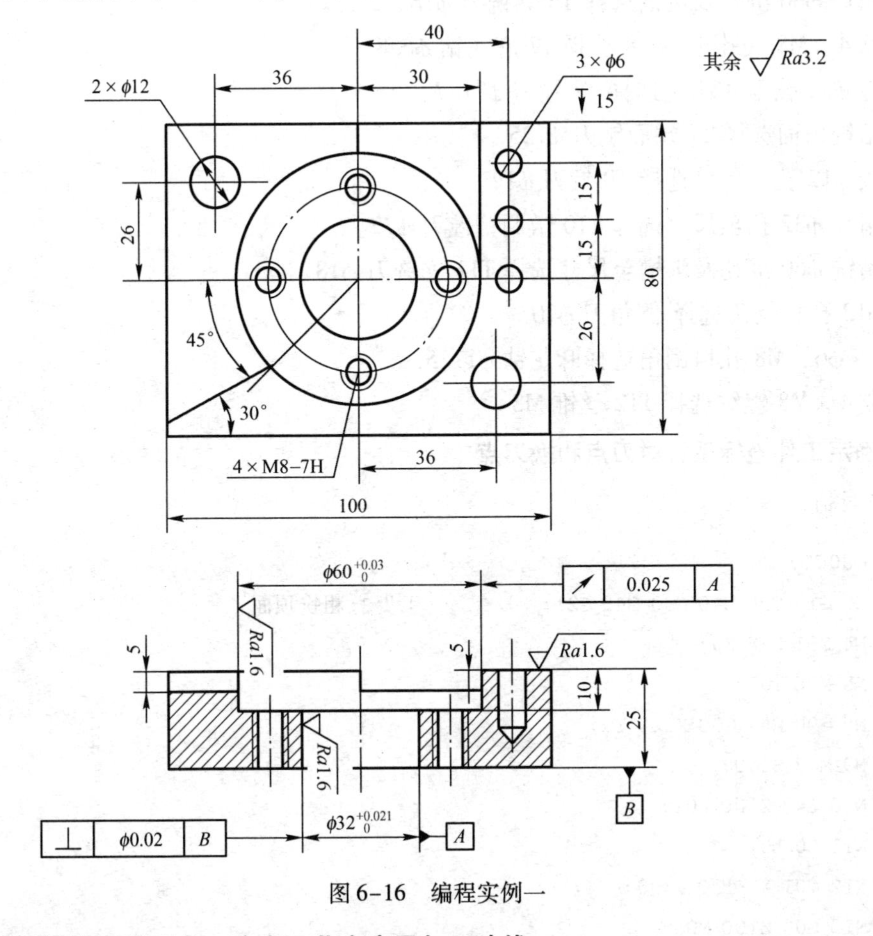

图 6-16　编程实例一

1. 根据零件图样要求，确定工艺方案及加工路线

① 加工顶面。

② 加工 $\phi32$ 孔。

③ 加工 $\phi60$ 沉孔及沟槽。

④ 加工 4 × M8 -7H 螺孔。

⑤ 加工 2 × $\phi12$ 孔。

⑥ 加工 3 × $\phi6$ 孔。

2. 选择机床设备

根据零件图样要求，选用三轴立式加工中心。

3. 工步顺序及选择刀具

① 粗铣顶面选择 T1 端面铣刀 $\phi125$。

② 钻 $\phi32$、$\phi12$ 孔中心孔选择 T2 中心钻 $\phi2$。

③ 钻 $\phi32$、$\phi12$ 孔至 $\phi11.5$ 选择 T3 麻花钻 $\phi11.5$。

④ 扩 $\phi32$ 孔至 $\phi30$ 选择 T4 麻花钻 $\phi30$。

⑤ 钻 3 × $\phi6$ 孔至尺寸选择 T5 麻花钻 $\phi6$。

⑥ 粗铣 $\phi60$ 沉孔及沟槽选择 T6 立铣刀 $\phi18$，2 刃。

⑦ 钻 4 × M8 底孔至 $\phi6.8$ 选择 T7 麻花钻 $\phi6.8$。

⑧ 镗 $\phi32$ 孔至 $\phi31.7$ 选择 T8 镗刀 $\phi31.7$。

⑨ 精铣顶面选择 T1 端面铣刀 $\phi125$。

⑩ 铰 $\phi12$ 孔至尺寸选择 T9 铰刀 $\phi12$。

⑪ 精镗 $\phi32$ 孔至尺寸选择 T10 微调精镗刀 $\phi32$。

⑫ 精铣 $\phi60$ 沉孔及沟槽至尺寸选择 T11 立铣刀 $\phi18$。

⑬ $\phi12$ 孔口倒角选择 倒角刀 $\phi20$。

⑭ 3 × $\phi6$、M8 孔口倒角选择麻花钻 $\phi11.5$。

⑮ 攻 4 × M8 螺纹选择 T12 丝锥 M8。

4. 确定工件坐标系、对刀点和换刀点

程序编制：

```
O0001;
N3 G17 G90 G40 G80 G49 G21;            工步 1:粗铣顶面
N4 G91 G28 Z0;
N5 M06 T01;
N8 G90 G54 G00 X120 Y0;
N9 M03 S240;
N10 G43 Z100 H01;
N11 Z0.5;
N12 G01 X-120 F300;
N13 G00 Z100 M05;
N14 G91 G28 Z0 M05;
/ M00;
```

```
N16 M06 T02;                    工步2:钻φ32、φ12孔中心孔
N19 G90 G54 G00 X0 Y0;
N20 M03 S1000;
N21 G43 Z100 H02;
N22 G99 G81 Z-5 R5 F100;
N23 X-36 Y26;
N24 G98 X36 Y-26.;
N25 G80 G91 G28 Z0 M05;
/ M00;
N27 M06 T03;                    工步3:钻φ32、φ12孔至φ11.5
N30 G90 G54 G00 X0 Y0;
N31 M03 S550;
N32 G43 Z100 H03;
N33 G99 G81 Z-30 R5 F110;
N34 X-36 Y26;
N35 G98 X36 Y-26;
N36 G80 G91 G28 Z0 M05;
/ M00;
N38 M06 T04;                    工步4:扩φ32孔至φ30
N41 G90 G54 G00 X0 Y0;
N42 M03 S280;
N43 G43 Z100 H04;
N44 G98 G81 Z-35 R5.0 F85;
N45 G80 G91 G28 Z0 M05;
/ M00;
N47 M06 T05;                    工步5:钻3×φ6孔至尺寸
N50 G90 G54 G00 X40 Y0;
N51 M03 S1000;
N52 G43 Z100 H05;
N53 G99 G81 Z-15 R5 F220;
N54 Y15;
N55 G98 Y30;
N56 G80 G91 G28 Z0 M05;
/ M00;
N58 M06 T06;                    工步6:粗铣φ60沉孔及沟槽
N61 G90 G54 G00 X0 Y0;
N62 M03 S370;
N63 G43 Z5 H06;
N64 G01 Z-10 F1000;
N65 G41 X8 Y-15 D06 F110;
```

```
N66 G03 X23 Y0 R15;
N67 I -23;
N68 X8 Y15 R15;
G00 G40 X0 Y0;
N69 G01 G41 X15 Y -15 D06;
N70 G03 X30 Y0 R15;
N71 I -30;
N72 X15 Y15 R15;
N73 G01 X -16 Y0;
N74 Z -4.7 F1000;
N75 X -61 F110;
N76 X -56.5 Y -41.586;
N77 X -12.213 Y -16.017;
N78 X15 Y -15 F1000;
N79 G03 X30 Y0 R15 F110;
N80 G01 Y51;
N81 X0;
N82 Y16;
N83 G40 Y0 F1000;
N84 G00 Z100 M05;
N85 G91G28 Z0;
/ M00;
N87 M06 T07;                            工步 7:钻 4 ×M8 底孔至 φ6.8
N88 G90 G54 G00 X23 Y0;
N91 M03 S950;
N92 G43 Z100 H07;
N93 G98 G81 Z -30 R5 F140;
N94 X0 Y23;
N95 X -23 Y0;
N96 G98 X0 Y -23;
N97 G80 G91 G28 Z0 M05;
/ M00;
N99 M06 T08;                            工步 8:镗 φ32 孔至 φ31.7
N102 G90 G54 G00 X0 Y0;
N103 M03 S830;
N100 G43 Z100 H08;
N101 G98 G76 Z -27 R5 Q0.1 F120;
N102 G80 G91 G28 Z0 M05;
/ M00;
N106 M06 T01;                           工步 9:精铣顶面
```

```
N107 G90 G54 G00 X120 Y0;
N108 M03 S320;
N109 G43 Z100 H01;
N110 Z0;
N111 G01 X -120 F280;
N112 G00 Z100 M05;
N113 G91 G28 Z0 M05;
/ M00;
N115 M06 T09;                         工步10:铰φ12孔至尺寸
N118 G90 G54 G00 X -36 Y26;
N119 M03 S170;
N120 G43 Z100 H09;
N121 G99 G82 Z -30 R5 P1000 F42;
N122 G98 X36 Y -26;
N123 G80 G91 G28 Z0 M05;
/ M00;
N9 M06 T10;                           工步11:精镗φ32孔至尺寸
N102 G90 G54 G00 X0 Y0;
N103 M03 S940;
N100 G43 Z100 H10;
N101 G98 G76 Z -27 R5 Q0.1 F75;
N102 G80 G91 G28 Z0 M05;
/ M00;
N134 M06 T11;                         工步12:精铣φ60沉孔及沟槽
N137 G90 G54 G00 X0 Y0;
N138 M03 S460;
N139 G43 Z5 H11;
N140 G01 Z -10 F1000;
N141 G41 X8 Y -15 D11 F80;
N142 X15;
N143 G03 X30 Y0 R15;
N144 I -30;
N145 X15 Y -15 R15;
N149 X -56.5 Y -41.586;
N150 X -12.213 Y -16.017;
N151 X15 Y -15 F1000;
N152 G03 X30 Y0 R15 F150;
N153 G01 Y51;
N154 X0;
N155 Y16;
```

```
N156 G40 Y0 F1000;
N157 G00 Z100 M05;
N158 G91 G28 Z0;
/ M00;
N146 G01 X -16 Y0;
N147 Z -5 F1000;
N148 X -61 F110;
N185 M06 T12;
N187 G90 G54 G00 X23 Y0;
N188 M03 S320;
N190 G43 Z100 H12;
N192 G98 G84 Z -27 R10 F400;
N193 X0 Y23;
N194 X -23 Y0;
N195 X0 Y -23;
N196 G80 G91 G28 Z0;
N198 G28 X0 Y0;
M30;
```

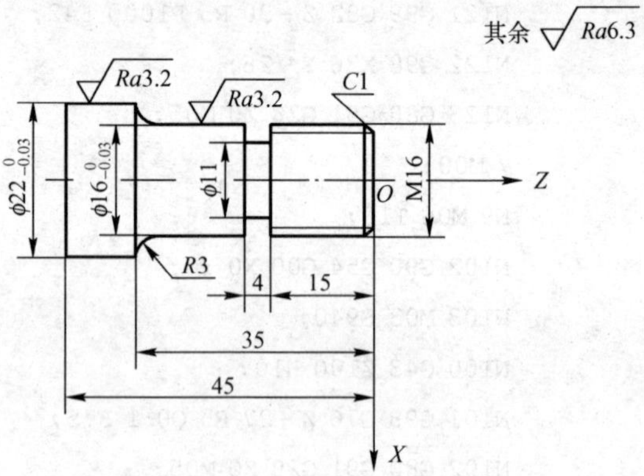

工步 13: 攻 4×M8 螺纹

【例 6-2】 如图 6-17 所示，毛坯为 ϕ25 mm×65 mm 棒材，材料为 45 钢。

图 6-17　编程实例二

1. 根据零件图样要求、毛坯情况，确定工艺方案及加工路线

对短轴类零件，轴心线为工艺基准，用三爪自定心卡盘夹持 ϕ25 mm 外圆，一次装夹完成粗精加工。工步顺序如下：

① 粗车外圆。基本采用阶梯切削路线，为编程时数值计算方便，圆弧部分可用同心圆车圆弧法，分三刀切完；

② 自向右左精车右端面及各外圆面：车右端面→倒角→切削螺纹外圆→车 ϕ16 mm 外圆→车 R3 mm 圆弧→车 ϕ22 mm 外圆；

③ 切槽；

④ 车螺纹；

⑤ 切断。

2. 选择机床设备

根据零件图样要求，选用经济型数控车床即可达到要求。故选用 CJK6136D 型数控卧式车床。

3. 选择刀具

根据加工要求，选用四把刀具，T01 为粗加工刀，选 90°外圆车刀；T02 为精加工刀，选尖头车刀；T03 为切槽刀，刀宽为 4 mm；T04 为 60°螺纹刀。

同时将四把刀在四工位自动换刀刀架上安装好，且都对好刀，把它们的刀偏值输入相应的刀具参数中。

4．确定切削用量

切削用量的具体数值应根据该机床性能、相关的手册并结合实际经验确定，详见加工程序。

5．确定工件坐标系、对刀点和换刀点

确定以工件右端面与轴心线的交点 *O* 为工件原点，建立 *XOZ* 工件坐标系。

采用手动试切对刀方法（操作与前面介绍的数控车床对刀方法相同）把点 *O* 作为对刀点。换刀点设置在工件坐标系下坐标为 X15、Z150 处。

6．编写程序（该程序用于 CJK6136D 车床）

按该机床规定的指令代码和程序段格式，把加工零件的全部工艺过程编写成程序清单。该工件的加工程序如下（该系统 *X* 方向采用半径编程）：

```
N0010  G00  Z2  S500  T01.01  M03;
N0020  X11;                                    //粗车外圆得 φ22 mm
N0030  G01  Z-50  F100;
N0040  X15;
N0050  G00  Z2;
N0060  X9.5;                                   //粗车外圆得 φ19 mm
N0070  G01  Z-32  F100;
N0080  G91  G02  X1.5  Z-1.5  I1.5  K0;        //粗车圆弧一刀得 R1.5 mm
N0090  G90  G00  X15;
N0100  Z2;
N0110  X8.5;                                   //粗车外圆得 φ17 mm
N0120  G01  Z-32  F100;
N0130  G91  G02  X2.5  Z-2.5  I2.5  K0;        //粗车圆弧二刀得 R3 mm
N0140  G90  G00  X15  Z150;
N0150  T02.02 ;                                //精车刀，调精车刀刀偏值
N0160  X0  Z2 ;
N0170  G01  Z0  F50  S800;                     //精加工
N0180  X7;
N0190  X8  Z-1;
N0200  Z-32;
N0210  G91  G02  X3  Z-3  I3  K0;
N0220  G90  G01  X11  Z-50;
N0230  G00  X15;
N0240  Z150;
N0250  T03.03;                                 //换切槽刀，调切槽刀刀偏值
N0260  G00  X10  Z-19  S250  M03;              //割槽
```

```
N0270  G01  X5.5  F80;
N0280  X10;
N0290  G00  X15  Z150;
N0300  T04.04;                              //换螺纹刀,调螺纹刀刀偏值
N0310  G00  X8  Z5  S200  M03;              //至螺纹循环加工起始点
N0320  G86  Z-17  K2  I6  R1.08  P9  N1;    //车螺纹循环
N0330  G00  X15  Z150;
N0340  T03.03;                              //换切槽刀,调切槽刀刀偏值
N0350  G00  X15  Z-49  S200  M03;           //切断
N0360  G01  X0  F50;
N0370  G00  X15  Z150;
N0380  M02;
```

习　　题

1. 如图 6-18 所示，毛坯为 100 mm × 80 mm × 15 mm 的板材，根据图样进行程序编制，注意刀具的选用和加工工艺。

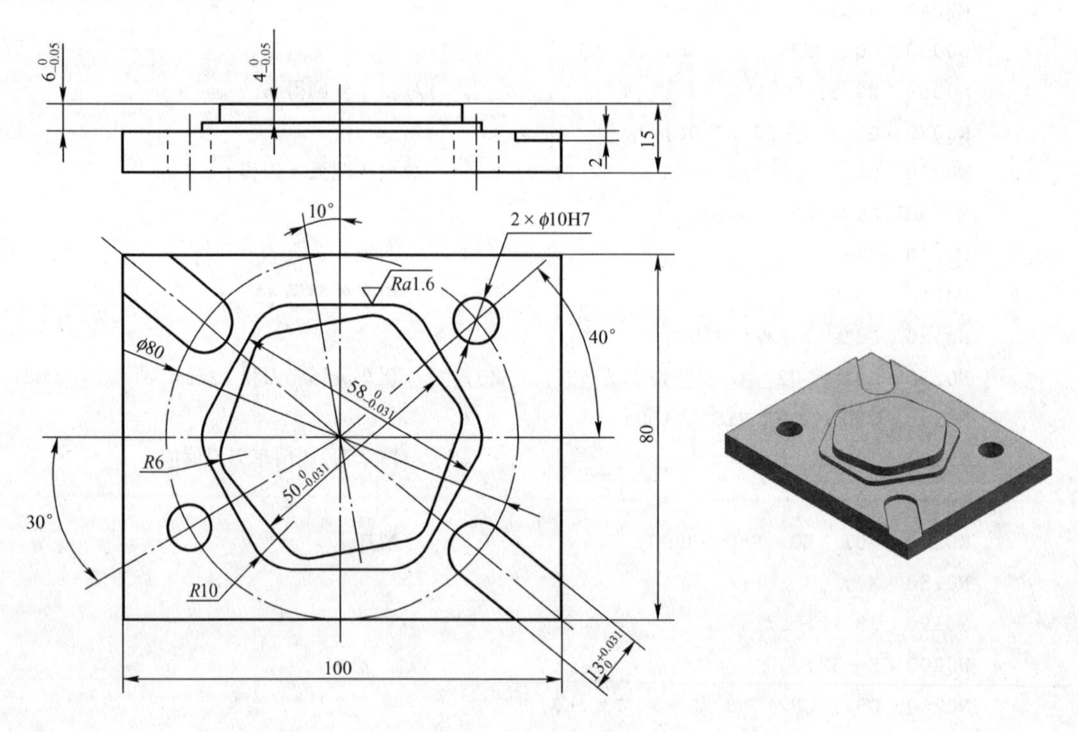

图 6-18　编程练习图例 1

2. 毛坯为 120 mm × 60 mm × 10 mm 的板材，5 mm 深的外轮廓已粗加工过，周边留 2 mm 余量，要求加工如图 6-19 所示的外轮廓及 ϕ20 mm 的孔，工件材料为铝。按上述要求编制加工程序。

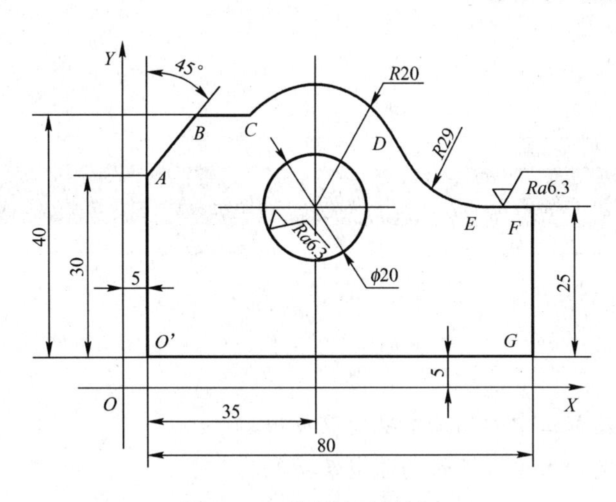

图 6-19　编程练习图例 2

3. 如图 6-20 所示变速手柄轴，毛坯为 ϕ25 mm × 100 mm 棒材，材料为 45 钢，完成数控车削程序的编制。

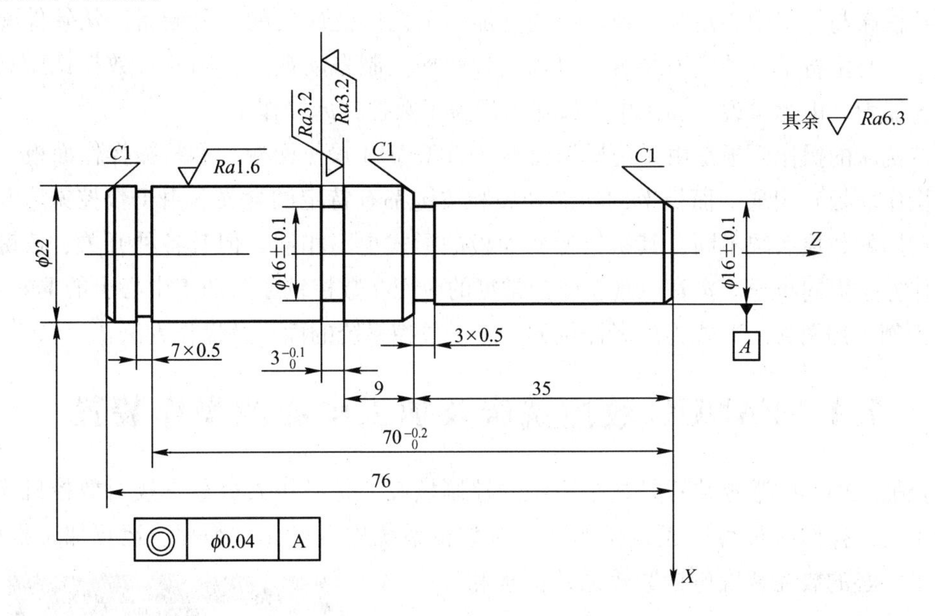

图 6-20　编程练习图例 3

第❼章 数控铣床及加工中心的操作

学习目标：

- 了解数控铣床及加工中心的基本功能及应用。
- 理解数控铣床及加工中心面板的组成及功能。
- 掌握数控铣床及加工中心的基本操作方法。
- 能够自主完成简单的数控铣床及加工中心系统的操作。
- 会使用手动机外对刀方法进行对刀。

数控铣床与加工中心是铣、镗、钻削类加工工艺广泛应用的一种装备，从硬件配置上讲，加工中心配备了自动换刀装置，可以实现程序控制自动换刀，因此较数控铣床具有更强的工艺能力，由此可说，加工中心操作工涵盖了数控铣床操作工。

数控铣床的操作面板是由系统操作面板（CRT/MDI 操作面板）和机械操作面板（也称为用户操作面板）组成。面板上的功能开关和按键都有特定的含义。由于数控铣床及加工中心所配用的数控系统不同，其机床操作面板的形式也不相同，但其各种开关、按键的功能及操作方法大同小异。本章以现在较为常见的应用在数控铣床及加工中心上的 Fanuc - Oi M 系统为例，用图文的方式为读者详细的介绍了数控系统的面板及操作方法。

7.1 FANUC 数控铣床及加工中心的操作装置

数控加工中心的数控装置是数控系统的控制核心，是操作人员最直接对数控机床进行控制的工具，操作人员可以通过操作装置对数控系统进行操作、编程、运行加工程序等。数控加工中心的数控装置包括数控系统面板和机床操作面板。

7.1.1 FANUC - Oi M 数控系统面板

FANUC 数控系统有多种型号，例如 F0、F3、F6、F17 等，系列型号不同的数控系统操作面板有一些差异，现在我国所使用的比较新的型号为 FANUC 0i 系列，FANUC 0i - M 是可应用于数控铣床和数控加工中心的数控系统，FANUC 0i - M 数控系统面板由系统操作面板和机床控制面板两部分组成，如图 7-1 所示。

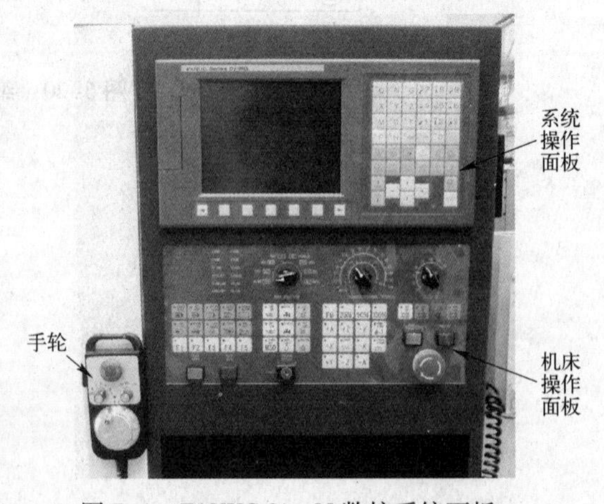

图 7-1 FANUC 0i - M 数控系统面板

7.1.2　数控系统操作面板

数控系统操作面板和 FANUC 0i－T 系列数控系统操作面板基本相同，包括 CRT 显示区、MDI 键盘区（包括字符键和功能键等）和软键盘区，如图 7-2 所示。

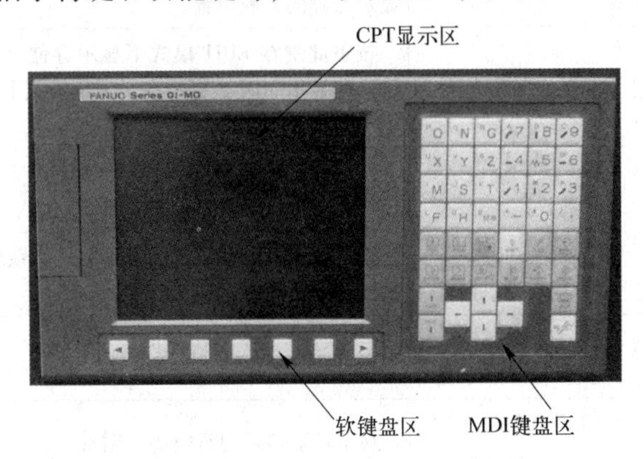

图 7-2　数控系统操作面板

1. CRT 显示区

位于整个机床面板的左上方，包括显示区和屏幕相对应的功能软键，如图 7-2 所示。

2. 编辑操作面板（MDI 键盘区）

MDI 键盘区位于 CRT 显示区的右侧。MDI 键盘区上各键的位置和名称，如图 7-3 所示。MDI 键盘区上各按键的名称及具体功能见表 7-1 所示。

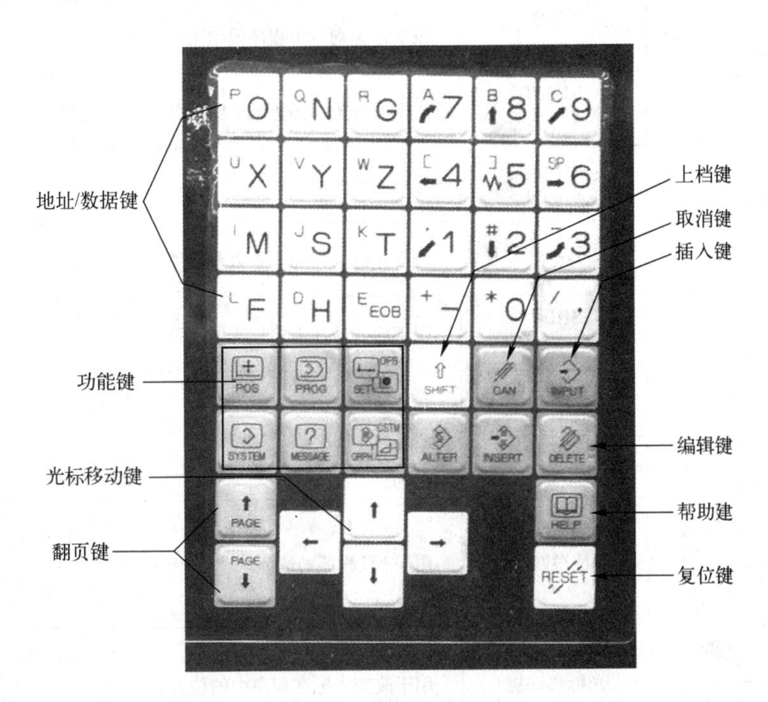

图 7-3　MDI 键盘区

表 7-1 MDI 键盘区上各按键的名称及具体功能

序号	键盘图标符号		名 称	功 能 说 明
1	功能键（用来切换不同的功能显示界面）	POS	POS 位置显示键	按下此键显示刀架位置界面。可以用机床坐标系、工件坐标系、增量坐标系及刀具运动中相距指定位置的移动量等四种不同的方式显示刀具的当前位置
2		PROG	PROG 程序显示键	按下此键在 EDIT 模式下显示存储器内的程序；在 MDI 模式下，输入和显示 MDI 数据；在 AOTO 模式下，显示当前待加工或者正在加工的程序
3		OFS SET	OFFSET SETTING 参数设定/显示键	按下此键显示偏置/设置 SETTING 界面，设定并显示刀具补偿值、工件坐标系及宏程序变量
4		SYSTEM	SYSTEM 系统显示键	按下此键显示和设定运行参数表，系统参数设定与显示，以及自诊断功能数据显示等
5		MESSAGE	MESSAGE 报警信息显示键	按下此键显示 NC 报警信息
6		CSTM GRPH	CUSTOM GRAPH 图形显示键	按下此键显示刀具轨迹等图形
7	程序编辑键	DELETE	DELETE 删除键	在 EDIT 模式下，删除输入的字及 CNC 中存在的程序
8		ALTER	ALTER 替换键	在 EDIT 模式下，替换光标所在位置的字符
9		INSERT	INSERT 插入键	在 EDIT 模式下，在光标位置输入的字符
10		CAN	CAN 取消键	按下此键可清除最后一个输入缓冲器中的文字或者符号
11		E EOB	EOB 段结束符	按下此键则一个程序段结束
12	RESET		RESET 复位键	用于所有操作停止或解除报警，CNC 复位
13	HELP		HELP 帮助键	显示相关的帮助信息
14	INPUT		INPUT 输入键	按下此键输入加工参数等数值
15	SHIFT		SHIFT 上档键	用于输入处在上档位置的字符
16	PAGE ↑ PAGE ↓		PAGE 翻页键	向上或者向下翻页
17	O N G 7 8 9 / X Y Z 4 5 6 / M S T 1 2 3 / F H EOB - 0 .		地址/数据键	用于 NC 程序的输入
18	↑ ← → ↓		光标移动键	用于改变光标在程序中的位置

3. 软键盘区

软键盘区位于 CRT 显示区的正下方，共七个软按键，应用于数控系统面板所能显示的诸多功能界面中，进行切换界面或者选择操作。分布在 CRT 显示区下面的这七个软按键根据其功能可分为：功能软键和扩展软键。中间的五个软键为功能软键，这五个软键的功能是可变的，“章节选择软键”用于某一功能界面下各级菜单的显示和操作，“操作选择软键”用于显示某一命令界面下的各种操作方式。在按下不同的功能键后，软按键各有不同的当前用途，具体用途要根据 CRT 显示器最下方一排所显示的五个软键菜单来定义。两侧的软键为扩展软键，左面的按键称为“菜单返回键”用于显示某一功能键下的第一级菜单，右边的按键称为“菜单继续键”，显示命令多于五个时，可按下此按键切换 CRT 显示区下方的功能菜单，如图 7-4 所示。

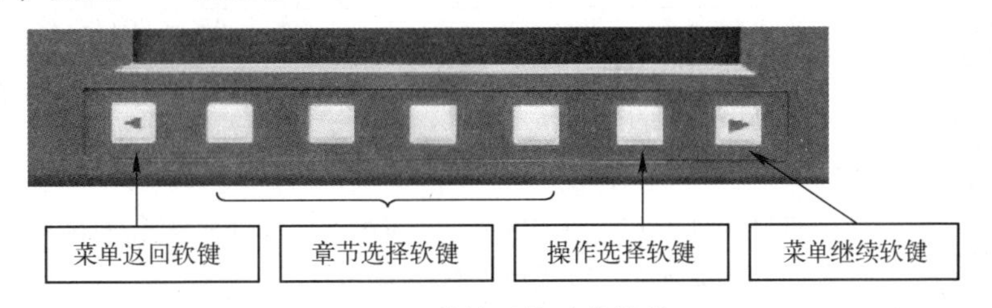

图 7-4　数控系统功能软件

7.1.3　机床操作面板

机床操作面板一般情况下位于系统操作面板的下方。在系统操作面板上配置了操作机床所能用到的各类开关按钮，现在很多厂家在生产数控铣床和加工中心时都会使用通用面板，也就是将能用到的按键都设计在操作面板上，所以作为数控铣床的操作键盘使用时会有一些按键是锁定的在加工中不起到任何作用，例如刀库旋转按钮。下面以一款通用的机床操作面板为例为大家介绍其功能和作用，如图 7-5 所示。

图 7-5　机床操作面板

这些开关按钮的分布和类型不同的机床生产厂家可能会有不同的选择，如功能方式选择形式有些厂家会选择使用旋转开关来进行切换，有些厂家会选择使用自复位式按键来进行切换。虽然使用的方式不同但不同的厂家所设置的功能还是基本相同的，我们可以根据机床操作面板上面的图形符号与英文解释来确定这个按钮的功能，各按键（旋钮）的名称及功能见表 7-2 所示。

表 7-2 机床操作面板各按键及功能

序号	按键、旋钮符号	按键、旋钮名称	功 能 说 明
1		POWER ON/OFF 系统电源开关	按下左边绿色键，机床系统电源开；按下右边红色键，机床系统电源关
2		EMERGENCY STOP 急停按钮	紧急情况下按下此按钮，机床停止一切的运动
3		CYCLE START 循环启动按钮	在 MDI 或者 MEM 模式下，按下此按钮，机床自动执行当前程序
4		FEED HOLD 循环启动停止按钮	在 MDI 或者 MEM 模式下，按下此按钮，机床暂停程序直接再一次按下循环启动按钮自动运行
5	机床 工作模式旋钮	AUTO	自动模式运行模式。该模式用于自动运行 CNC 存储器内的加工程序
		EDIT	编辑模式。用于检索、检查、编辑加工程序
		MDI	手动数据输入模式。该模式用于运行从 MDI 键盘输入的程序指令
		DNC	计算机直接运行模式。DNC 运行模式是加工程序不存储到 CNC 的存储器中，而是从数控装置的外部输入，当程序太大不适合存储在 CNC 存储器中时使用这种模式运行
		HANDLE	手轮进给模式。手动摇动手轮时刀具按照手轮转动的角度转动相应的距离
		JOG	手动连续进给模式。使用机床操作面板上的按钮使刀具沿选定的轴方向移动
		INC	增量进给模式
		REF	参考点返回模式。配合进给轴按钮的选择可进行参考点的返回操作

序号	名称	按钮	设定速度为 10 mm/min 时对应的速度	设定速度为 20 mm/min 时对应的速度	设定速度为 24 mm/min 时对应的速度	使 用 场 合
6	快速进给倍率调整按钮	F0	0	0	0	在系统自动运行时：G00、G28、G30；手动运行时：快速进给、返回参考点时使用
		25%	2.5 mm/min	5 mm/min	6 mm/min	
		50%	5 mm/min	10 mm/min	12 mm/min	
		100%	10 mm/min	20 mm/min	24 mm/min	

续表

序号	按键、旋钮符号	按键、旋钮名称	功能说明
7	FEEDRATE OVERRIDE	手动进给倍率旋钮	以手动或自动操作各轴的移动时，可通过此旋钮来改变各轴的移动速度。以给定的F指令进给时，可在0～150%的范围内修改进给率。JOG模式时，亦可用其改变JOG模式的速率
8		主轴倍率旋钮	在自动或者手动操作主轴时，转动此旋钮可以调整主轴的转速，可在50%～120%之间调整主轴转速
9		手摇脉冲发生器（即手轮）	在手轮操作方式下，通过手轮上的小旋钮选择坐标轴和进给倍率，摇动大手轮发出脉冲，主轴运动
10	+A +Z -Y +X RAPID -X +Y -Z -A	进给轴运动方向选择按钮	在JOG或者手动示教模式下，按下某一运动轴按钮，被选择的轴会以进给倍率的速度移动，松开按钮则轴停止移动。若需要快速移动按下快移按钮同时再按下相应轴的运动方向按钮，被选择轴会以快速倍率进行移动，松开按钮立即停止
11	RAPID	RAPID 快速移动按钮	按下此按钮配合进给轴运动方向选择按钮可实现快速移动
12	SPD ORI	SPD ORI 主轴定向	按下此按钮进行主轴定向
13		SPD CW 主轴正转按钮	按下此按钮主轴顺时针旋转
14		SPD CCW 主轴反转按钮	按下此按钮主轴逆时针旋转
15		SPD STOP 主轴停止按钮	按下此按钮主轴立即停止转动
16	SINGLE BLOCK	SINGLE BLOCK 单段方式按钮	按一次此按钮，执行一条程序段
17	DRY RUN	DRY RUN 空运行方式按钮	机床按空运行速度不按编程速度执行程序，以加快程序运行速度。主要用于Z轴锁紧和外部零点Z向偏置提高的程序运行，检查程序格式、刀具轨迹是否正确
18	OPTION STOP	OPTION STOP 选择停止按钮	按下此按钮，程序中的M01指令有效，否则M01指令无效
19	BLOCK SKIP	BLOCK SKIP 程序段跳读方式按钮	按下此按钮，跳过或不执行带有“/”符的程序段

续表

序号	按键、旋钮符号	按键、旋钮名称	功 能 说 明
20	PROGRAM RESTART	PROGRAM RESTART 程序重新开始按钮	程序中断后，按下此按钮可以控制程序从断点处往下执行
21	AUX LOCK	AUX LOCK 辅助锁紧按钮	按下此按钮，锁住 S、F、T 不动
22	MACHINE LOCK	MACHINE LOCK 机床锁定按钮	按下此按钮，机械部件锁定不动
23	Z AXIS CANCEL	Z AXIS CANCLE Z 轴锁紧按钮	按下此按钮，单独锁紧 Z 轴不动
24	TEACH	TEACH 示教模式按钮	按下此按钮，可在手动进给切削时编写程序
25	MAN ABS	MAN ABS 手动绝对按钮	按下此按钮，在手动移动机床时，坐标位置正常显示
26	CHIP CW	CHIP CW 排屑正转按钮	按下此按钮，排屑器正向旋转排屑
27	CHIP CCW	CHIP CCW 排屑反转按钮	按下此按钮，排屑器反向旋转排屑
28	CLANT A	CLANT A 冷却液 A 按钮	按下此按钮，可打开或关闭冷却液 A 开关
29	CLANT B	CLANT B 冷却液 B 按钮	按下此按钮，可打开或关闭冷却液 B 开关
30	ATC CW	ATC CW 刀库正向旋转按钮	按下此按钮刀库正向旋转，在加工中心中可用
31	ATC CCW	ATC CCW 刀库反向旋转按钮	按下此按钮刀库反向旋转，在加工中心中可用
32	POWER OFF M30	POWER OFF M30 选择性停止按钮	将 M30 指令写到数控加工程序中后，按下此按钮运行程序，程序将会在运行到 M30 指令时停止
33	WORK LIGHT	WORK LIGHT 机床照明灯按钮	按下此按钮，可打开和关闭机床照明灯
34	HOME START	HOME START 回零按钮	按下此按钮时，可控制 *Z*、*X*、*Y* 轴回参考点
35	O.TRAVEL RELEASE	O. TRAVEL RELEASE 超程解除开关按钮	按下此按钮时，可解除超程引起的急停状态
36	PROGRAM PROTECT 1 0	PROGRAM PROTECT 程序保护开关	钥匙开关，用于保护零件程序、刀具补偿参数、设置数据和用户宏程序等。位置在“1”时 ON 接通保护数据不被修改；位置在“0”时 OFF 断开，可以写入数据

7.2　FANUC 数控铣床及加工中心的手动操作

在数控系统操作时首先要学习手动操作，利用手动操作可以实现数控加工系统的基本功能，例如：开机、关机、主轴转动、冷却液、回参考点等。方便完成简单的加工任务，也可以用于检测设备功能运行是否正常。

7.2.1　数控铣床及加工中心的开机与关机操作

1. 机床的开机操作

机床开机的操作步骤如下：

① 打开外部电源，启动空气压缩机。

② 等待气压达到规定的值后打开加工中心后面的机床开关。

③ 按下 POWER ON 键接通系统电源，指示灯亮，系统启动进入自检。

④ 自检结束后系统启动，当看到 CRT 显示如图 7-6 所示界面时，则表示系统启动成功。

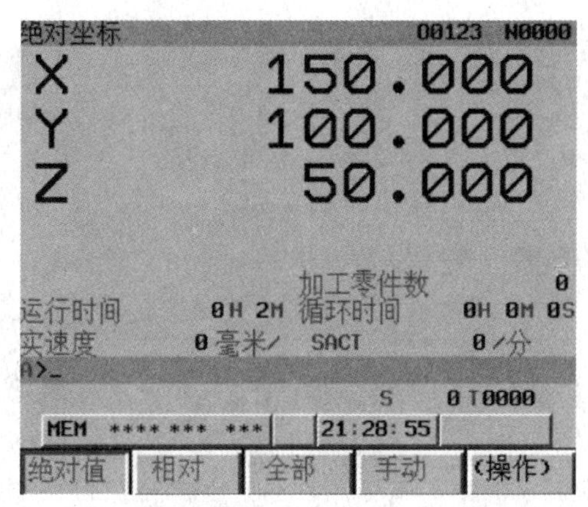

图 7-6　机床启动就绪画面

2. 机床的关机操作

机床的关机操作步骤如下：

① 检查操作面板上表示循环启动的显示灯是否处于关闭状态。

② 检查数控机床的移动部件是否已经停止运动。

③ 如果有外部的输入输出设备连接到机床上，应先关掉其电源。

④ 按下 POWER OFF 键关闭系统电源。

⑤ 断开外部电源，关闭空气压缩机。

7.2.2　数控铣床及加工中心的手动操作

1. 返回参考点操作

参考点又称为机械零点，是机床上的一个固定的点，数控系统是根据这个参考点位置来建立机床的坐标系的。对于使用相对编码器的机床来讲需要在机床上电后进行返回参考点操作，操作方法如下：

① 开启机床，按下 CRT 显示画面中的“综合”软键，如图 7-7 所示。FANUC 0i - M 系统对坐标的显示方式有三种：综合坐标、相对坐标、绝对坐标。

综合坐标是指机床测量基点在机床坐标系中的坐标值。

相对坐标是指机床测量基点相对上次设定坐标的移动距离和方向。

绝对坐标是指机床测量基点在当前工件坐标系中的坐标值。

② 将“模式选择”旋钮旋至“REF”回参考点模式。

③ 按“F0”“25%”“50%”或“100%”按钮选择快速进给倍率。

④ 按下“+Z”进给轴选择按钮，该键指示灯闪烁。

⑤ 按下 HOME START 键，机床执行 *Z* 轴回零，如没有“HOME START”功能则直接按住“+Z”按钮让机床回零，*Z* 轴回零后机床指示灯亮起。

⑥ 按照 *Z* 轴返回参考点的方法，依照顺序：*Z* 轴→*X* 轴→*Y* 轴→*A* 轴，将整个系统的坐标轴全部返回参考点。因为先将 *Z* 轴回零可以避免工作台上的夹具或者工件与刀库中的刀具相碰撞。返回参考点完成后的 CRT 显示画面如图 7-8 所示。

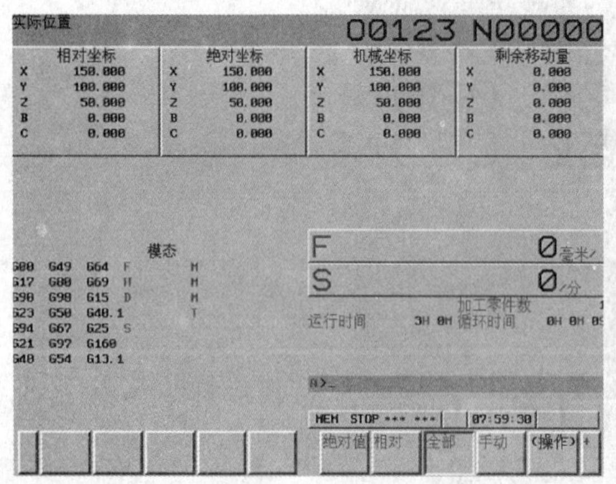

图 7-7　综合坐标显示界面

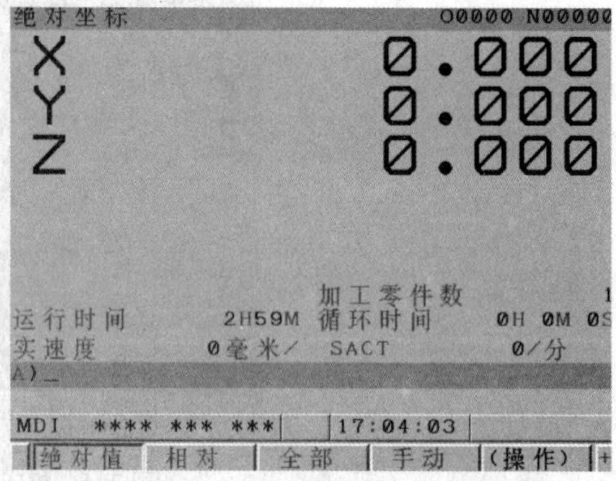

图 7-8　机床返回参考点画面

2. 手动连续进给操作 JOG 模式

手动连续进给操作 JOG 模式用于长距离、粗略移动机床；在使用 JOG 模式移动机床时要注意防止超程。具体操作方法如下：

① 将“模式选择”旋钮旋至“JOG”模式。

② 按机床面板上的进给轴运动方向选择按钮，机床向所选坐标轴方向移动。按一下按钮，所选坐标轴移动一次，不按按钮不会移动；按住按钮就会连续移动。

③ 可以通过手动操作进给速度倍率旋钮来调整进给速度，可调范围为 0 ～ 150% 进给倍率。

④ 在按下“进给轴选择运动方向按钮”的同时按下“快速移动”按钮，机床会沿所

选坐标轴方向进行快速移动。

⑤ 按“F0”“25%”“50%”或“100%”按钮，可调节机床快速移动倍率。

在进行手动操作时每次只能运行一个轴，如果同时按下快速移动开关会使刀具以快速移动速度移动，此时手动进给倍率旋钮无效，这种功能为手动快速进给。

3. 手动增量进给操作 INC 模式

增量进给操作是指每按下一次按钮，刀具就会移动一段预定的距离，这种操作模式主要用于短距离、精准移动的机床。具体操作方法如下：

① 将“模式选择”旋钮旋至“INC”模式。

② 据需要按“F0”“25%”“50%”或“100%”按钮，分别选定的增量值为 0.001 mm、0.01 mm、0.1 mm、1 mm。

③ 按机床面板上的进给轴运动方向选择按钮，机床向所选坐标轴方向移动选定的增量值 0.001 mm、0.01 mm、0.1 mm 或 1 mm。

4. 手摇脉冲发生器进给操作 HANDLE 模式

手摇脉冲发生器又称为手轮，可通过摇动手轮使 X、Y、Z 等坐标轴进行移动。具体操作方法如下：

① 将“模式选择”旋钮旋至“HANDLE”模式。

② 旋转手轮操作面板上的“轴选择”旋钮，选定机床移动轴 X、Y、Z 或其他轴，“轴选择”旋钮位置如图 7-9 所示。

③ 旋转手轮操作面板上的“轴倍率”旋钮，选定手轮转动一格机床的移动距离。如手轮倍率选“1”，则手轮转动一格机床移动 0.001 mm；选择“10”则手轮转动一格机床移动 0.01 mm；选择“100”则手轮转动一格机床移动 0.1 mm，“轴倍率”旋钮位置如图 7-9 所示。

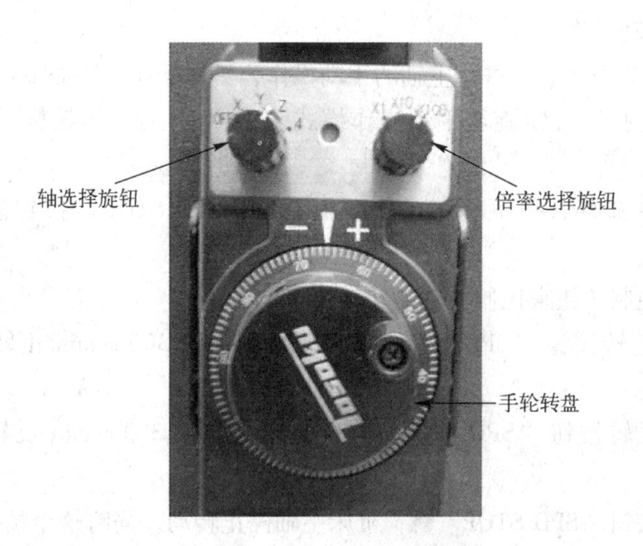

图 7-9　手轮操作面板

④ 旋转手轮的轮盘使机床按照选定值进行移动。顺时针转动手轮机床向坐标轴正方向移动，逆时针转动手轮机床向坐标轴负方向移动。

5. 主轴的操作

主轴的操作分为主轴的启动操作和主轴的手动操作。

（1）主轴的启动操作

在数控系统开机后主轴不能够进行正、反转的手动操作，应先进行主轴的启动操作，具体操作方法如下：

① 将“模式选择”旋钮旋至“MDI”手动数据输入模式。

② 按 MDI 面板上“PROG”键，出现如图 7-10（a）所示页面。

③ 按 MDI 面板上的“地址/数据”键，在输入行键入“M03 S300;”。

④ 按 MDI 面板上“INSERT”键插入，最后在 O0000 处显示“O0000 M03 S300;”如图 7-10（b）所示。

⑤ 按机床操作面板上“CYCLE START”循环启动键，机床主轴以 300 r/min 正转。

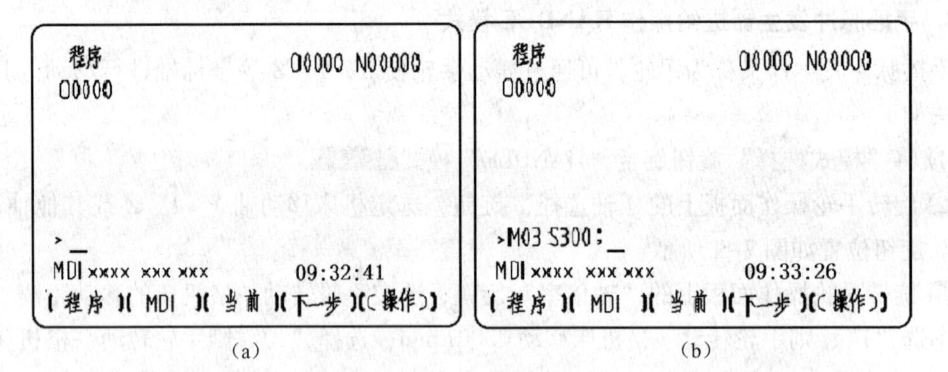

（a）　（b）

图 7-10　MDI 程序编程画面

（2）主轴的手动操作

在完成主轴启动操作后可进行主轴的手动操作，具体操作方法如下：

① 将“模式选择”旋钮旋至手动操作模式，“JOG”模式、“HANDLE”模式都可以。

② 如主轴正在旋转，按下机床操作面板上的“SPD STOP”按钮，先让主轴停止转动。

③ 使用主轴控制按钮来控制主轴的转动。

④ 按下主轴正转按钮“SPD CW”，机床主轴以 300 r/min 正转，同时指示灯会亮起。

⑤ 按下主轴反转按钮“SPD CCW”，机床主轴以 300 r/min 反转，同时指示灯会亮起。

⑥ 主轴停止按钮“SPD STOP”，机床主轴停止转动，同时这个按钮的指示灯会亮起（只要主轴在停止状态该按钮的指示灯就应该是亮起的，表示主轴正在停止状态）。

⑦ 旋转“主轴倍率选择开关”旋钮，主轴转速在 300 ×（50% ～ 120%）范围内变速。

6. 冷却液的开关操作

在选择“JOG”模式或“HANDLE”模式手动进行切削时，必须采用手动方法打开冷却液（在自动运行时使用 M8 程序指令打开冷却液、M9 程序指令关闭冷却液），在手动模式下要打开和关闭冷却液只需要按下与之对应的冷却液开关按钮即可。

按“冷却液 A”按钮冷却液 A 打开，指示灯亮起；在指示灯亮起时再按“冷却液 A”按钮冷却液 A 关闭，指示灯熄灭。

按“冷却液 B”按钮冷却液 B 打开，指示灯亮起；在指示灯亮起时再按“冷却液 B”按钮冷却液 B 关闭，指示灯熄灭。

7. 排屑操作

加工中心在加工过程中会产生很多切削屑，散布在工作台上，每天的加工完成后必须进行清理，可以首先使用机床自身功能进行清洁。具体操作方法如下：

① 将“模式选择”旋钮选择至手动操作模式：“JOG”模式、“HANDLE”模式均可。

② 用冷却液把散落的切削屑从工作台上冲下，如有较大的切削屑可用高压气枪吹下（注意不要将切削屑吹入加工传动部位，以免影响加工精度，如不能把握则不要使用高压气枪来吹切削屑）。

③ 启动排屑装置进行排屑，按“排屑正传”按钮将切削屑排出，在操作时可配合“排屑反转”按钮进行排屑。

7.2.3　数控铣床及加工中心的安全操作

数控铣床及加工中心的安全操作包括：急停、超程等各类报警的处理。

1. 报警

数控系统对自身的软、硬件功能具有自诊断的功能，利用这个功能使用者可以很方便的监控数控铣床及加工中心的整个加工过程是否正常，如遇系统报警则表示有不正常现象出现。常见的报警形式有机床自锁、屏幕显示错误、报警灯亮起和报警蜂鸣器响起等。

2. 急停处理

急停装置不只应用在数控系统中，在现代工业生产中几乎所有的设备都会有急停装置，急停装置会安装在最适合使用者操作的地方，以方便在第一时间将其按下。使用急停装置主要是为了预防设备出现异常状况时，出现设备的二次损坏和对人造成危害。

在数控铣床及加工中心出现紧急情况时，立即按下急停按钮，急停按钮按下后会进入自动锁定状态，同时数控铣床及加工中心各部件的运动会立即停止，数控系统复位。在排除数控机床故障后，旋转急停按钮的顶部即可解开急停按钮的锁定，恢复系统供电。由于在急停时数控系统已经复位所以在急停解除后首先要进行返回参考点操作，使系统重新建立坐标系。如果是在换刀过程中进行急停处理的还需要在急停解除后，使用 MDI 模式将换刀机构调整好再进行加工。

3. 超程处理

数控铣床及加工中心在进行运行时，若数控铣床及加工中心的刀具主轴或工作台等移动部件试图移动到由限位开关设定的行程终点以外时，刀具会由于限位开关的动作而减速，并最终停止，数控界面显示“OVER TRAVEL”超程报警，如图 7-11 所示。

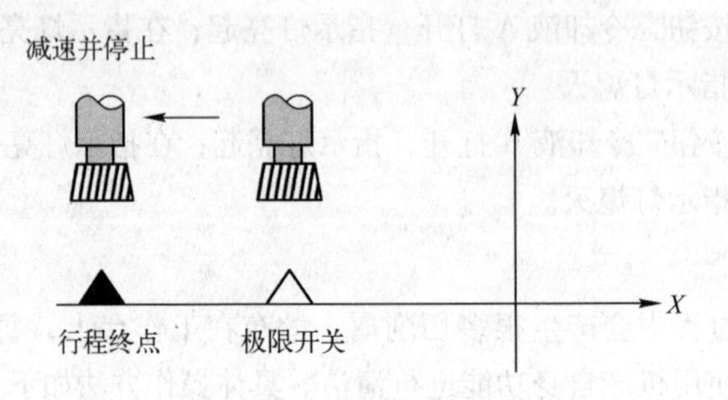

图 7-11　超程位置示意图

系统超程时系统报警、机床被锁住同时超程报警灯会亮起，数控显示界面上方报警内容会出现如：*X* 向超过行程极限。超程处理方法如下：

① 将“模式选择”旋钮旋至手轮操作“HANDLE”模式。

② 根据超程警报提示，通过手轮操作面板上的轴选择旋钮选择超程的轴。

③ 转动手轮轮盘，使超程轴反向移动靠近原点位置并离开限位开关。

④ 按下“RESET”键，使数控系统复位。

⑤ 重新返回参考点，使系统建立坐标系。

7.3　数控系统的程序编辑

本节叙述如何编辑数控系统的程序文件，在程序编辑之前首先要学习必要的检索操作，如程序号检索、顺序号检索、字检索和地址检索等。在程序编辑的操作过程中又会应用到包括插入、修改、删除、字的替换、整个程序的删除和自动插入顺序号等功能。扩展程序编辑功能包括拷贝移动和程序的合并。

7.3.1　新建程序的输入

新建程序输入的具体操作方法如下：

① 将“模式选择”旋钮旋至“EDIT”编辑模式。

② 按 MDI 面板上“PROG”键，CRT 屏幕显示程序编辑画面，如图 7-12 所示。

③ 按图 7-12 中显示的［列表］对应软键，CRT 屏幕显示程序列表画面，如图 7-13 所示。

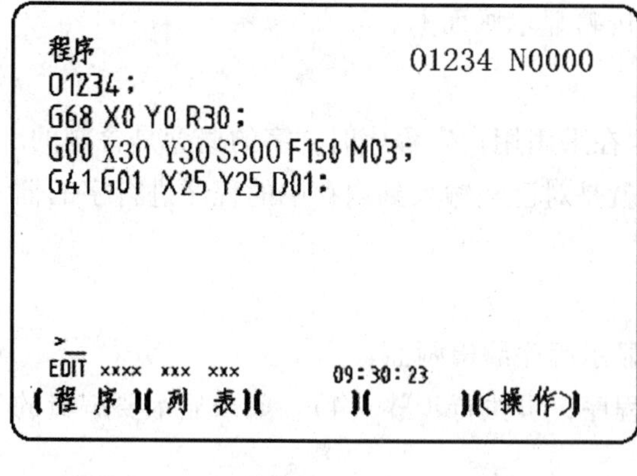

图 7-12　CRT 屏幕显示的程序编辑画面

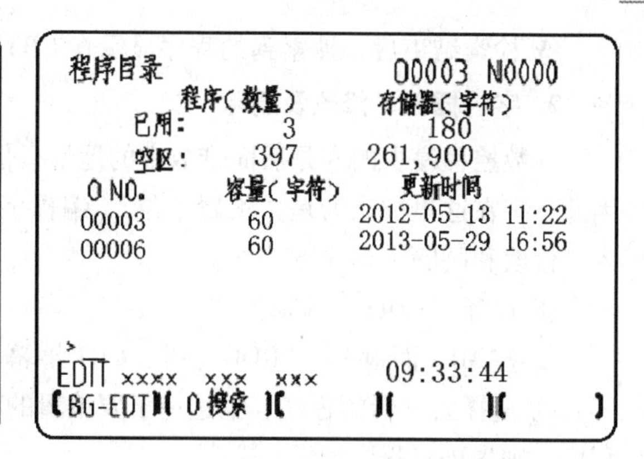

图 7-13　CRT 屏幕显示的程序列表画面

④ 按 MDI 面板上的地址/数据键，在图 7-13 输入行中，键入程序列表中没有的程序号，如“O8899”，按“INSERT”键插入，如图 7-14 所示。

程序目录　　00003 N0000
程序(数量)　存储器(字符)
已用：　3　180
空区：　397　261,900
O NO.　容量(字符)　更新时间
00003　60　2012-05-13 11:22
00006　60　2013-05-29 16:56
01234　60　2013-02-08 13:14
> 08899_
EDIT xxxx xxx xxx　09:33:44
【BG-EDT】【O 搜索】【 】【 】【 】

图 7-14　新程序号输入画面

⑤ 按“EOB”键，在图 7-13 输入行中，键入“;”字符，按“INSERT”键插入。

⑥ 使用地址/数据键和“EOB”键，编辑一个完整的程序段，按“INSERT”键输入一个完整程序段。

⑦ 完成整个程序的输入，程序在编辑过程中是实时存储的，这样就完成了新程序的输入。

7.3.2　已存程序的编辑

1. 程序号的搜索

程序号搜索的具体方法如下：

① 选择“EDIT”编辑模式。

② 按 MDI 面板上“PROG”，CRT 屏幕显示程序编辑画面。

③ 在图 7-13 输入行中输入要查找的程序号，如“O1234”。

④ 按图 7-13 中显示的［O 搜索］对应软键。

⑤ 检索结束后，搜索到的程序显示在 CRT 屏幕显示画面上。

2. 字的插入、修改及删除

在数控程序中的字是后面带数字的地址，但在采用用户宏程序时，字的概念是含糊的。因此，字在这里被认为是“编辑单位”。编辑字就是对已经输入到内存中的程序进行字的插入、修改和删除。具体方法如下：

① 选择“EDIT”编辑模式。

② 按 MDI 面板上“PROG”键，CRT 屏幕显示程序编辑画面。

③ 选择要编辑的程序。如选择了要编辑的程序，可执行步骤（4）。如未显示要编辑的程序，则先进行程序搜索。

④ 通过搜索将光标移动到要编辑的位置，可以利用扫描搜索、字搜索和地址搜索这三种方法来确定位置（下面会介绍这三种搜索方法）。

⑤ 进行字的修改、插入或删除等编辑操作。

3. 字的检索

要在数控程序中检索某个字，有三种方法：将光标移动到目标字的方法（也称扫描）、进行字搜索的方法、以及进行地址搜索的方法。地址搜索后光标停在所搜索字的位置，如图 7-15 所示。这三种搜索方法的操作方法如下。

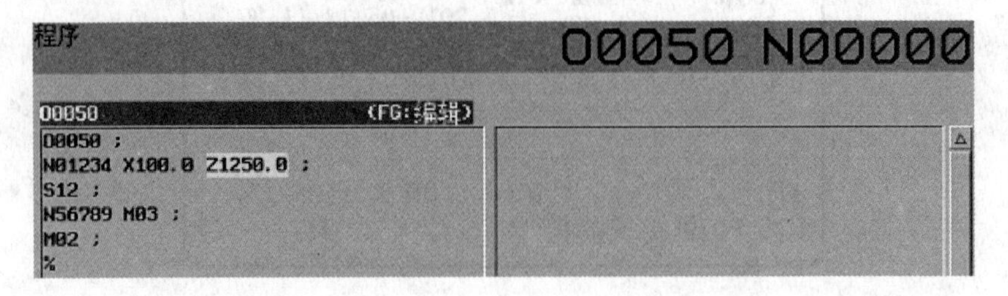

图 7-15　光标停在“Z1250.0”字的位置

（1）移动光标（扫描）搜索

① 按光标键时，光标在屏幕上逐字向前移动，光标显示在所选字的位置。

② 按光标键时，光标在屏幕上逐字向后移动，光标显示在所选字的位置。

③ 按住光标键或不抬起，光标连续移动。

④ 按光标键时，检索上一个程序段的第一个字。

⑤ 按光标键时，检索下一个程序段的第一个字。

⑥ 按住光标键或不抬起，光标连续跳至上一个程序段的开头。

⑦ 按翻页键时，屏幕显示下一页，光标移动到第 1 个字。

⑧ 按翻页键时，屏幕显示上一页，光标移动到第 1 个字。

⑨ 按住翻页键或不抬起，屏幕连续翻页显示。

（2）字搜索

① 选择 EDIT 模式或 MDI 模式。

② 按 MDI 面板上的“PROG”键 。

③ 在显示屏的输入缓冲区中键入要搜索的字。

④ 按［检索↓］软键，从光标位置向下方向进行字的搜索。

⑤ 程序中有搜索的字时，光标移动到该字。若检索至程序末尾仍未找到该字时，光标移动到程序末尾，并显示警告“未找到字符”。

⑥ 再次按［检索↓］软键时，继续进行相同字的搜索。

⑦ 要搜索其他字时，在输入缓冲区中键入下一个要搜索的字后，按［检索↓］软键。

⑧ 通过按［检索↑］软键，执行相反方向的搜索。

(3) 地址搜索

① 选择 EDIT 模式或 MDI 模式。

② 按 MDI 面板上的“PROG”键。

③ 在显示屏的输入缓冲区中键入要搜索的地址。

④ 按［检索↓］软键，从光标位置向下方向进行地址的搜索。

⑤ 搜索到程序中含有键入地址的字时，光标移动到该字。若检索至程序末尾仍未找到该字时，光标移动到程序末尾，显示告警“未找到字符”。

⑥ 再次按［检索↓］软键时，继续进行相同地址的搜索。

⑦ 要搜索其他地址时，在输入缓冲区中键入下一个要搜索的地址后，按［检索↓］软键。

⑧ 通过按［检索↑］软键，执行相反方向的搜索。

在进行字搜索或地址搜索时可以使用光标键和来替代软键盘的［检索↑］和［检索↓］来完成检索。

4. 程序开始位置搜索

在数控系统操作时可以将光标跳转到程序的开头，该功能叫做程序开始位置搜索。实现该功能有如下三种方法。

① 在 EDIT 模式下，选择程序时按“RESET”键。显示屏上程序的内容从开始位置显示。

② 进行程序搜索。

在“MEMORY”（存储器）或“EDIT”（编辑）模式下选择程序时，输入程序号（在按下地址键 O 后键入程序号）。

按［O 检索］软键。

③ 使用程序键。

在“MEMORY”（存储器）或“EDIT”（编辑）模式下选择程序画面或者程序检查画面。

按［操作］软键。

按［回转］软键。

5. 字的插入

字的插入操作方法如下：

① 搜索或扫描要插入位置前面的字。

② 键入要插入的地址字，显示在输入缓冲区中。

③ 键入数据，显示在输入缓冲区中。

④ 按“INSERT”键，缓冲区中的字被插入。

【例 7-1】 在程序中的“Z1250. 0”之后，插入“T15”。具体操作步骤如下：

① 搜索或扫描“Z1250. 0”，如图 7-16（a）所示。

② 按地址/数据键，依次键入 T、1、5。缓冲区显示“T15”。

③ 按“INSERT”键，“T15”被插入，如图 7-16（b）所示。

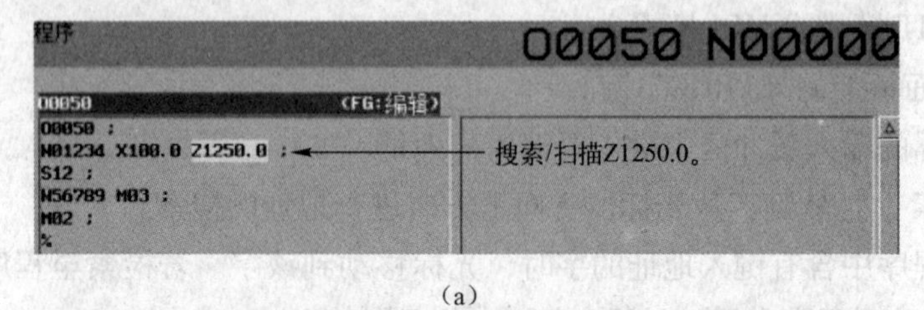

(a)

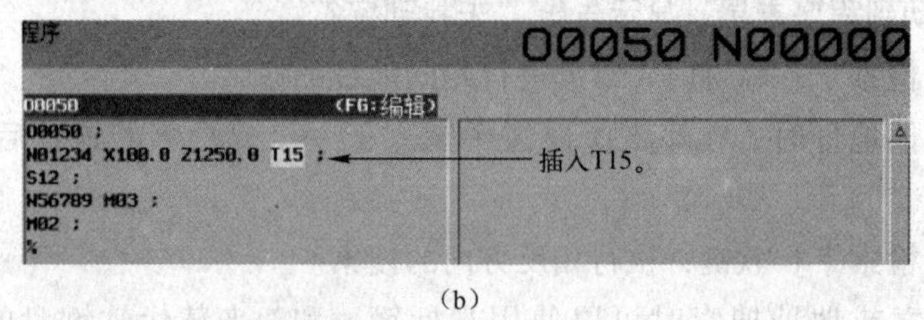

(b)

图 7-16　插入一个字

6. 字的修改

字的修改具体操作方法如下：

① 搜索或扫描要修改的字。

② 键入要修改的地址字，显示在输入缓冲区中。

③ 键入数据，显示在输入缓冲区一栏中。

④ 按下“INSERT”键，屏幕中的字被修改。

【例 7-2】 将程序中的“T15”修改为“M15”。具体操作步骤如下：

① 搜索或扫描“T15”，如图 7-17（a）所示。

② 按地址/数据键，依次键入 M、1、5。在缓冲区显示“M15”。

③ 按“INSERT”键，“T15”被修改为“M15”，如图 7-17（b）所示。

7. 字的删除

字的删除具体操作步骤如下：

① 搜索或扫描要删除的字。

② 按“DELETE”键，选中的字被删除。

【例 7-3】 在程序中删除一个字“X100. 0”。具体操作步骤如下：

① 搜索或扫描“X100. 0”，如图 7-18（a）所示。

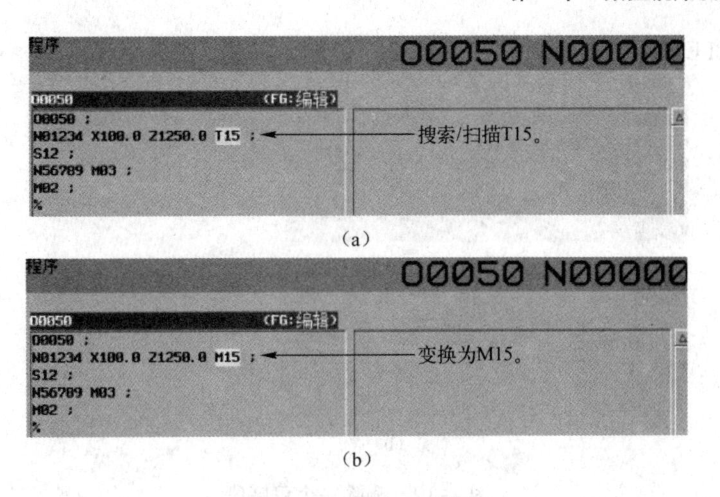

图 7-17　修改一个字

② 按“DELETE”键，原本在光标位置上的“X100.0”被删除，如图 7-18（b）所示。

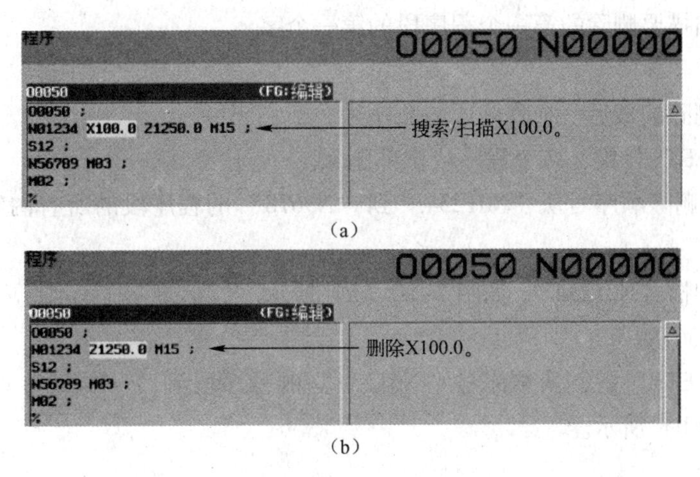

图 7-18　删除一个字

7.3.3　程序段的删除

1. 删除单个程序段

程序中的一个段或者几个段可被一次完全删除，以下的步骤将删除一个完整的程序段，直至该段的 EOB 码，光标进到下一个程序段开头的字地址。具体操作方法如下：

① 搜索或扫描要删除的程序段的顺序号 N。

② 按“EOB”键。

③ 按“DELETE”键，删除指定的程序段。

【例 7-4】　删除“N01234”程序段，具体操作步骤如下。

① 搜索或扫描“N01234”，如图 7-19（a）。

② 按“EOB”键。

③ 按“DELETE”键，程序段“N0123”被删，如图 7-19（b）。

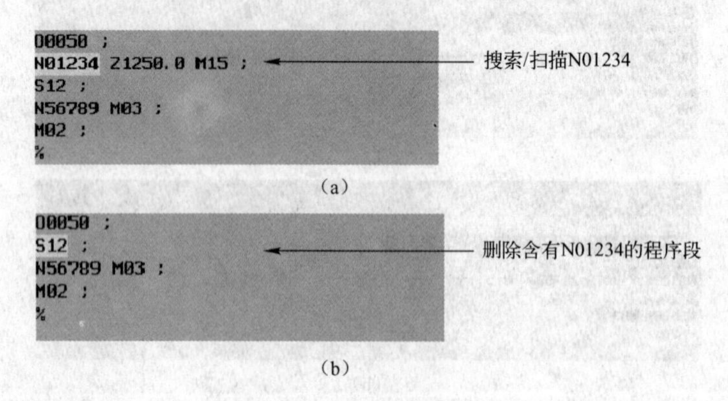

图 7-19　删除一个程序段

2. 删除多个程序段

从当前显示的程序段到指定顺序号的程序段都被删除，删除多个程序段的步骤如下：

① 搜索或扫描要删除的第一个程序段的第一个字。

② 键入地址“N”。

③ 键入要删除的最后一个程序段的顺序号。

④ 按“DELETE”键，多个程序段全部删除。

【例 7-5】 删除顺序号从“N01234”到“N5678”的程序段的所有内容。具体操作步骤如下：

① 搜索或扫描“N01234”，如图 7-20（a）所示。

② 键入“N56789”。

③ 按“DELETE”键，从顺序号“N01234”的程序段到“N56789”的程序段均被删除，如图 7-20（b）所示。

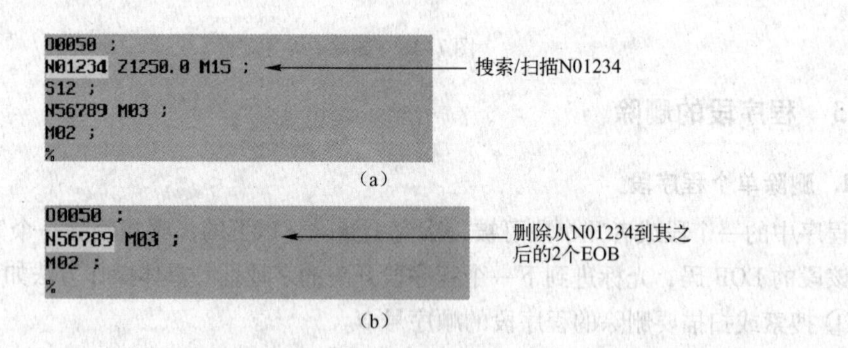

图 7-20　删除多个程序段

7.3.4　程序的管理

1. 程序号搜索

在数控系统内存中的多个程序中搜索出一个程序，有三种方法可以实现。

（1）通过键入程序号搜索程序

① 选择 EDIT 或 MEMORY 模式。

② 按 MDI 面板上的“PROG”显示程序画面。

③ 按下地址键“O”。若是登录在 CNC 的存储器内的程序，可以省略地址键的输入。

④ 键入要搜索的程序号。

⑤ 按［O 检索］软键。

⑥ 在搜索操作完成后，被搜索程序的程序号显示在显示屏的右上角。如没有找到该程序则会出现 P/S No. 71 报警。

（2）从当前程序搜索下面的程序

① 选择“EDIT”或“MEMORY”模式。

② 按 MDI 面板上的“PROG”键显示程序画面。

③ 按［O 检索］软键。

④ 在搜索操作完成后，被搜索程序的程序号显示在画面的右上角。

（3）使用光标移动键和 搜索程序

① 选择“EDIT”或“MEMORY”模式。

② 按 MDI 面板上的“PROG”键显示程序画面。

③ 按地址键“O”。

④ 键入要搜索的程序号。

⑤ 按光标键移动键和，搜索所需程序。

按光标移动键时，搜索上一个程序。

按光标移动键时，搜索下一个程序。

⑥ 在搜索操作完成后，被搜索程序的程序号显示在画面的右上角。

2. 顺序号搜索

顺序号检索通常用于在一个程序中检索某个程序段，以便从该段开始执行程序。例如搜索程序 O0002 中的顺序号 02346，如图 7-21 所示。具体操作方法如下：

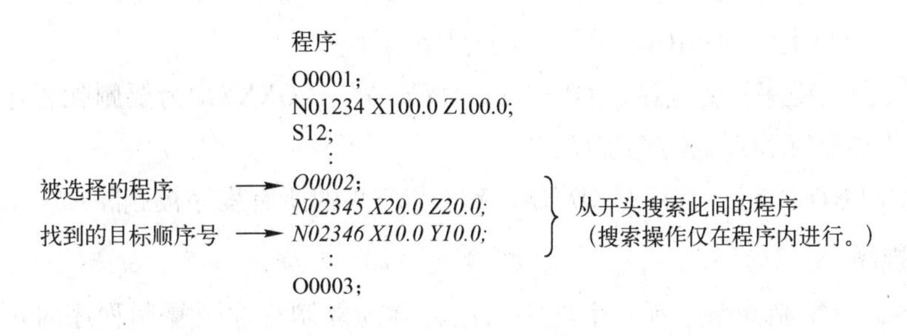

图 7-21　顺序号搜索

① 选择“MEMORY”模式。

② 按 MDI 面板上的“PROG”键，显示程序画面。

③ 如程序内包含要检索的顺序号，则执行下面的④～⑦的步骤。

④ 按地址键“N”。

⑤ 输入要搜索的顺序号“02346”。

⑥ 按［N 检索］软键。

⑦ 在搜索操作完成时，被搜索的顺序号显示在画面的右上角。如果在当前程序中没有找到指定的顺序号，则会出现 P/S No. 060 报警。

3. 程序的删除

存储在存储器内的程序可删除单个程序，或同时删除全部程序，也可以选定范围进行删除。

（1）删除单个程序

具体操作方法如下：

① 选择“EDIT”模式。

② 按 MDI 面板上的“PROG”键，显示程序画面。

③ 按地址键“O”。

④ 键入要删除的程序号，程序号显示在输入缓冲区中。

⑤ 按“DELETE”键，键入程序号的程序被删除。

（2）删除全部程序

具体操作方法如下：

① 选择“EDIT”模式。

② 按 MDI 面板上的“PROG”键，显示程序画面。

③ 按地址键“O”。

④ 键入“ -9999”。

⑤ 按“DELETE”键，全部程序都被删除。

（3）删除指定范围的程序

具体操作方法如下：

① 选择“EDIT”模式。

② 按 MDI 面板上的“PROG”键，显示程序画面。

③ 输入要删除程序号的范围“OXXXX，OYYYY”（OXXXX 为要删除程序号的起始程序，OYYYY 为要删除程序的结尾程序号。）

④ 按“DELETE”键，程序号 OXXXX 到 OYYYY 的所有程序被删除。

4. 复制程序

选定程序进行复制并粘贴到一个选定的位置称为复制程序。复制程序时可以复制一个完整的程序也可以复制程序内的一部分程序。

（1）复制完整程序

可以将复制的完整程序，粘贴到另外一个选定的区域中，如图 7-22 所示。具体操作方法如下：

① 显示要复制的程序。

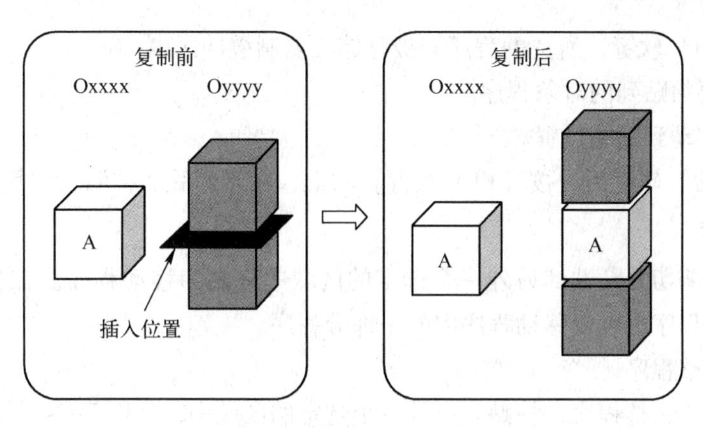

图 7-22　复制一个程序

② 按［全选择］软键，全部程序除了 O 程序号外，显示为与光标色相同的颜色即被选定。如要取消选择时，按［取消］软键。

③ 按［复制］软键，全部程序即被存储在复制缓冲区内。在未选择的状态下，按［复制］软键，显示警告“没有选择范围”，清除复制缓冲区。程序容量超出复制缓冲区的上限时，显示警告“超出了拷贝缓冲区的容量”，无法复制所选范围。

④ 搜索要粘贴的对象程序。

⑤ 将光标移动到粘贴位置。

⑥ 按［粘贴］软键后，按［BUF 执行］软键，在光标后面粘贴③中复制的内容。复制缓冲区为空的情况下，按［BUF 执行］软键，显示警告“拷贝缓存是空的”。

（2）复制部分程序

可以将所复制的部分程序，粘贴到另外一个选定的区域中，如图 7-23 所示。具体操作方法如下。

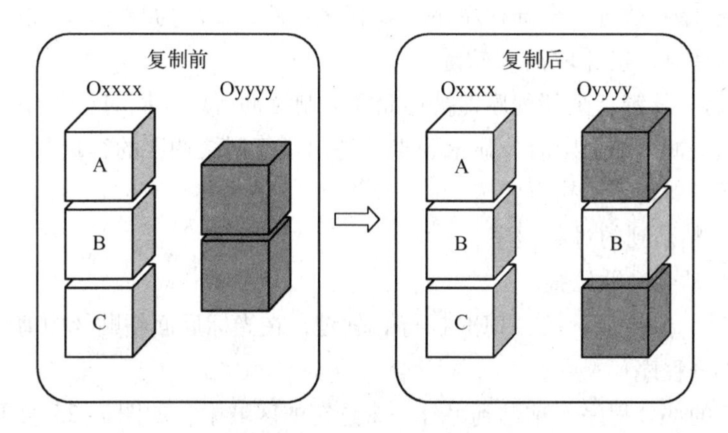

图 7-23　复制部分程序

① 将光标移动到要复制的部分程序的开始位置。

② 按［选择］软键。

③ 移动光标，从复制开始位置到光标的范围成为与光标颜色相同的颜色而被选定。如要取消选择时，则按软键［取消］。

④ 按［复制］软键，所选的程序即被存储在复制缓冲区内。

⑤ 搜索将要粘贴到的对象程序。

⑥ 将光标移动到粘贴位置。

⑦ 按［粘贴］软键后，按［BUF 执行］软键，在光标后面粘贴④中复制的内容。

5. 移动程序

将程序进行剪切并粘贴到另外一个选定的区域中称之为移动程序。在程序移动时可以移动一个完整的程序也可以移动程序内的一部分程序。

(1) 移动完整程序

可以将剪切的完整程序，粘贴到另外一个选定的区域中，如图 7-24 所示。具体操作方法如下。

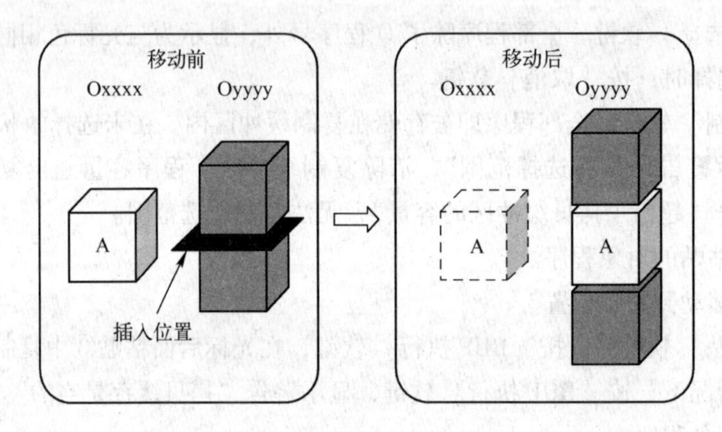

图 7-24 移动一个程序

① 显示要剪切的程序。

② 按［全选择］软键，全部程序除了 O 程序号外，显示为与光标色相同的颜色即被选定。如要取消选择时，按［取消］软键。

③ 按［剪切］软键，全部程序即被存储在复制缓冲区内。同时，程序内容被剪切。程序容量超出复制缓冲区的上限时，显示警告“超出了复制缓冲区的容量”，无法解除所选范围。这种情况下，剪切不予执行。

④ 搜索将要粘贴到的对象程序。

⑤ 将光标移动到粘贴位置。

⑥ 按［粘贴］软键后，按［BUF 执行］软键，在光标后面粘贴③中剪切的程序。

(2) 移动部分程序

可以将剪切的部分程序，粘贴到另外一个选定的区域中，如图 7-25 所示。具体操作方法如下。

① 将光标移动到要剪切的部分程序的开始位置。

② 按［选择］软键。

③ 移动光标，从剪切开始位置到光标的范围内程序显示为与光标颜色相同的颜色即被选定。如要取消选择时，则按［取消］软键。

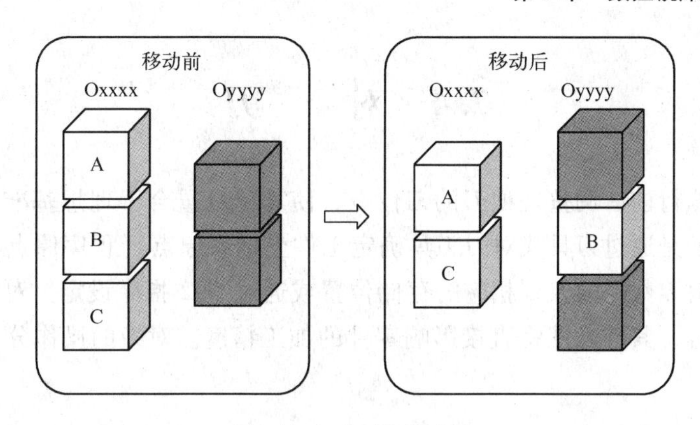

图 7–25　移动部分程序

④ 按［剪切］软键，所选范围的程序即被存储在复制缓冲区内；同时，所选范围的程序即被剪切。剪切后，光标移动到被剪切的范围之前。

⑤ 搜索要粘贴到的对象程序。

⑥ 将光标移动到粘贴位置。

⑦ 按［粘贴］软键后，按［BUF 执行］软键，在光标后面粘贴④中剪切下来的程序。

6. 替换程序

在程序编辑时可以通过替换功能来使指定字符串替换程序内的字符串，可实现单个替换和批量替换，替换功能很常用，使用者将不用再逐一修改，使程序编辑变得方便。具体操作方法如下：

① 选择“EDIT”或“MDI”模式。

② 按 MDI 面板上的“PROG”键。

③ 按［操作］软键。

④ 在显示［替换］软键之前按住菜单继续软键►。

⑤ 按［替换］软键。

⑥ 键入要替换的字。

⑦ 按［之前］软键。

⑧ 键入替换后的字。

⑨ 按［之后］软键。搜索由［之前］软键设定的字符。不存在替换前指定字的情况下，则显示警告“未找到字符”。

⑩ 通过按［1 – 执行］或［全执行］软键，进行字符串的替换。如这个字符或字符串不需要替换则按下［跳跃］软键跳转到下一个字符。

按［跳跃］软键时，光标位置的字不会被替换并跳转到下一个字。在当前的光标位置以后没有找到该字时，光标直接移动到程序的末尾，并显示警告“未找到字符”。

按［1 – 执行］软键时，当前的光标位置所处的字被替换，然后向下搜索，光标移动。在当前的光标位置以后没有找到该字时，光标移动到程序的末尾，并显示警告“未找到字符”。

按［全执行］软键时，替换自光标以后搜索到的全部字。

⑪ 要结束替换时，按菜单返回软键◄即可。

7.4 对　　刀

在加工程序执行前，调整每把刀的刀位点，使其尽量重合于理想基准点，该过程称为对刀。对刀的目的是通过刀具或对刀工具确定工件坐标系原点（程序原点）在机床坐标系中的位置，并将对刀数据输入到相应的存储位置或通过 G92 指令设定。对刀是数控加工中最重要的工作内容，其准确性将直接影响零件的加工精度。对刀的操作分为 X 、Y 向对刀和 Z 向对刀。

7.4.1 对刀的方法及工具

1. 对刀方法

根据现有条件和加工精度要求选择对刀方法，可采用试切法、寻边器对刀、机内对刀仪对刀、自动对刀等。其中试切法对刀精度较低，加工中常用寻边器和 Z 向设定器对刀，效率高，并能保证对刀精度。

2. 对刀工具

（1）寻边器

寻边器主要用于确定工件坐标系原点在机床坐标系中的 X、Y 值，也可以测量工件的简单尺寸。

寻边器有偏心式和光电式等类型，如图 7-26 所示，其中以偏心式较为常用。偏心式寻边器的测头一般为 $\phi4$ mm 和 $\phi10$ mm 两种的圆柱体，用弹簧拉紧在偏心式寻边器的测杆上。光电式寻边器的测头一般为 $\phi10$ mm 的钢球，用弹簧拉紧在光电式寻边器的测杆上，碰到工件时可以退让，并将电路导通，发出光讯号。通过光电式寻边器的指示和机床坐标位置可得到被测表面的坐标位置。

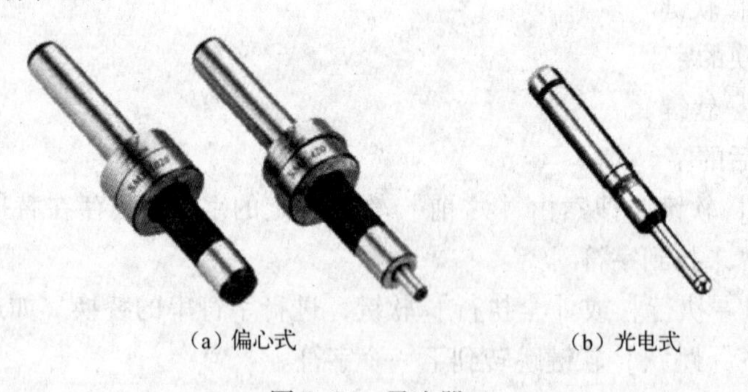

（a）偏心式　　（b）光电式

图 7-26　寻边器

（2）Z 轴设定器

Z 轴设定器主要用于确定工件坐标系原点在机床坐标系的 Z 轴坐标值，或者说是确定刀具在机床坐标系中的高度。

Z 轴设定器有光电式和指针式等类型，如图 7-27 所示。通过光电指示或指针判断刀具与对刀器是否接触，对刀精度一般可达 0.005 mm。Z 轴设定器带有磁性表座，可以牢固地吸附在工件或夹具上，其高度一般为 50 mm 或 100 mm。

(a) 指针式

(b) 光电式

图 7-27　Z 轴设定器

7.4.2　对刀的操作

1. 刀具安装与拆卸

在对刀前首先须将要对刀的刀具装入机床主轴，在加工完成或需要换刀时也要对刀具进行拆装。

(1) 刀具的安装步骤

① 将模式选择旋钮，旋到“HANDLE”或“JOG”模式。

② 将装好刀具的刀柄放入主轴下端的锥孔内，对齐刀柄。

③ 按“刀具拉紧”键，刀具安装完毕。

(2) 刀具的拆卸步骤

① 一只手握住刀柄。

② 另一只手按“刀具松开”键，刀具松开取下刀柄。

2. 试切对刀法对刀

试切对刀法也就是使用铣刀直接对刀，就是在工件已经装夹完成并在主轴上装入刀具后，通过手轮发出脉冲移动工作台，并使旋转铣刀与工件的各个加工面进行接触，如图 7-28 所示工件的五个位置，进行极微量的切削，分别记下刀具在接触工件时机床的机械坐标值或相对坐标值，对这些坐标值做处理后就可以设定工件坐标系了。这种方法简单方便，但会在工件表面留下切削痕迹，且对刀精度较低。具体对刀操作方法如下：

① 将工件装夹并校正平行后夹紧。

② 在主轴装好刀具。

③ 在“MDI”模式下，输入“M30 S300”，按“循环启动”按钮，保证主轴能够进行手动操作，然后按“主轴停止按钮”使主轴停止转动。

④ 将模式选择旋钮，旋至“HANDLE”模式。

⑤ 调整手轮操作面板上的“倍率选择”旋钮和“轴选择”旋钮。

⑥ 转动手轮分别移动工作台和主轴，为对刀做准备。

在手轮操作面板上选择 Z 轴，选择倍率可以是×100，转动手轮让主轴上升使其不会与工作台上的工件发生碰撞，如图 7-29 中的 A 位置。分别选择 X、Y 轴移动工作台使主轴刀具处于工件的上方位置。

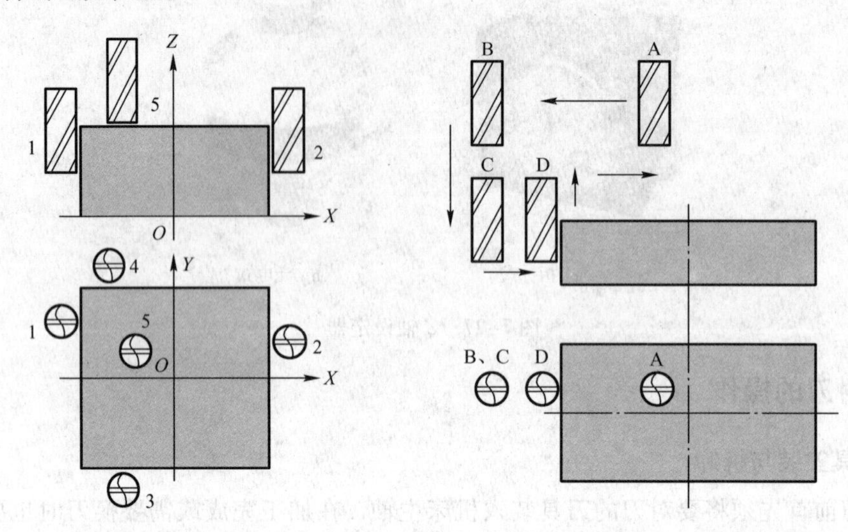

图 7-28　试切对刀位置　　　　图 7-29　试切对刀刀具移动轨迹

⑦ X、Y 轴对刀操作。

a. 在手轮操作面板上选择 X 轴，转动手轮移动工作台，使刀具处于工作台的外侧，如图 7-29 的 B 位置；选择 Z 轴，转动手轮使主轴下降，使刀具达到图 7-29 的 C 位置；选择 X 轴，转动手轮移动工作台使工件接近刀具；当工件的侧面将要与刀具接近时，手动启动主轴，并降低手轮倍率选择×10 甚至×1，让工件慢慢的靠近刀具。这时应每次一格地转动手轮，注意观察，听切削声音、看切痕和看切屑，只要出现其中任一种情况即表示刀具已经接触到工件，如图 7-29 中 D 的位置。

b. 将手轮操作面板上的“轴选择”旋钮旋至 Z 轴，这样就可以避免在不注意的情况下碰到手轮产生 X 轴向的位移变化。

c. 按“POS”键进入综合坐标显示界面，记录下此时 X 轴的机床坐标位置 X1 或者将 X 的相对坐标清除。

d. 转动手轮，使刀具沿 Z 轴正方向退刀，移动到工件上表面以上。使用上述方法使刀具接近工件的右侧，如图 7-28 中 2 的位置，并记录下此时机床上显示的 X 轴的坐标位置 X2。

e. 根据以上的操作可得出工件坐标系的原点在机床坐标系中 X 轴的坐标值为 $X0 = (X1 + X2)/2$。

f. 对图 7-28 中 3、4 位置进行对刀并记录 Y1、Y2 数据，可得出工件坐标系原点在机床坐标系中 Y 轴的坐标值为 $Y0 = (Y1 + Y2)/2$。

⑧ Z 轴对刀操作。X、Y 轴对刀后进行 Z 轴对刀，这时刀具处于工件平面的正上方。

a. 转动手轮使主轴下降，待刀具接近工件表面时手动启动主轴，同时将手轮操作面板上的倍率调小，每次一格地转动手轮，刀具特别是立铣刀时最好在工件边缘下刀，刀具的端面接触工件表面的面积小于半圆，尽量不要使立铣刀的中心孔在工件表面下刀，使刀具端面恰好碰到工件上表面即可。

b. 将 Z 轴再抬高 0.01 mm，记下此时机床坐标系中的 Z 值，该数值就是工件坐标系原点 W 在机床坐标系中的 Z 轴坐标值。

c. 记录完成后反向转动手摇脉冲发生器，将主轴升高并关闭主轴。

⑨ 将测得的 X、Y、Z 值输入到机床工件坐标系存储地址 G5 * 中（一般使用 G54 - G59 代码存储对刀参数）。

⑩ 选择“MDI”模式，输入“G5 *”，按“循环启动”键（在“AUTO”模式下），运行 G5 * 使其生效。

3. 使用寻边器对刀

已经进行完精加工的零件毛坯（尺寸 50 mm × 30 mm × 15 mm），如图 7-30 所示。采用寻边器对刀，其详细步骤如下：

（1）X、Y 轴对刀

寻边器主要用于确定工件坐标系原点在机床坐标系中的 X、Y 值，也可以测量工件的简单尺寸。不能使用在 Z 轴对刀。X、Y 轴对刀操作方法如下：

① 将工件通过夹具装在机床工作台上，装夹时，工件的四个侧面都应留出寻边器的测量位置。

② 快速移动工作台和主轴，让寻边器测头靠近工件的左侧。

③ 改用手轮操作，让测头慢慢接触到工件左侧，直到目测寻边器的下部侧头与上固定端重合，将机床坐标设置为相对坐标值显示，按 MDI 面板上的“X”键，然后按“INPUT”键，此时当前位置 X 坐标值为 0。

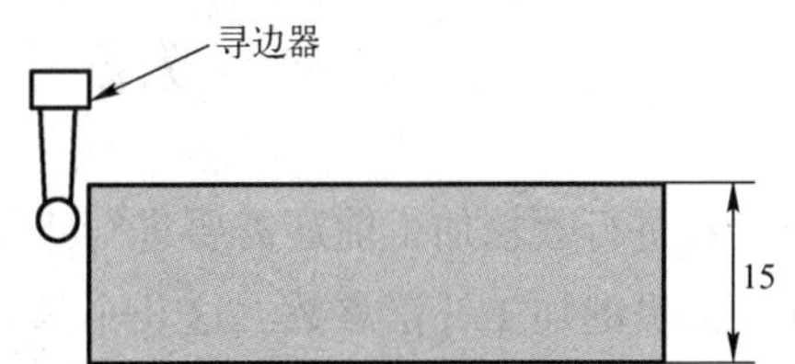

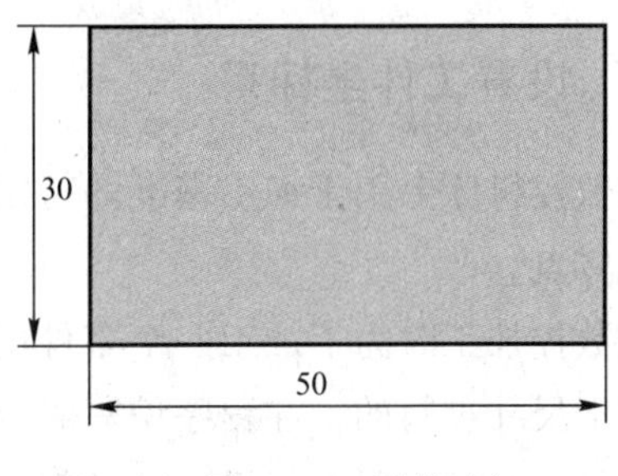

图 7-30　零件毛坯

④ 抬起寻边器至工件上表面之上，快速移动工作台和主轴，让测头靠近工件右侧。

⑤ 改用手轮操作，让测头慢慢接触到工件右侧，直到目测寻边器的下部侧头与上固定端重合，记下此时机械坐标系中的 X 坐标值，若测头直径为 10 mm，则坐标显示为 60.000。

⑥ 抬起寻边器，然后将刀具移动到工件的 X 中心位置，中心位置的坐标值为 60.000/2 = 30.000，然后按“X”键，按“INPUT”键，将坐标设置为 0，查看并记下此时机械坐标系中的 X 坐标值。此值为工件坐标系原点 W 在机械坐标系中的 X 坐标值。

⑦ 同理可测得工件坐标系原点 W 在机械坐标系中的 Y 坐标值。

（2）Z 向对刀

将寻边器卸下，将加工所用刀具安装在主轴上。Z 轴的对刀要使用试切对刀法进行对刀，具体操作方法已在上面介绍。

① 将测得的 X、Y、Z 值输入到机床工件坐标系存储地址 G5＊中（一般使用 G54－G59 代码存储对刀参数）。

② 选择“MDI”模式，输入“G5＊”，按“循环启动”键（在“自动”模式下），运行 G5＊使其生效。

4. 对刀注意事项

在对刀过程中需注意以下问题：

① 根据加工要求采用正确的对刀工具，控制对刀误差；

② 在对刀过程中，可通过改变微调进给量来提高对刀精度；

③ 对刀时需小心谨慎作，尤其要注意移动方向，避免发生碰撞危险；

④ 进行 Z 轴对刀时，微量调节的时候一定要使 Z 轴向上移动，避免向下移动时使刀具、辅助刀柄和工件相碰撞，造成刀具损坏，甚至出现危险。

⑤ 对刀数据一定要存入与程序对应的存储地址，防止因调用错误而产生严重后果。

7.5 坐标系参数输入

在进行数控加工前还需要进行坐标系参数的输入，也就是设置机床零点和设置加工所使用刀具的加工补偿参数。这几个参数的设置直接关系着所加工出来的零件的精度，也是加工出一个合格的零件的必须环节。

7.5.1 设置工件坐标系

在数控机床上用于加工基准的特定点称为机床零点，在出厂前每台数控机床都会被设置机床零点。

在数控加工时为了加工一个零件所设定的坐标系称为工件坐标系。数控程序是根据零件的图形尺寸编写的，在程序编写时通常不会使用机床坐标，而是根据被加工零件的情况建立坐标系，这样既方便尺寸的计算，又利于保证加工的精度，使不同的机床加工出来的工件尺寸都相同。

在进行工件加工时将工件夹紧在夹具上，保证工件坐标系和坐标轴与机床自身的坐标系和坐标轴平行，这样就产生了机床零点和工件零点的偏移量，就需要在系统中进行设置以确定工件坐标系原点的准确位置。可用以下三种方法来设定工件坐标系。

1. 使用 G 代码设定工件坐标系的方法

通过程序指令，设定 G92 代码的值建立工件坐标系。如果在偏置中用 G92 代码来设定坐标系，即设定这样一个坐标系：有关刀具长度补偿，其偏置之前的位置是用 G92 代码指定的位置。在刀具半径补偿过程中，用 G92 指令来暂时取消偏置。在建立工件坐标系中的刀位点可以是当前所使用的刀具上的一个点，如刀尖或者是刀具上其他的基准点。

① 使用刀尖作为刀位点，也就是使用刀尖位置作为加工程序的起点。如图 7-31（a）所示。其程序段为：G92 X25.2 Z23.0;

② 使用刀具上的基准点作为刀位点，也就是使用刀具的基准点位置作为加工程序的起点。如图 7-31（b）所示。其程序段为：G92 X600.0 Z1200.0;

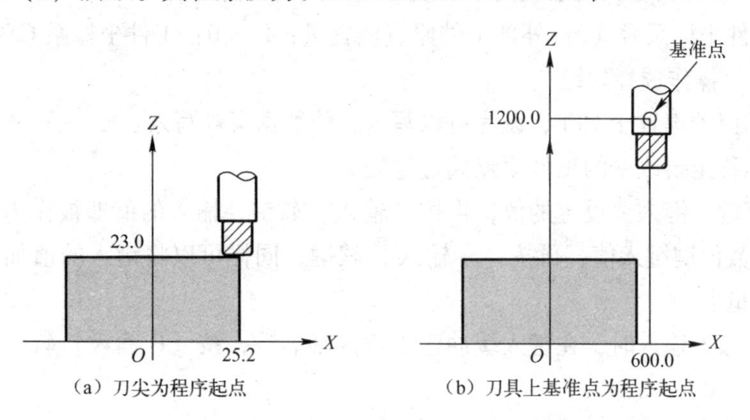

（a）刀尖为程序起点　　（b）刀具上基准点为程序起点

图 7-31　设置程序起点

2. 自动设置工件坐标系

在执行手动返回参考点时，系统会自动设定坐标系。具体操作方法是：首先在参数 1250 号中存储参考点在工件坐标系中的坐标值 α、β、γ，执行返回参考点后刀具在到达参考点时，刀具的坐标位置为 $X=\alpha$、$Y=\beta$、$Z=\gamma$。所有手动返回参考点操作后就同时确定了工件的坐标系，相当于在返回参考点的同时进行了 G92 指令。

3. 使用 G54 ～ G59 指令设置工件坐标系

在工件坐标系设定界面上将工件零点相对于机床零点的偏移量存入 G54 ～ G59 指令中。

（1）显示和设定工件原点偏置量

显示出各工件坐标系（G54 ～ G59）的工件原点偏置量以及外部工件原点偏置量，并且可以在本画面上设定工件原点偏置和外部工件原点偏置量。具体操作方法如下：

① 按 MDI 面板上“OFFSET SETTING”键。

② 按［工件坐标系］软键。出现工件坐标系设定画面，如图 7-32 所示。

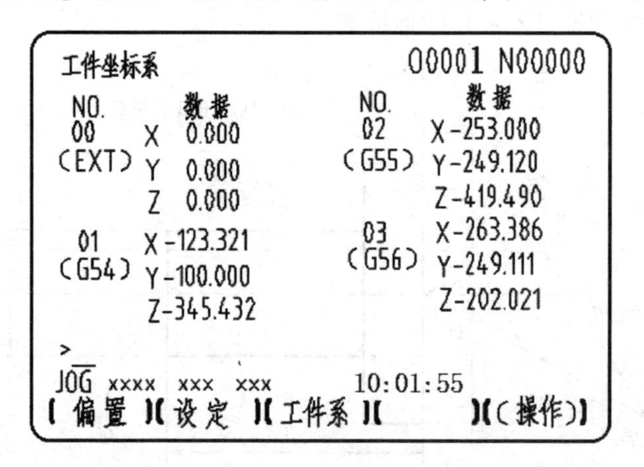

图 7-32　工件坐标系设定界面

③ 工件原点偏置量的显示画面由多页组成，可用两种方法来显示所需的页。

按“PAGE”翻页键，向上或向下切换界面，找出所需要的界面。

在键入工件坐标系号（0：外部工件原点偏置量；1 ～6：工件坐标系 G54 ～ G59）后，按［搜索号码］操作选择软键。

④ 将数据保护键置于 OFF，设为可以写入，使数据可被写入。

⑤ 把光标移至要改变的工件原点偏置量处。

⑥ 按数值键，键入要设定的值，再按［输入］软键，输入的值即被作为工件原点偏置量设定；或用数值键键入值，再按［+输入］软键，同样可以将键入的值加到已被设定的工件原点偏置量上。

⑦ 进行计数器输入时，在键入缓冲区中输入轴名称，按［C 输入］软键，即设定所指定轴的相对坐标值。

⑧ 重复步骤⑤～⑦改变其他数据。

⑨ 将数据保护键置于 ON 状态，禁止数据写入。

（2）直接输入工件原点偏置量测量值

对于编程时假定的工件坐标系和实际工件坐标系的差值，通过直接输入测量值，在光标所在的工件原点偏置量处，输入实际测量值成为指令值的偏置量。通过选择该被设定的坐标系，可以使编程时假定的坐标系和实际坐标系相符合。例如图 7-33 所示的工件，原来的编程原点位于 *O* 点，而实际的加工时工件原点位于 *O′*，将工件原点的偏移测量值直接输入。具体操作步骤如下：

① 手动移动基准刀具，通过手动运行来切削 *A* 面。

② 使刀具沿着 *X* 轴方向移动退刀，并停止主轴转动。

③ 测量上图所示的从编程时假定的工件原点到 *A* 面之间的距离 β。

④ 按 MDI 面板上“OFFSET SETTING”键。

⑤ 按［工件坐标系］软键，出现工件原点偏置量设定画面，如图 7-34 所示。

⑥ 将光标定位在将被设定的工件原点偏置量处。

⑦ 按下将要设定的轴（*Z* 轴）的地址键。

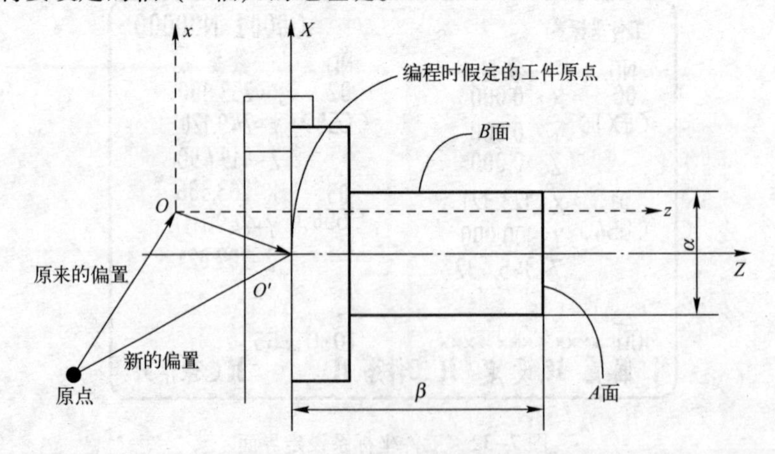

图 7-33　工件原点偏移量直接输入

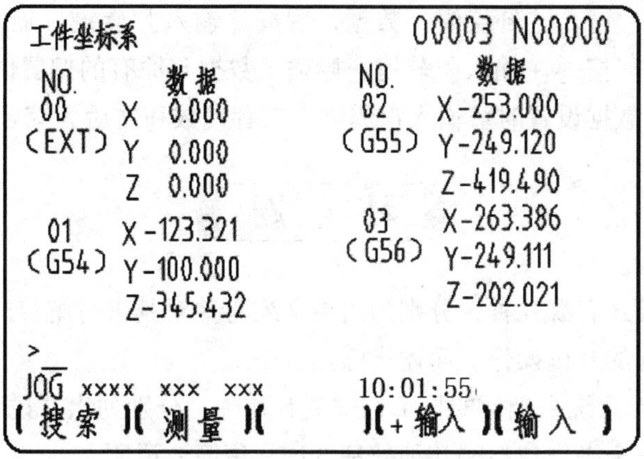

工件坐标系　　　　　　　　　O0003 N00000

NO.	数据	NO.	数据
00	X 0.000	02	X-253.000
(EXT)	Y 0.000	(G55)	Y-249.120
	Z 0.000		Z-419.490
01	X-123.321	03	X-263.386
(G54)	Y-100.000	(G56)	Y-249.111
	Z-345.432		Z-202.021

>_

JOG xxxx　xxx　xxx　　　10:01:55

[搜索][测量][　　][+输入][输入]

图 7-34　工件原点偏移量设定界面

⑧ 输入测量值（β）后按［测量］软键。

⑨ 以手动运行方式切削 B 面。

⑩ 使刀具不沿着 X 轴移动而沿着 Z 轴方向退刀，停止主轴。

⑪ 测量 B 面的直径 α，将此值作为 X 轴的值，如步骤（7）（8）直接输入测量值。

在进行上述的操作时，不能同时输入两个或两个以上轴的偏移量。并且在程序执行时，此功能不能使用。

7.5.2　刀具的半径补偿设置

数控系统具有刀具半径自动补偿功能，因此在编程时需要按照工件的实际轮廓尺寸编制即可。在程序中由 D 或者 H 代码指定，H 代码用于刀具长度补偿，D 代码用于刀具半径补偿，D 或 H 代码的值可以显示在刀具的补偿界面上，并在该界面上设定刀具补偿值。设定的具体步骤如下：

① 按 MDI 面板上“OFFSET SETTING”键，屏幕显示如图 7-35 所示画面。

② 直接按“换页键”或“光标移动”键，光标定位，选定需要设置补偿值的刀具号，然后按［(操作)］软键，屏幕显示如图 7-36 所示画面。

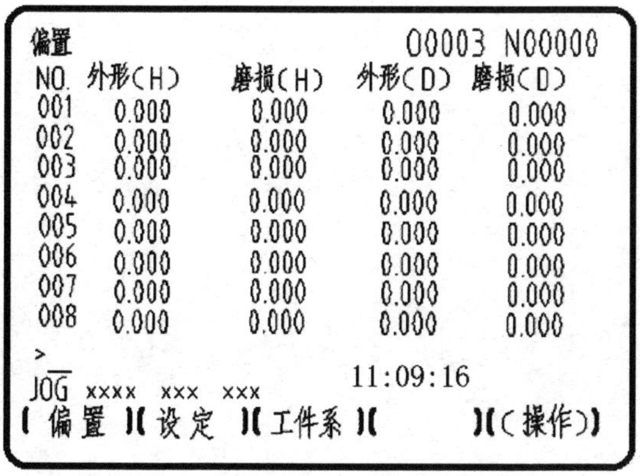

偏置　　　　　　　　　O0003 N00000

NO.	外形(H)	磨损(H)	外形(D)	磨损(D)
001	0.000	0.000	0.000	0.000
002	0.000	0.000	0.000	0.000
003	0.000	0.000	0.000	0.000
004	0.000	0.000	0.000	0.000
005	0.000	0.000	0.000	0.000
006	0.000	0.000	0.000	0.000
007	0.000	0.000	0.000	0.000
008	0.000	0.000	0.000	0.000

>_

JOG xxxx　xxx　xxx　　　11:09:16

[偏置][设定][工件系][　　][(操作)]

图 7-35　设定和显示刀具补偿界面

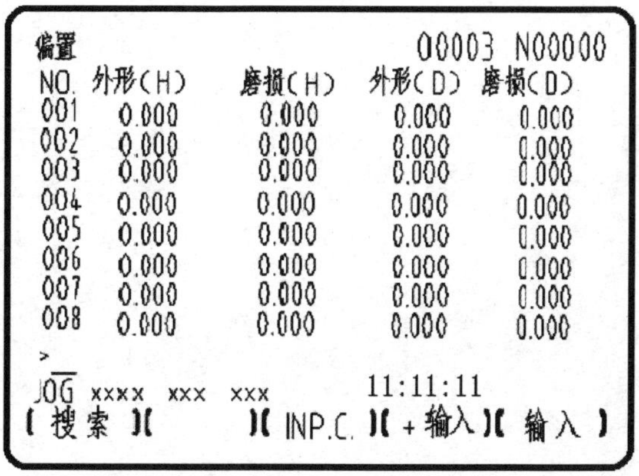

偏置　　　　　　　　　O0003 N00000

NO.	外形(H)	磨损(H)	外形(D)	磨损(D)
001	0.000	0.000	0.000	0.000
002	0.000	0.000	0.000	0.000
003	0.000	0.000	0.000	0.000
004	0.000	0.000	0.000	0.000
005	0.000	0.000	0.000	0.000
006	0.000	0.000	0.000	0.000
007	0.000	0.000	0.000	0.000
008	0.000	0.000	0.000	0.000

>_

JOG xxxx　xxx　xxx　　　11:11:11

[搜索][　　][INP.C.][+输入][输入]

图 7-36　刀具补偿值输入界面

③ 在图 7-36 中，键入“补偿值”数据，后按［输入］软键，输入的数据显示在指定刀具号的补偿位置上。按［+输入］软键，则输入数据与原有的偏置值相叠加。

外形数据和磨损数据设置时可输入正或负，二者代数和之后为综合补偿值。

习　题

1. 机床的工作模式有哪几种，分别列出英文缩写并对其进行解释。
2. 如何进行机床的开机操作，简述步骤。
3. FANUC 0i－M 系统中坐标的显示方式共有几种，分别列出并说明。
4. 数控机床的安全操作包括哪几种处理方法，请简要说明。
5. 在程序中的“Z2350. 0”之后，插入“M15”。写出具体的操作步骤。
6. 设置工件坐标系有哪几种方法，选择一种操作方法说明步骤。

第❽章 CAD/CAM与自动编程技术

学习目标：

- 了解计算机辅助编程的相关知识及现阶段普遍使用的编程软件。
- 掌握CAXA制造工程师的制图建模和后置处理方法。
- 熟练使用该软件建模和生成程序。

8.1 自动编程概述

程序的编制一般有手工编程和CAD/CAM自动编程两种方法。手工编程对于编制形状结构不太复杂或计算量不大的零件程序时简单、易行，但是对于许多复杂的冲模、凸轮和非圆齿轮等零件则周期长、精度差、易出错。据统计，一般手工编程所需时间与机床加工时间比为30:1。因此，快速、准确地编制程序就成为数控机床发展和应用的一个重要环节。计算机自动编程正是针对这个问题而产生和发展起来的，使用计算机专用软件来编制数控加工程序，编程人员只需根据零件图样的要求，使用数控语言，由计算机自动地进行数值计算及后置处理，编写出零件加工程序单，加工程序通过直接通信的方式输入数控机床，指挥机床工作。自动编程使得一些计算繁琐、手工编程困难或无法编出的程序能够顺利地完成。

8.1.1 自动编程技术的产生与发展

自从20世纪50年代世界上第一台计算机诞生以来，世界各国专家、工程技术人员对计算机的研究、开发与应用一直进行着不懈的努力。50年代CAD/CAM技术开始酝酿，20世纪50年代中期，美国研制了最早的APT（Automatically Programmed Tools，自动编程工具）系统。该系统经过多次改进，在70年代发展成熟，成为当时普遍使用的自动编程系统。由于受当时计算机技术的限制，人们无法在计算机上通过生成零件图形来进行自动编程。因此在使用APT系统前，先要使用词汇式的语言描述零件的几何形状、机床运动顺序和工艺参数，即编制一个零件加工源程序。该程序不同于手工编程的加工顺序，不能直接控制机床，必须经过计算机编译程序的处理，才能生成加工程序。零件加工的源程序所使用的数控语言又称为APT语言。由于使用APT系统，编程人员仍然要从事繁琐的预编程工作，对于复杂零件，编程时间与数控加工时间之比竟达30:1。80年代中后期，随着计算机技术的发展，CAD与CAM的继承，改变了传统的设计与制造彼此分离的状况，使之成为一整体，从而实现了信息处理的高度一体化。目前以CAD/CAM一体化集成形式的软件已成为数控加工自动编程系统的主流。这些软件可以采用人机交互方式对零件的几何模型进行会址、编辑和修改，从而得到零件的几何模型，然后对机床和道具进行定义和选择，确定刀具相对于零件表面的运动方式、切削加工参数，即可生成道具轨迹。最后经过后置处理，即按照特定机床规定的文件格式生成加工程序。某些软件还具有加工轨迹仿真的功能，以用于验证走刀轨迹和加工程序的正确性。使用这类软件对加工程序的生成和修改都非常方便，大大提高了编程效率。

1. 第一次CAD技术革命——“贵族化”的曲面造型系统

20世纪60年代出现的三维CAD系统只是极为简单的线框式系统。这种初期的线框造型系统只能表达基本的几何信息，不能有效表达几何数据间的拓扑关系。由于缺乏形体的表面信息，CAM及CAE均无法实现。

进入70年代，正值飞机和汽车工业的蓬勃发展时期。此间飞机及汽车制造中遇到了大量的自由曲面问题，当时只能采用多截面视图、特征纬线的方式来近似表达所设计的自由曲面。由于三视图方法表达的不完整性，经常发生设计完成后，制作出来的样品与设计者所想象的有很大差异甚至完全不同的情况。此时法国人提出了贝赛尔算法，使得人们在用计算机处理曲线及曲面问题时变得可以操作，同时也使得法国的达索飞机制造公司的开发者们，能在二维绘图系统CADAM的基础上，开发出以表面模型为特点的自由曲面建模方法，推出了三维曲面造型系统CATIA。它的出现标志着计算机辅助设计技术从单纯模仿工程图纸的三视图模式中解放出来，首次实现以计算机完整描述产品零件的主要信息，同时也使得CAM技术的开发有了现实的基础。

2. 第二次CAD技术革命——实体造型技术

20世纪80年代初，CAD系统价格依然令一般企业望而却步，这使得CAD技术无法拥有更广阔的市场。为使自己的产品更具特色，在有限的市场中获得更大的市场份额，以CV、SDRC、UG为代表的系统开始朝各自的发展方向前进。70年代末到80年代初，由于计算机技术的大跨步前进，CAE、CAM技术也开始有了较大发展。SDRC公司在当时星球大战计划的背景下，由美国宇航局支持及合作，开发出了许多专用分析模块，用以降低巨大的太空实验费用，同时在CAD技术方面也进行了许多开拓；UG则着重在曲面技术的基础上发展CAM技术，用以满足麦道飞机零部件的加工需求；CV和CALMA则将主要精力都放在CAD市场份额的争夺上。但由于当时表面模型技术只能表达形体的表面信息，难以准确表达零件的其它特性，如质量、重心、惯性矩等，对CAE十分不利，最大的问题在于分析的前处理特别困难。基于对CAD/CAE一体化技术发展的探索，SDRC公司于1979年发布了世界上第一个完全基于实体造型技术的大型CAD/CAE软件——I-DEAS。由于实体造型技术能够精确表达零件的全部属性，在理论上有助于统一CAD、CAE、CAM的模型表达，给设计带来了惊人的方便性，它代表着未来CAD技术的发展方向。基于这样的共识，各软件纷纷仿效。一时间，实体造型技术呼声满天下。可以说，实体造型技术的普及应用标志CAD发展史上的第二次技术革命。

3. 第三次 CAD 技术革命—— 一鸣惊人的参数化技术

进入 20 世纪 80 年代中期，提出了一种比无约束自由造型更新颖、更好的算法，即参数化实体造型方法。从算法上来说，这是一种很好的设想。它的主要特点是基于特征、全尺寸约束、全数据相关、尺寸驱动设计修改。当时的参数化技术方案还处于一种发展的初级阶段，很多技术难点有待于攻克。当时 CAD 技术主要应用在航空和汽车工业，这些工业中自由曲面的需求量非常大，参数化技术还不能提供解决自由曲面的有效工具（如实体曲面问题等），此时 Pro/E 的参数化软件刚进行研制和试用。Pro/E 软件性能很低，只能完成简单的工作，但由于第一次实现了尺寸驱动零件设计修改，使人们看到了它今后将给设计者带来的方便性。

80 年代末，计算机技术迅猛发展，硬件成本大幅度下降，CAD 技术的硬件平台成本从二十几万美元直接降到只需几万美元。一个更加广阔的 CAD 市场完全展开，很多中小型企业也开始有能力使用 CAD 技术。参数化技术的应用主导了 CAD 发展史上的第三次技术革命。

8.1.2　CAD/CAM 常用软件介绍

1. AutoCAD 软件

AutoCAD 软件是美国 AUTODESK 公司推出的系列交互式绘图软件。AutoCAD 基本上是一个二维工程绘图软件，具有较强的绘图、编辑功能，主要进行计算机辅助设计，计算机辅助绘图等工作，应用非常广泛。

2. CAXA 制造工程师软件

CAXA 制造工程师软件是由我国北京北航海尔软件有限公司研制开发的全中文、面向数控铣床和加工中心的三维 CAD/CAM 软件。它基于微机平台，采用原创 Windows 菜单和交互方式，全中文界面，便于轻松地学习和操作。它全面支持图形菜单、工具条、快捷键。用户还可以自由创建符合自己习惯的操作环境。它既具有线框造型、曲面造型和实体造型的设计功能，又具有生成二至五轴加工代码的数控加工功能，可用于加工具有复杂三维曲面的零件。

3. UGNX 软件

UGNX 软件是美国通用汽车公司的子公司 EDS 发布的 CAD/CAE/CAM 一体化软件，广泛应用于汽车、机械、模具、航空、航天等领域。国内外已经有许多科研院所和企业选择了 UGNX 软件作为企业的 CAD/CAM 系统进行相关的设计与制造。无论是装配图还是零件图设计，都是从三维实体造型开始，所以可视化程度很高。UGNX CAD/CAM 系统具有丰富的数控加工编程能力，是目前市场上数控加工编程能力最强的 CAD/CAM 集成系统之一，功能包括：

① 车削加工编程。

② 型芯和型腔铣削加工编程。

③ 清根铣削加工编程。

④ 可变轴铣削加工编程。

⑤ 顺序铣削加工编程。

⑥ 线切割加工编程。

⑦ 轨迹编辑。

⑧ 刀具轨迹干涉处理。

⑨ 刀具轨迹验证、切削加工过程仿真与机床仿真。

⑩ 通用后置处理。

4. Mastercam 软件

Mastercam 软件是由美国 CNC Software Inc. 公司推出的基于 PC 平台的 CAD/CAM 软件，它具有很强大的功能，尤其是对复杂曲面自动生成加工代码方面，具有独到的优势。由于 Mastercam 软件主要针对数控加工，零件的设计造型功能不强，但对硬件的要求不高，且操作灵活、易学易用且价格低，受到中小型企业的欢迎。因此该软件被认为是一个图形交互式 CAD/CAM 数控编程系统。功能包括：

① 点位加工编程。

② 二维轮廓加工编程。

③ 二维型腔加工编程。

④ 三维曲线加工编程。

⑤ 三维曲面加工编程。

⑥ 参数线法加工编程。

⑦ 截平面法加工编程。

⑧ 投影法加工编程。

⑨ 刀具轨迹编辑。

⑩ 刀具轨迹干涉处理功能。

⑪ 多曲面组合编程。

⑫ 刀具轨迹验证与切削加工过程仿真。

⑬ 整个系统不同模块之间采用文件传输数据，具有 IGES 标准接口。

⑭ 通用后置处理功能。

5. Pro/ENGINEER 软件

Pro/ENGINEER 软件是美国参数技术公司（简称 PTC）开发的，集零件造型、零件组合、创建工程图、模具设计、数控加工等功能于一体的大型 CAD/CAE/CAM 软件，在中国也有较多用户。Pro/ENGINEER 软件是由一个产品系列组成，是专门应用于机械产品从设计到制造全过程的产品系列。它开创了三维 CAD/CAM 参数化的先河。该软件具有基于特征、全参数、全相关和单一数据库的特点，可用于设计和加工复杂的零件。该软件也具有较好的二次开发环境和数据交换能力。它已广泛应用于模具、工业设计、汽车、航天和玩具等行业，并在国际 CAD/CAM/CAE 市场上占有较大的份额。

Pro/ENGINEER 软件系统的核心技术具有以下特征：

① 基于特征。将某些具有代表性的平面几何形状定义为特征，并将其所有尺寸存为可变参数，进而形成实体，以此为基础进行更为复杂的几何形体的构建。

② 全尺寸约束。将形体和尺寸结合起来考虑，通过尺寸约束实现对几何形状的控制。

③ 尺寸驱动设计修改。通过编辑尺寸数值可以改变几何形状。

④ 全数据相关。尺寸参数的修改导致其他模块中的相关尺寸得以更新。如果要修改零件的形状，只需修改一下零件上的相关尺寸。

6. CATIA 软件

CATIA 软件最早是由法国索达飞机公司研制的，目前属于 IBM 公司，是一个高档 CAD/CAM/CAE 系统，应用于航空、汽车等领域。它是最早实现曲面造型的软件并开创了三维设计的新时代。它采用特征造型和参数化造型技术，允许自动制定或由用户指定参数化设计、几何或功能化约束的变量式设计。根据其提供的 3D 线架，用户可以精确地建立、修改和分析 3D 模型。CATIA 软件具有一个 NC 工艺数据库，存有刀具、刀具组件、材料和切削状态等信息，可自动计算加工时间，并对刀具路径进行重放和验证，用户可以通过图形化显示来检查和修改刀具轨迹。这种软件的后置处理程序支持铣床、车床和多轴加工。目前 CATIA 软件系统已经发展成从产品设计、产品分析、加工、装配和检验，到过程管理、虚拟运作等众多功能的大型 CAD/CAM/CAE 软件。

CATIA 软件系统具有菜单接口和刀具轨迹验证功能，其主要功能除了常用的多坐标点位加工编程、表面区域加工编程、轮廓加工编程、型腔加工编程外，还有以下特点：

① 在型腔加工编程功能上，采用扫描原理对带岛屿的型腔进行行切法编程；对不带岛屿的任意边界型腔（即不限于凸边界）进行环切法编程。

② 在塑雕曲面区域加工编程功能上，可以连续对多个零件面编程，并增加了截平面法生成刀具轨迹的功能。

除了以上介绍的常用 CAD/CAM 软件以外，还有美国 Surfcam 公司开发的 Surfcam 软件，美国 Gibbs & Associates 公司推出的用于实体模型建立和多曲面加工的新模块 Virtual Gibbs 软件，加拿大安大略省的 Cimatron Technologies 公司开发的 Cimatron 软件等等，在此不再做详细地介绍。

总之，选择合适的基于微机的 CAD/CAM 软件，将微机与 CNC 机床组成面向车间的系统，将大大提高设计效率和设计质量，充分发挥数控机床的优越性，提高生产水平，实现系统集成和设计制造一体化。

8.2 CAXA 制造工程师软件绘图基础

学习 CAXA 制造工程师软件首先要熟悉并掌握该软件的基本功能和基本绘图方法。为接下来的实体造型和加工后置处理打下良好的基础。

8.2.1 CAXA 制造工程师软件功能

1. 方便的造型功能

CAXA 制造工程师软件引入强大的 NURBS 曲面造型技术，解除传统绘制方式对设计思路的束缚，直接进入三维设计空间。从线框到曲面，提供了丰富的建模手段生成样条曲线。通过直纹面、旋转面、导动面、扫描面、等距面、平面、放样面等多种形式生成复杂曲面，并且提供了曲面裁剪、曲面过渡、曲面延伸、曲面拼接、曲面缝合等多种编辑方法。用精确的特征实体造型技术，不仅可以通过拉伸、旋转、导动、放样等轮廓造型手段，生成三维实体特征，而且还提供了过渡、导角、抽壳、拔模、打孔等特征处理手段，对生成的实体进行局部调整。并且基于实体的“精确特征造型”技术，在三维造型过程中，将曲面融合到实体造型中去，通过曲面加厚增料、曲面裁剪除料等手段，在零件上生成具有曲面形状的特征，在原有的实体基础上生成复杂的形状，实现任意复杂实体模型的生成。

2. 优质高效的数控加工功能

CAXA 制造工程师软件将 CAD 模型与 CAM 加工技术相结合，提供两至三轴，四至五轴的数控加工功能，可直接对曲面、实体模型进行一致的加工操作，支持先进实用的轨迹参数化和批处理功能，明显地提高工作效率。通用的后置处理可以向任何数控系统输出正确的加工指令。

① 两轴到两轴半的数控加工功能。

② 三轴数控加工功能。

③ 支持高速加工。

④ 参数化轨迹编辑功能。

⑤ 加工轨迹仿真。

⑥ 通用后置处理。

8.2.2 CAXA 制造工程师软件界面

CAXA 制造工程师软件的用户界面和其他 Windows 风格的软件一样，各种应用功能通过主菜单和工具条来实现。CAXA 制造工程师 2011 软件的工作界面如图 8-1 所示，它主要由绘图区、标题栏和工具栏等组成。

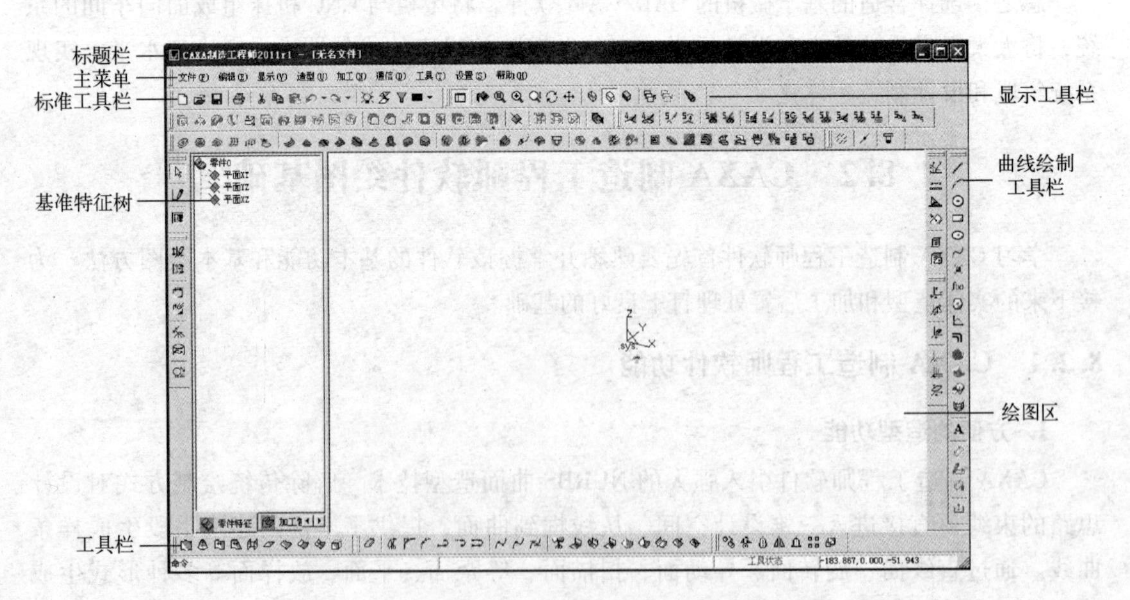

图 8-1 CAXA 制造工程师 2011 软件的工作界面

8.2.3　二维图形的绘制与编辑

【例 8-1】　在 CAXA 制造工程师 2011 软件中绘制如图 8-2 所示二维曲线的轮廓。

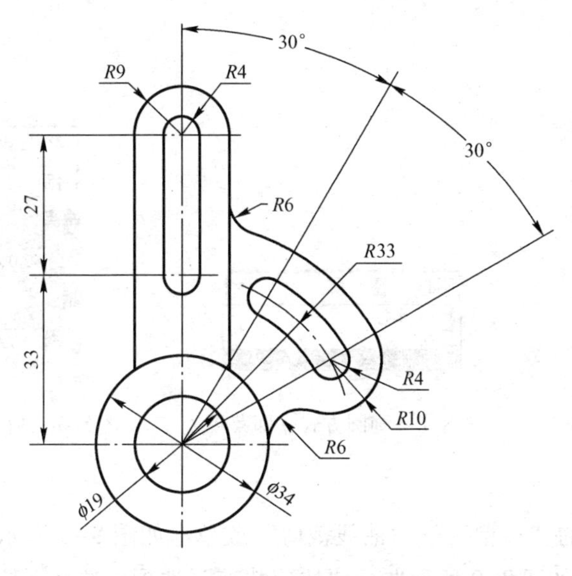

图 8-2　二维曲线绘制

步骤如下：

1. 绘制同心圆

选择主菜单中的“造型”→“曲面生成”命令，弹出如图 8-3 所示的菜单栏，选择“圆…”选项，也可以直接单击如图 8-4 所示曲线绘制工具栏的画圆按钮。如果工作界面中没有曲线绘制工具栏，则可在工具栏空白处的任意位置右击，弹出如图 8-5 所示定义工具栏快捷菜单。“√”选其中的“曲线生成栏”复选项即可显示曲线绘制工具栏。

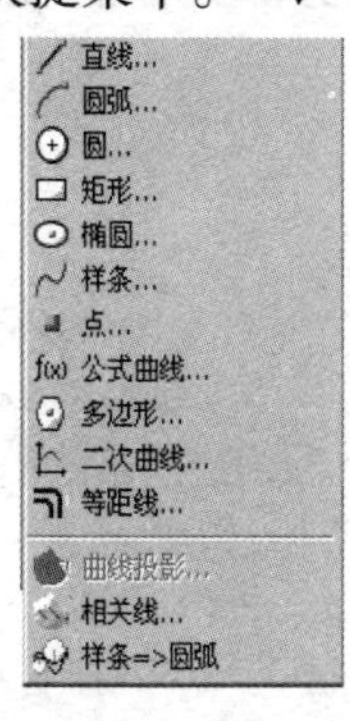

图 8-3　菜单栏

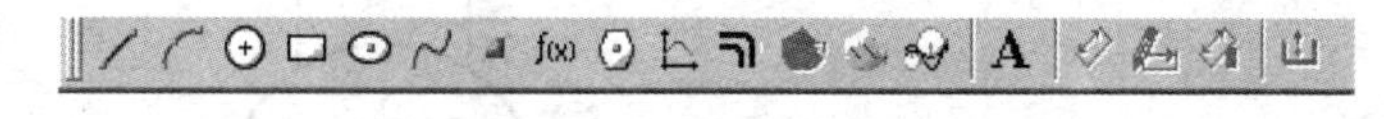

图 8-4　曲线绘制工具栏

在基准特征树的下方弹出如图 8-6 所示的画圆方式立即菜单，选择下拉列表框中的“圆心 - 半径”选项，确定圆心后输入半径值 9.5 绘制出 ϕ19 的圆，按【Enter】键确认。同样方法绘制出 ϕ34 的圆以及 *R*9、*R*4 的圆。

2. 绘制直线

过圆心绘制水平、垂直直线，单击如图 8-4 所示的曲线绘制工具栏中的画直线按钮画两条线为接下来画等距线做基准。单击曲线绘制工具栏中的画等距线按钮“ ”在基准特征树的下方弹出如图 8-7 所示画等距线方式立即菜单，在“距离”文本框中输入 60，根据提示行选择水平基准线，选择等距方向。同理做出与垂直基准线等距距离为 4 和 9 的双向等距线。

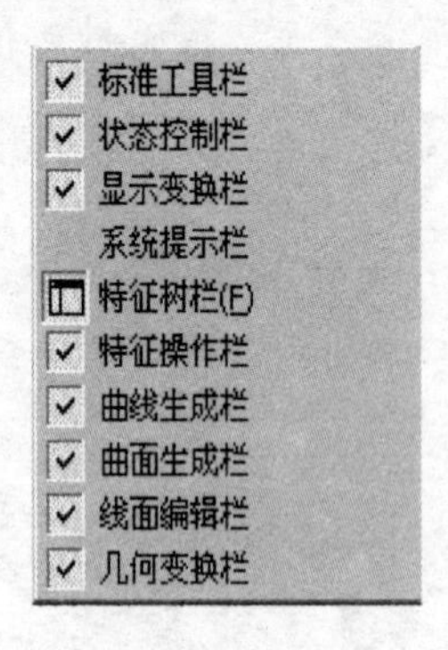

图 8-5　定义工具栏

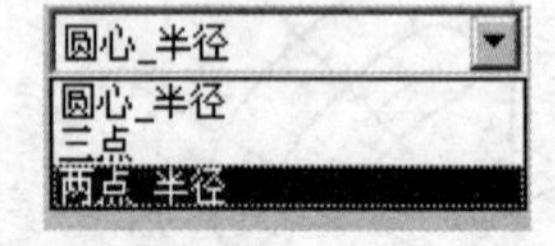

图 8-6　画圆方式立即菜单

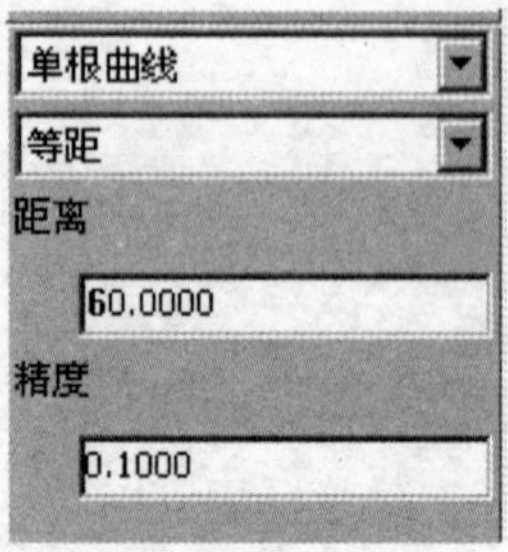

单根曲线
等距
距离
60.0000
精度
0.1000

图 8-7　画等距线方式立即菜单

3. 编辑裁剪

单击下拉菜单中的“造型”→“曲线裁剪”或单击如图 8-8 所示的线面编辑工具栏中的裁剪曲线按钮 。如图 8-9 所示选择“快速裁剪”选项，选择下拉列表框中的“正常裁剪”选项，如图 8-10 所示。

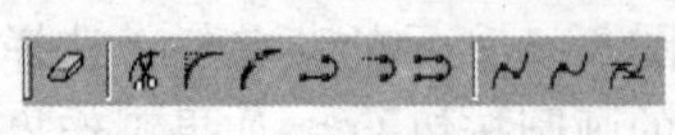

图 8-8　线面编辑工具栏

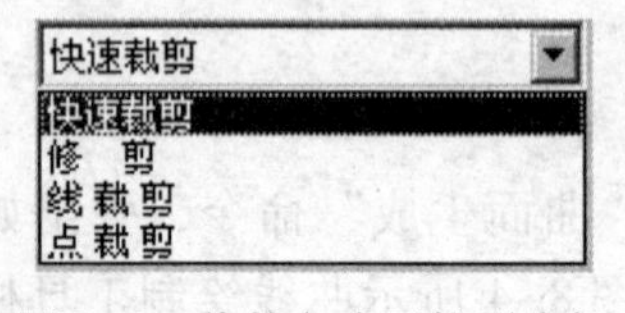

图 8-9　裁剪方式下拉列表框

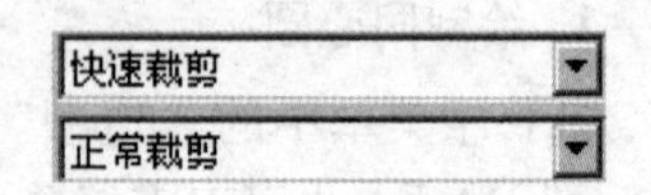

图 8-10　曲线裁剪下拉列表框

根据提示行提示选择曲线，提示行提示“失去被裁剪线（被裁剪部分）”，裁剪完闭，裁剪结果如图 8-11 所示。

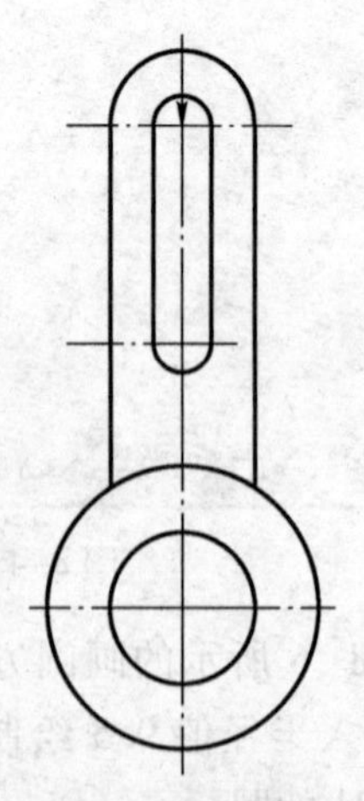

图 8-11　裁剪结果

用同样绘图方法绘制剩余图素，在此不再一一讲解。

8.2.4　曲面绘制与编辑

曲面形状的关键线框主要取决于曲面特征线，曲面特征线是指曲面的边界线和曲面的截面线（也称剖面线，为曲面与各种平面的交线）。根据曲面特征线的不同组合方式，可以组成不同的曲面生成方式。曲面生成方式共有直纹面、旋转面、扫描面、边界面、放样面、网格面、导动面、等距面、平面和实体面 10 种。这里介绍其中几种：

（1）直纹面

直纹面是由一根直线的两端点分别在两曲线上均匀运动而形成的轨迹曲面。直纹面生成方式有三种：曲线 + 曲线、点 + 曲线和曲线 + 曲面。这三种方式生成的直纹面如图 8-12 ～图 8-14 所示。

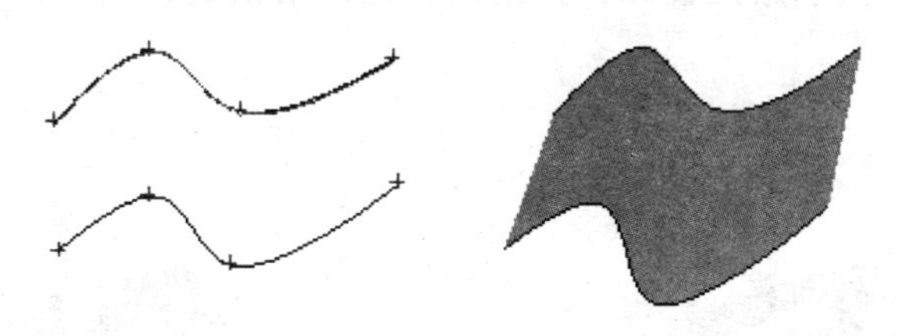

图 8-12　曲线 + 曲线生成的直纹面

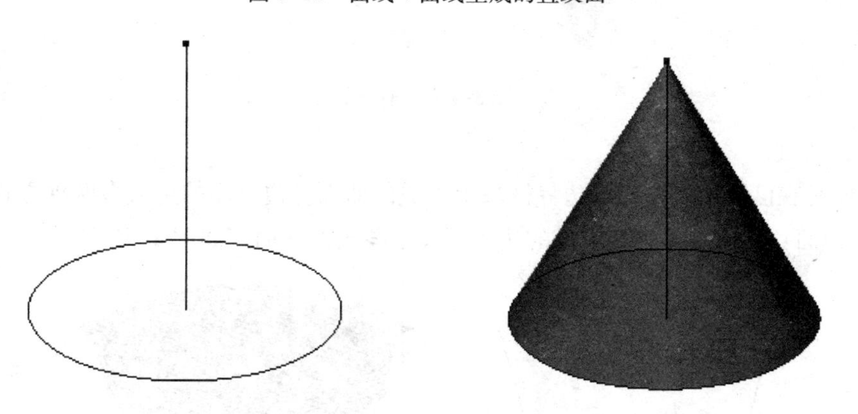

图 8-13　点 + 曲线生成的直纹面

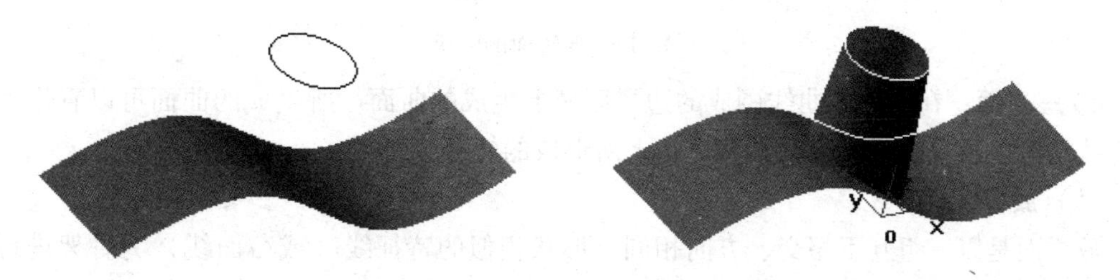

图 8-14　曲线 + 曲面生成的直纹面

（2）旋转面

旋转面是按给定的起始角、终止角将截面线绕一旋转轴旋转而生成的轨迹曲面，如图 8-15 所示。

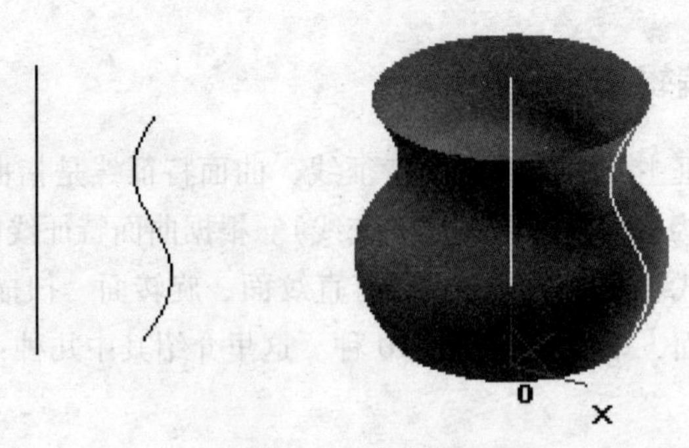

图 8-15　旋转面

（3）扫描面

扫描面是按照给定的起始位置和扫描距离将曲线沿指定方向以一定的锥度扫描生成的曲面，如图 8-16 所示。

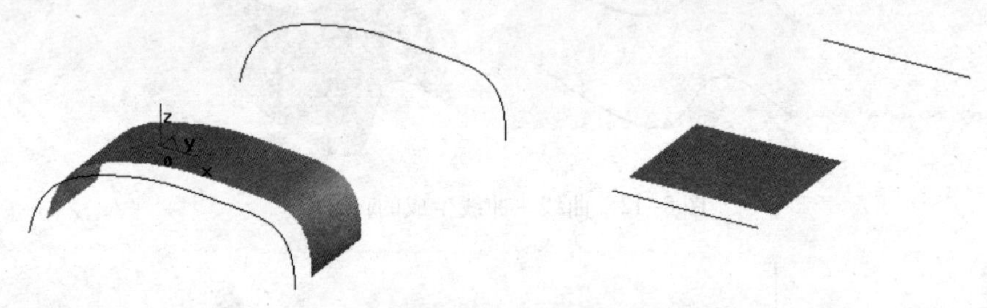

图 8-16　扫描面

（4）边界面

边界面是在已知曲线围成的边界区域上生成的曲面。边界面的生成有两种方式：

① 四边面：在由四条曲线围成的边界区域上蒙出的曲面，如图 8-17 所示。

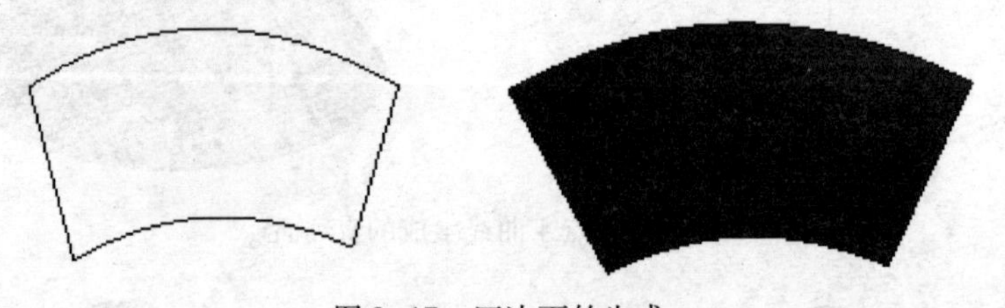

图 8-17　四边面的生成

② 三边面：在由三条曲线围成的边界区域上生成的曲面。所生成的曲面可以看作一条边界线沿两条相交边界线运动到其交点上所形成的轨迹。

（5）放样面

放样面是以一组互不相交、方向相同、形状相似的特征线（或截面线）为骨架进行形状控制，过这些曲线蒙面生成的曲面。如图 8-18 所示为放样—截面曲线，如图 8-19 所示为放样—曲面边界。

（6）网格面

网格面是由特征网络线确定曲面的初始骨架形状，然后用自由曲面插值特征网格线生成的曲面。特征网格线基本上反映出设计者想要的曲面形状，在此基础上确定的网格骨架插值生成的曲面必将满足设计者的要求，如图 8-20 所示。

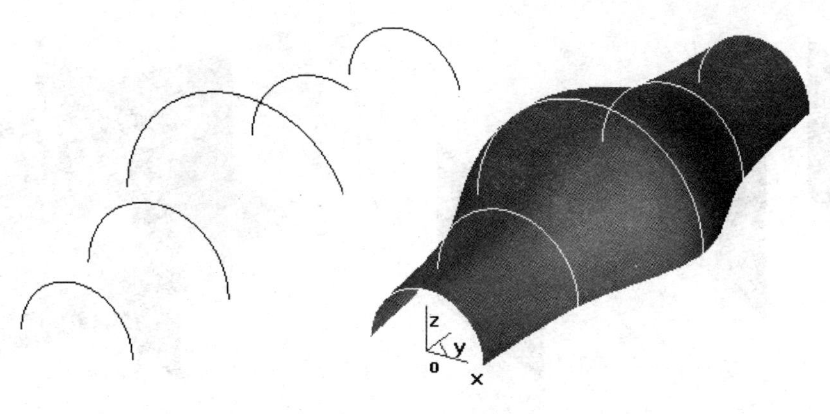

图 8-18　放样—截面曲线

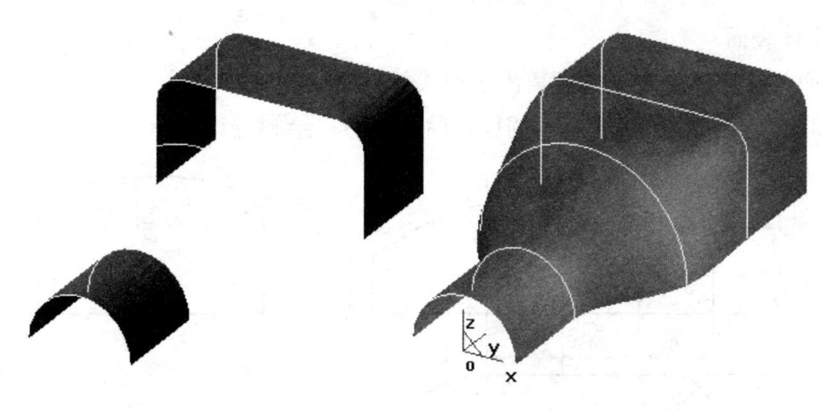

图 8-19　放样—曲面边界

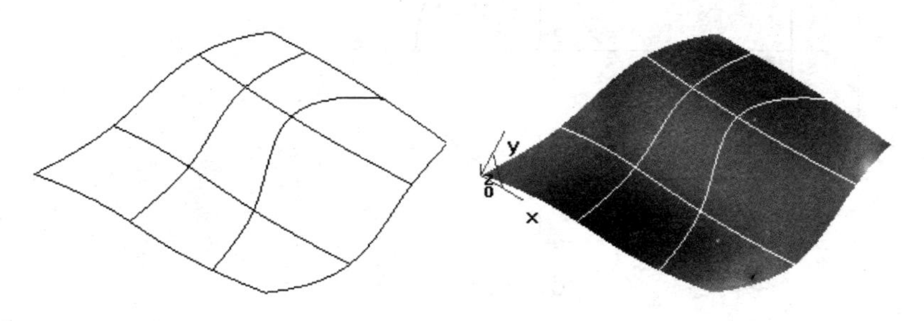

图 8-20　网格面

(7) 等距面

等距面是按给定距离与等距方向生成与平面（曲面）等距的平面（曲面）。如图 8-21 所示。

(8) 导动面

导动面是让特征截面线沿着特征轨迹线的某一方向扫动生成的曲面。导动面的生成主要有平面导动、固接导动、导动线与平面、导动线与边界线、双导动线以及管道曲面六种方式。

(9) 平面

生成平面有两种方式，裁剪平面和工具平面。其中工具平面如图 8-22 所示。

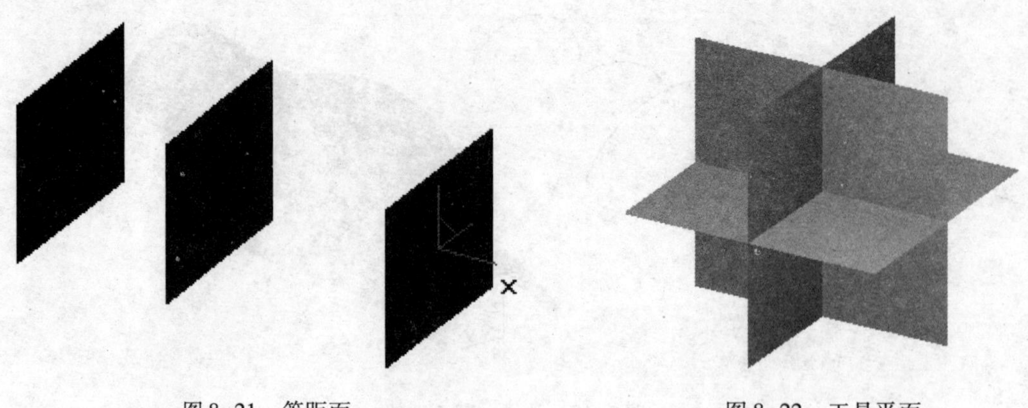
图 8-21　等距面　　　　图 8-22　工具平面

(10) 实体表面

实体表面是在实体的表面上剥离出来形成的独立面。

【例 8-2】 绘制如图 8-23 所示的鼠标曲面造型。绘制过程如下。

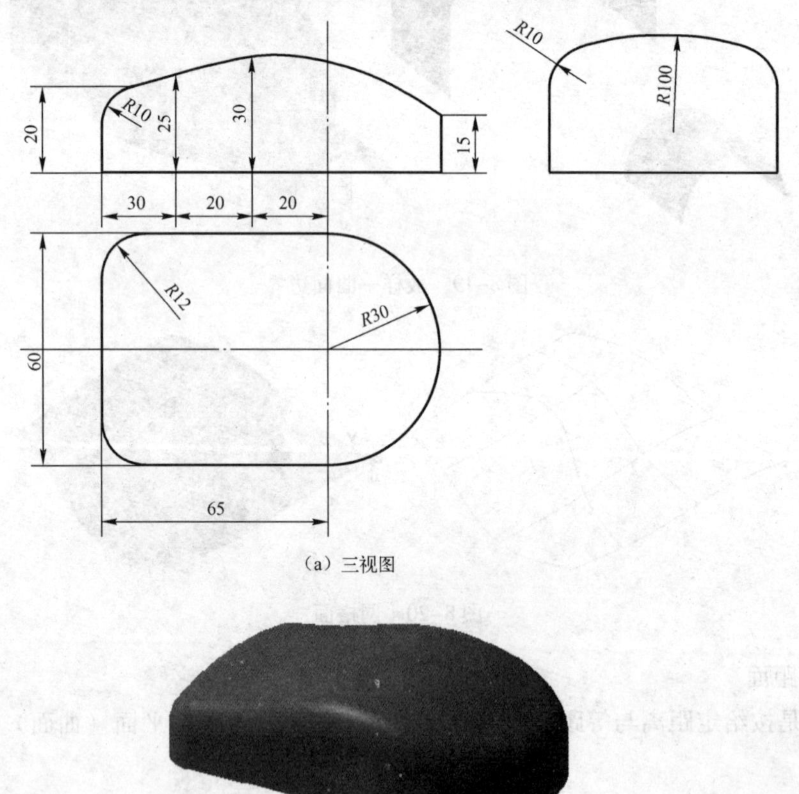

(a) 三视图

(b) 轴测图

图 8-23　鼠标的曲面造型

① 设置当前平面为 XY 面，绘制如图 8-24 所示图线。

② 单击工具栏中的“扫描面”按钮，在弹出的立即菜单中设置参数“起始距离”为 0、“扫面距离”为 40、“扫面角度”为 0，按【Enter】键，在弹出的工具菜单中选择

“Z 轴正向”选项，拾取所有曲线，生成扫描面如图 8-25 所示。

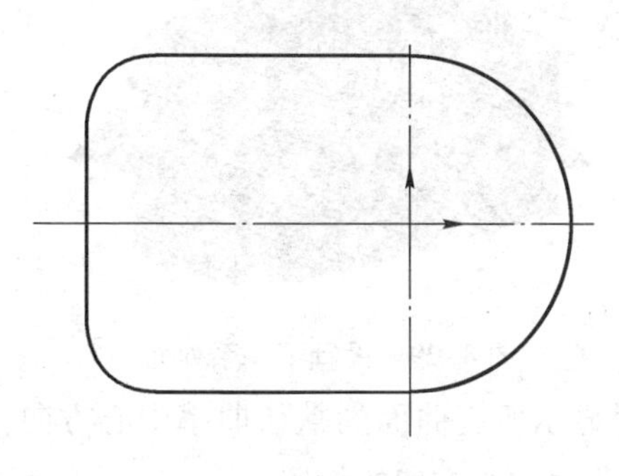

图 8-24　绘制图线

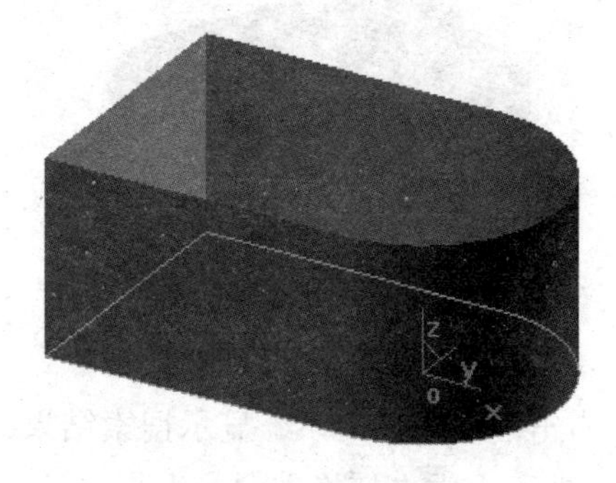

图 8-25　生成扫描面

③ 单击曲线绘制工具栏中的“样条线”按钮，在弹出的立即菜单中选中“插值”“缺省值”“开曲线”三个造项，输入“-70，0，20”，按【Enter】键；输入“-40，0，25”，按【Enter】键；输入“-20，0，30”，按【Enter】键；输入“30，0，15”，按【Enter】键；右击结束，生成样条曲线，如图 8-26 所示。

④ 单击工具栏中的“平面”按钮，在弹出的立即菜单中选择“裁剪平面”选项，拾取任一条曲线，选择搜索方向，右击，生成鼠标底面。按【F9】键，切换当前平面为 *yz* 面，单击“画圆”按钮，在弹出的立即菜单中选择“两点_半径”选项，任意拾取两点，移动光标到合适位置，输入圆弧半径“100”。单击“曲线拉伸”按钮，拖拽圆弧到适当位置。单击“平移”按钮，在弹出的立即菜单中选择“两点”“移动”“非正交”选项，拾取圆弧，右击确认，拾取圆弧中点为基点，拾取样条线段点为目标点，将圆弧移动到正确位置，如图 8-27 所示。

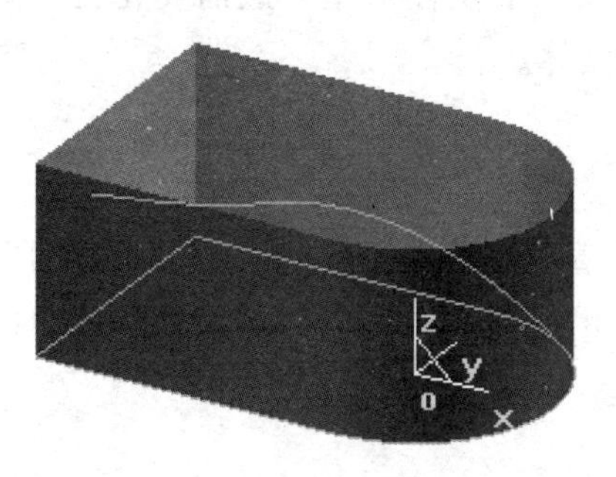

图 8-26　绘制样条线

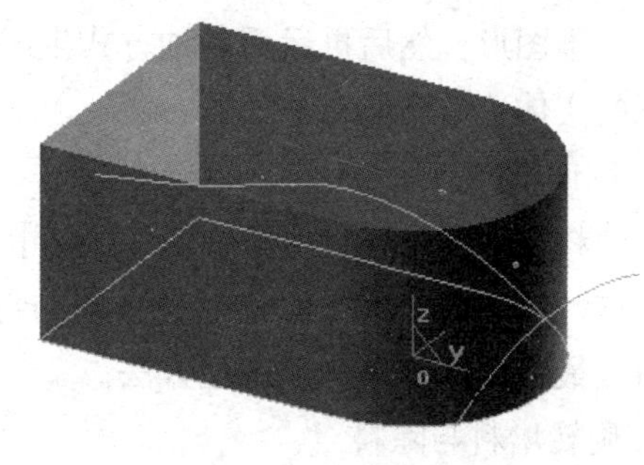

图 8-27　绘制截面线

⑤ 单击工具栏中的“导动面”按钮，在弹出的立即菜单中选择“平行导动”选项，拾取样条线为导动线，拾取圆弧为截面线，生成导动面，如图 8-28 所示。

⑥ 单击“曲面过渡”按钮，在弹出的立即菜单中选择“系列面”“等半径”选项，设置“半径”为 10，选择“裁剪两系列面”“单个拾取”选项，拾取顶面，右击确认，查看曲率中心的方向，如系统默认的方向错误，在曲面上左击以切换方向，右击确认，完成的结果如图 8-29 所示。

⑦ 在立即菜单中选择“链拾取”选项，如图 8-30 所示拾取曲面，在该曲面上再次左击，显示链搜索方向，如默认搜索方向错误，在该曲面左击以切换搜索方向。

图 8-28　生成导动面

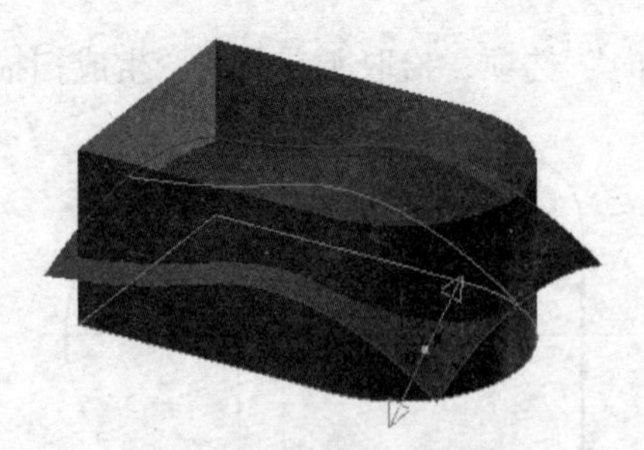

图 8-29　设置第一系列面

⑧ 右击确认选择，系统显示搜索结果，同时显示所有曲面的默认曲率中心方向，如有错误，在曲面上左击切换方向，右击确认。完成曲率中心方向的设置。

⑨ 右击确认选择结果，生成圆角过渡，完成后的曲面造型如图 8-31 所示。

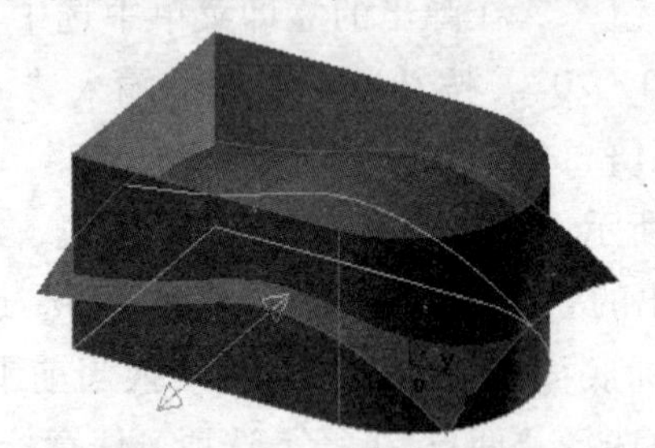

图 8-30　设置第二系列面

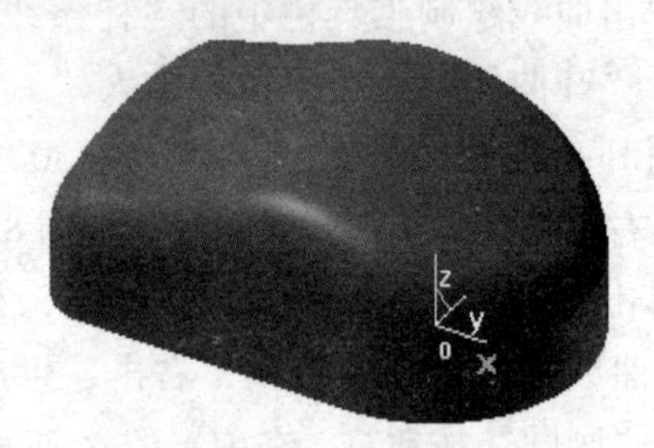

图 8-31　生成过渡面

8.2.5　实体造型

实体造型又称为特征造型，是零件设计模块的重要组成部分。通常的特征包括孔、槽、型腔、点、凸台、圆柱体、块、锥体、球体和管子等等。实体造型一般需要先在一个平面上绘制出二维图形，然后再运用各种方式生成三维实体。

常见的实体造型功能有：

（1）拉伸增料与除料

拉伸增料与除料是将封闭轮廓曲线（草图）沿着草图所在平面的法向以指定的方式进行拉伸操作，以生成一个增加或减去材料的特征。沿拉伸方向可以控制拔模斜度，拉伸增料与除料是最常用的基本特征造型方法。

（2）旋转增料与除料

旋转增料与除料是将封闭轮廓曲线（草图），通过围绕一条空间直线的旋转操作，生成增加或减去材料的特征。旋转特征用于回转体零件，例如齿轮、轴套等。操作时要注意旋转轴线必须是在非草图模式下绘制的空间直线；旋转轴线不能和草图有交点；旋转角度的方向用右手法则来判定。

（3）导动增料与除料

导动增料与除料是将封闭轮廓曲线（草图），沿着一条轨迹运动而增加或减去材料生成实体的操作。实体导动概念和曲面导动基本一致，导动方式分为平行导动和固接导动两种。

（4）放样增料与除料

放样增料与除料是根据多个封闭轮廓曲线，增加或减去材料生成特征实体的操作。通过拉伸与旋转得到实体，以特定的方式剖切时，基本剖面形状是完全相同或类似的，而通过放样特征操作则可以得到剖面形态各异的实体。

（5）曲面加厚增料与除料

曲面加厚增料与除料是对指定的曲面按照给定的厚度和方向进行增加或减去材料的特征操作。

（6）过渡和倒角

过渡和倒角的半径大小和实体尺寸、形状有关，半径要在合理的范围内设置。

（7）打孔

打孔平面必须选择实体上的平面，打孔中心点如果无法用点功能菜单自动捕捉，可以在非草图状态下用坐标点输入方式或屏幕直接拾取方式生成一个空间，在出现“指定孔的定位点”提示后将此点拾取即可。

（8）肋板

肋板的加固方向应指向被加固的实体一侧。筋板草图的形状不封闭。

（9）特征的阵列

特征阵列操作只能对基础实体上的特征如孔、槽、肋板等进行操作，而不能对基础特征进行操作。

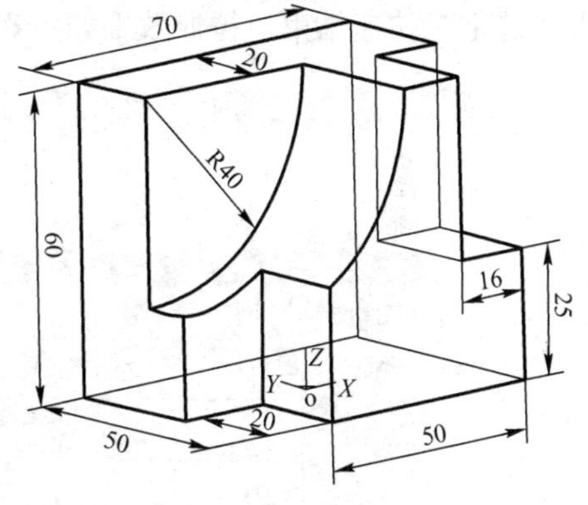

图 8-32　零件实体图

【例 8-3】 根据图 8-32 所示，绘出实体图。

1. 创建草图

单击工具栏上方的“零件特征”标签，显示基准特征树，在该特征树中选中“平面XY”然后右击，如图 8-33 所示在弹出的快捷菜单中选择“创建草图”选项，完成草图平面的创建，创建草图后的特征树如图 8-34 所示。

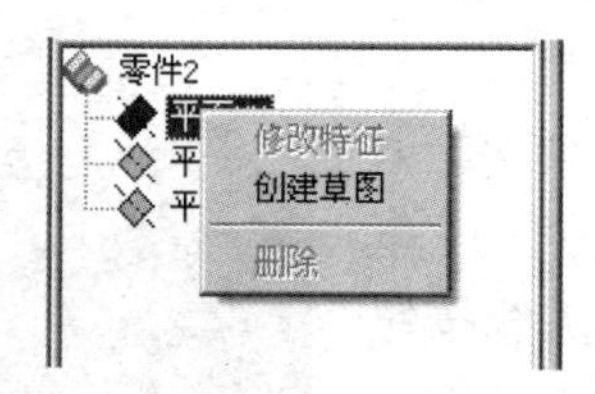

图 8-33　基本特征树

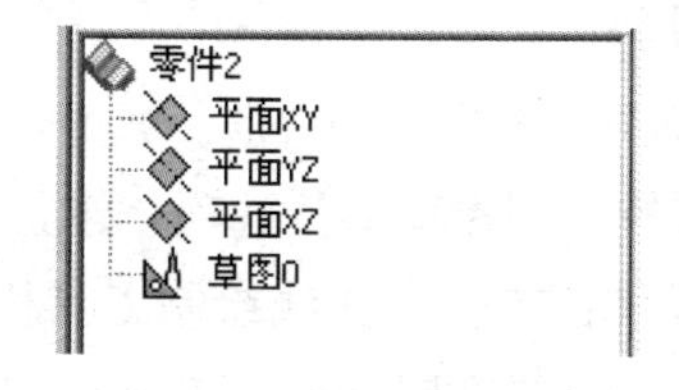

图 8-34　创建草图

草图平面与基准平面是完全不同的两个概念。草图平面是实体和草图的基准平面，要完成实体的造型，就必须创建草图平面。草图平面可以通过基准特征树的基准平面创建，也可以通过实体上的某个平面创建。

2. 绘制底面封闭轮廓

在 *XY* 平面建立的草图上绘制 70 mm × 50 mm 的矩形。在图 8-35 所示曲线工具栏中，单击“矩形”按钮□，弹出如图 8-36 所示画矩形方式立即菜单，在“长度 =”文本框中输入 70，“宽度 =”文本框中输入 50。右击结束任务。

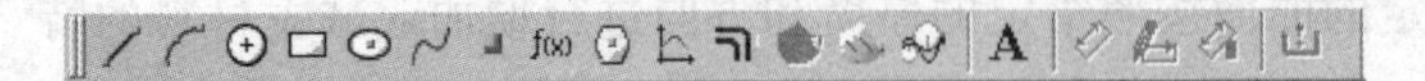
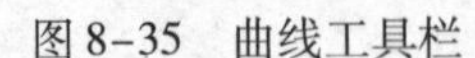

图 8-35　曲线工具栏

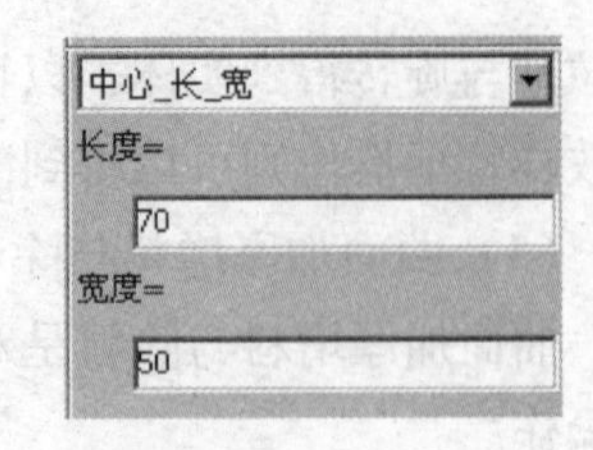

图 8-36　画矩形方式立即菜单

3. 拉伸实体

单击如图 8-37 所示特征操作栏中的“拉伸增料”按钮，弹出如图 8-38 拉伸增料对话框，在“类型”下拉列表框中选择“固定深度”选项，在“拉伸深度”微调框中选择 60，在“拉伸对象”文本框中输入“草图 0”，在“拉伸为”选择“实体特征”选项，单击“确定”按钮结束。拉伸效果如图 8-39 所示。

图 8-37　特征操作栏

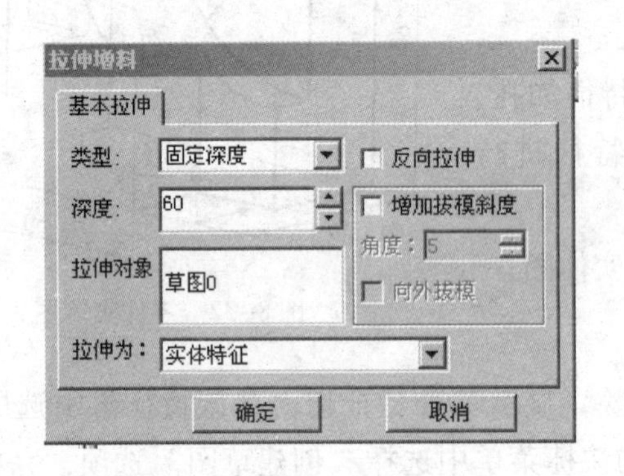

图 8-38　“拉伸增料”对话框

图 8-39　拉伸效果图

4. 拉伸除料

① 创建草图。选择面，右击，如图 8-40 所示，在弹出的快捷菜单中选择“创建草图”选项，建立草图 1。

② 绘制草图图素。在曲线绘制工具栏中单击相关线按钮，弹出相关线方式立即菜单，如图 8-41 所示，在下拉列表中选择“实体边界”选项。单击实体边界，如图 8-42 所示，然后画出 *R*40 的圆。单击工具栏中的“裁剪曲线”按钮，裁剪后的效果如图 8-43 所示。

图 8-40　创建草图 1

③ 拉伸除料。单击“拉伸除料”按钮，弹出拉伸除料对话框，如图 8-44 所示。在“类型”下拉列表框中选择“固定深度”选项，在“深度”微调框中输入 30，“拉伸对象”文本框中选择“草图 1”，“拉伸为”下拉列表框中选择“实体特征”选项最后单击“确定”按钮完成操作。拉伸效果如图 8-45 所示。

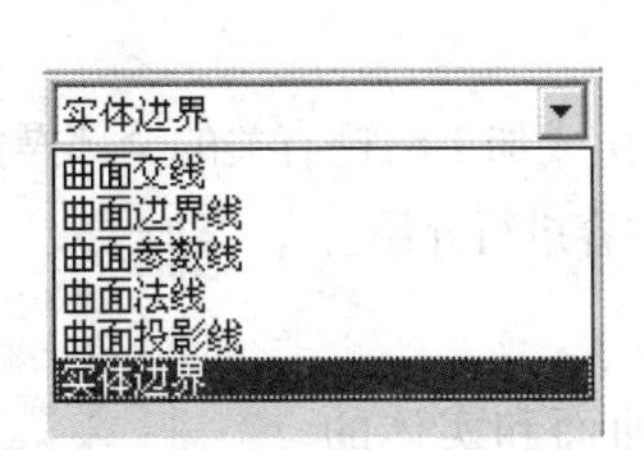

图 8-41　相关线方式立即菜单

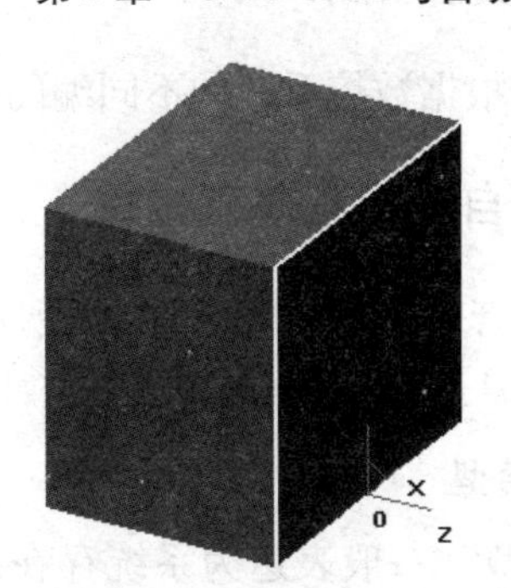

图 8-42　选择实体边

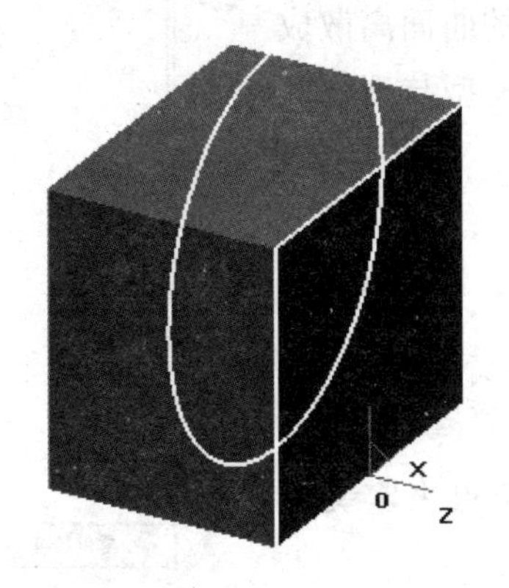

图 8-43　裁剪后效果

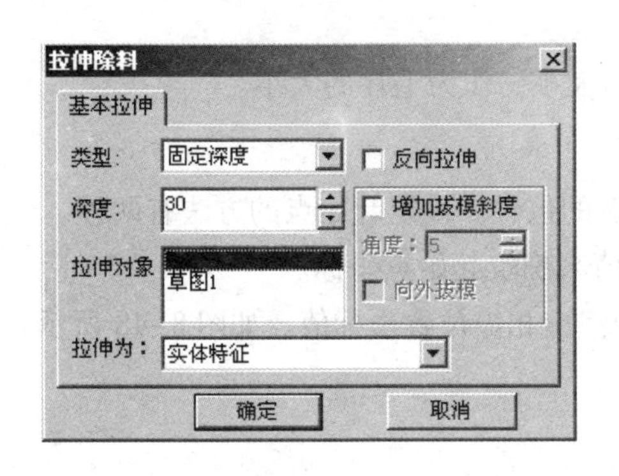

图 8-44 “拉伸除料”对话框

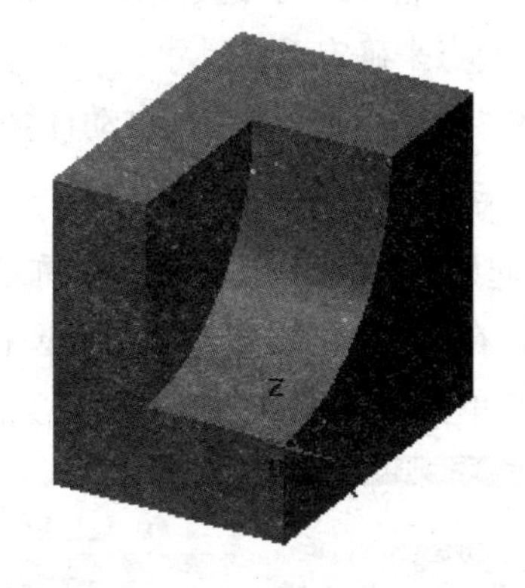

图 8-45　拉伸效果图

此后的绘图方法与上述方法相同，在此不再详细讲解。在特征处理方式上，除了拉伸以外，还有旋转、放样、导动、曲面加厚等方式。

8.3　CAXA 制造工程师软件自动编程

自动编程是利用 CAM 软件，以人机交互的方式进行 NC 程序的编制，程序的调整直观、方便。所有的运算由计算机来完成，可保证程序的编制快速、准确。利用 CAXA 制造工程师软件提供的后置处理功能，可将系统生成的两轴或三轴加工轨迹，转化成数控机床能够识别的 G 代码指令。针对不同的机床控制系统，CAXA 制造工程师软件提供了后置设置功能，可以根据数控系统的不同编码格式要求，设置不同的机床参数和特定的程序格式。

8.3.1 自动编程基础知识

加工管理特征树，如图8-46所示，记录了与生成加工轨迹有关的全部操作与参数，可以在此直接查看、修改或者重置。下面对特征树中的内容进行介绍。

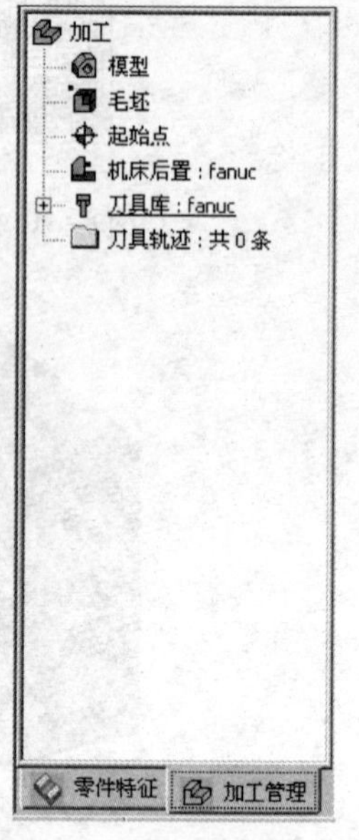

图8-46 加工管理特征树

1. 模型

"模型"一般表达为系统存在的所有线、曲面和实体的总和。其中的"几何精度"描述了模型的几何精度。进行CAM加工时几何精度可以看成把一个理想形状的曲面离散成一系列小三角片，由这一系列三角片所构成的模型与理想几何模型之间的误差。

2. 毛坯

"毛坯"的作用是定义毛坯料的尺寸及形状，目前为止只能定义方块形状的毛坯。

毛坯定义有三种形式如图8-47所示：

①"两点方式"：通过拾取毛坯的两个对角点来定义毛坯尺寸。

②"三点方式"：通过拾取基准点和拾取定义毛坯大小的两个对角点来确定毛坯尺寸。

③"参照模型"：系统自动计算出模型的大小，作为毛坯的大小。

3. 起始点

"起始点"的作用是设定全局刀具起始点的位置。设定起始点的方法有两种。

① 在"X""Y""Z"文本框中输入数值来确定起始点坐标。

② 单击"拾取点"按钮，在实体模型中找出相应位置坐标值。如图8-48所示。

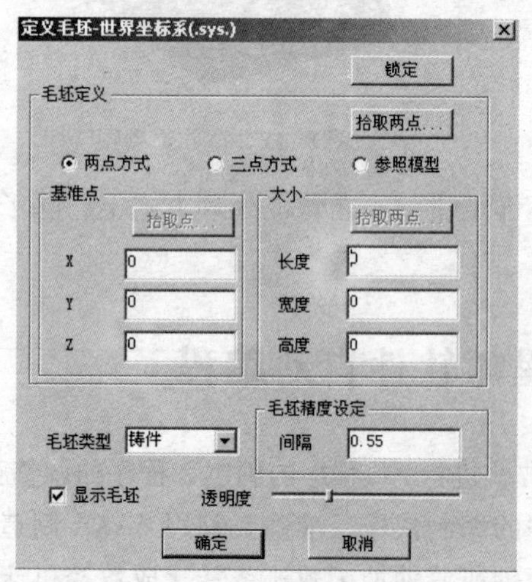

图8-47 "定义毛坯"对话框

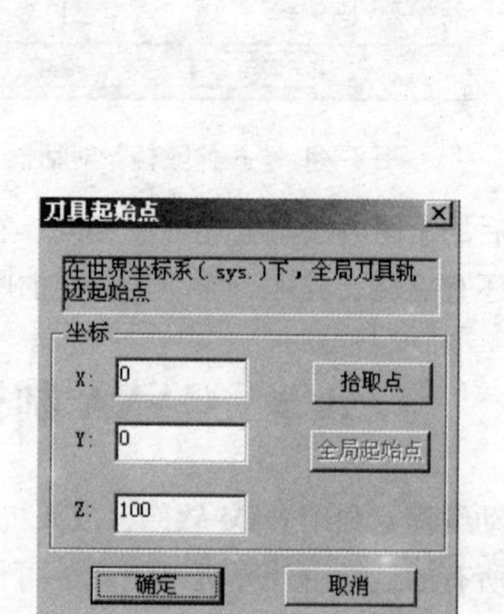

图8-48 "刀具起始点"对话框

4. 机床后置

“机床后置”需根据所选用的数控系统进行操作，比如 FANUC 系统、SIEMENS 系统。系统调用其机床数据文件，运用数控编程系统提供的后置处理程序，设定相应参数。“机床后置”包括两部分：“机床信息”选项卡和“机床后置”选项卡。

（1）“机床信息”选项卡

图 8-49 所示就是针对不同的机床、不同的数控系统，设置特定的数控代码、数控程序格式及参数，并生成配置文件。生成数控程序时，系统根据该配置文件的定义生成用户所需要的特定代码格式的加工指令。现以 FANUC 系统参数配置为例，说明具体配置方法如下。

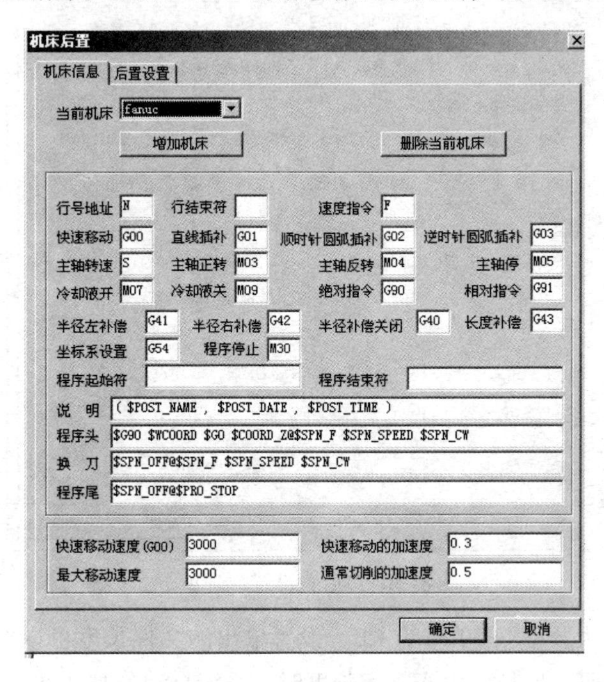

图 8-49　“机床信息”选项卡

①“行号地址”：一个完整的程序有许多的程序段组成，每一个程序段前有一个程序段号，即行号。各种数控系统对行号的要求是不一样的，有的系统必须有行号，而且对行号也有具体的要求，有的系统不需要行号，能够减少 G 代码文件的长度。

②“行结束符”：在数控程序中是以程序段为单位的，程序段的结束即为行结束符。FANUC 系统以“;”作为行结束符。不同系统结束符也不同。

③“说明”：程序说明部分是为了管理的需要而设置的，是对程序的名称和程序对应的零件名称编号等有关信息的纪录。例如要加工某个零件时，只需要从管理程序中找到对应的程序编号即可。

④“程序头”：程序头一般都是相对固定的部分，其中包括的内容一般为机床回零、工件零点设置、主轴启动以及开冷却液等。

⑤“换刀”：作用是提示系统换刀，换刀指令可以由用户根据机床型号设定，换刀后系统要提取一些有关道具的信息，以便必要时进行刀具补偿。

⑥“程序尾”：程序尾一般也是相对固定的部分，其中包括主轴停止、关冷却液及程序结束符。

(2)“后置设置”选项卡

后置设置就是针对特定的机床结合已经设置好的机床配置，对后置输出的数控程序格式进行设置。“后置处理”选项卡如图8-50所示，说明具体配置方法如下。

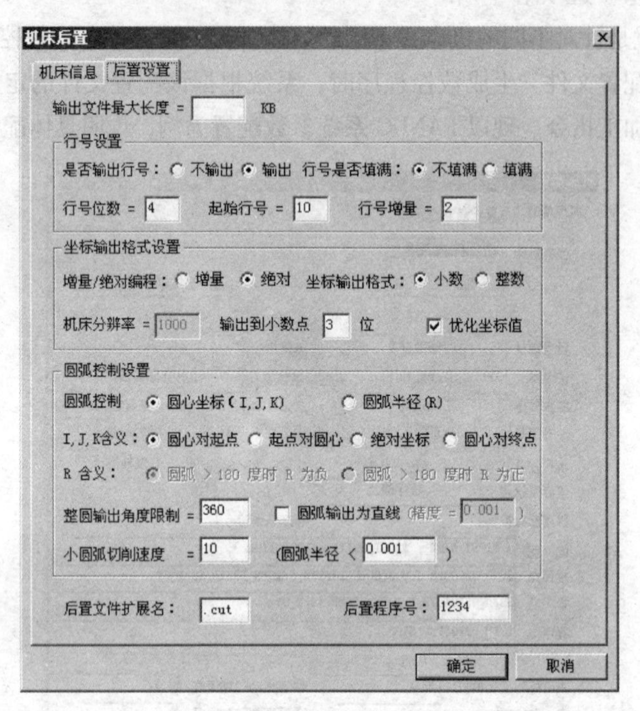

图8-50 “后置设置”选项卡

①“输出文件最大长度”：单位为KB。设置输出的文件长度可以对数控程序的大小进行控制，当输出的代码文件长度大于规定长度时，系统自动分割文件。

②“行号设置”：

“是否输出行号”选中“输出”时，在数控程序中的每一程序段前面输出行号，选择不输出时则不出现行号。

“行号增量”：指行号之间的间隔。应选取比较适中的递增数值，这样有利于程序的管理。

③“坐标输出格式设置”：

“增量/绝对编程”：可以选择使用绝对方式编程或是相对方式编程。

“坐标输出格式”：决定数控程序中数值的格式是以小数的方式还是整数的方式输出。

“机床分辨率”：机床的加工精度。现代机床精度通常是0.001，即分辨率为1000。

④“圆弧控制设置”：圆弧控制代码原则即圆弧控制方式。代码生成为IJK方式或R方式。其中的选择项不再详细说明。

⑤“后置文件扩展名”：控制所生成的数控程序文件名的扩展名。不同的机床对有无扩展名的要求不相同。

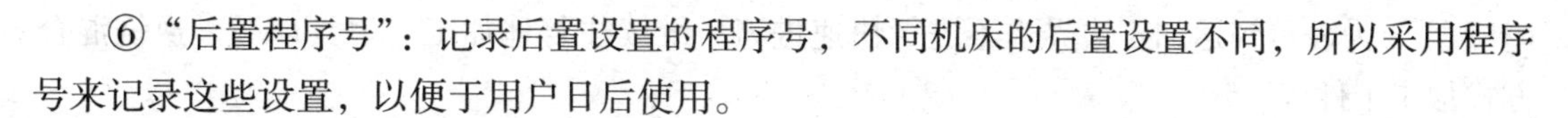

⑥“后置程序号”：记录后置设置的程序号，不同机床的后置设置不同，所以采用程序号来记录这些设置，以便于用户日后使用。

5. 刀具库

“刀具库”的功能是定义和确定刀具的有关数据，以便从刀具库中调用刀具和对刀具库进行维护如图 8-51 所示。

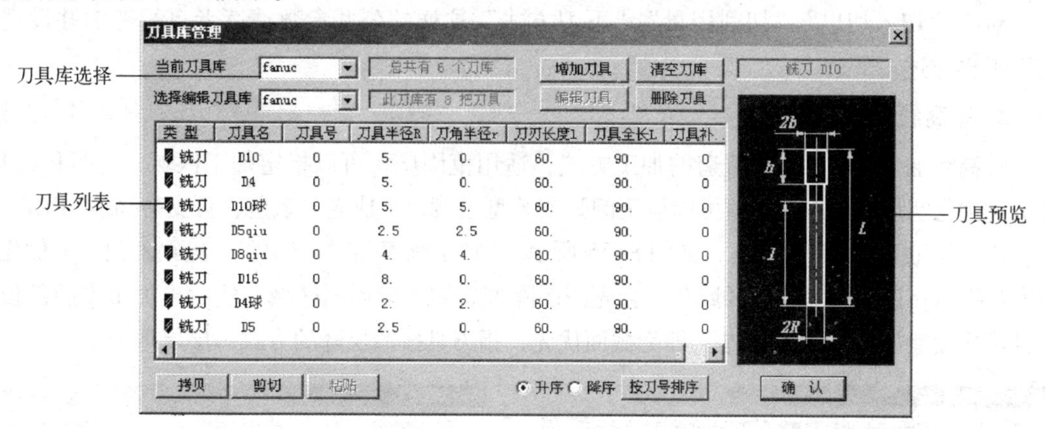

图 8-51　“刀具库管理”对话框

6. 刀具轨迹

加工特征树中的“刀具轨迹”为显示项，在加工中选择的加工方式如区域式粗加工等，会在此项中显示，并且可以根据需要在特征树中进行修改。

8.3.2　加工方式

在数控加工中，质量和效率是至关重要的。自动编程是利用 CAM 软件，以人机交互的方式进行 NC 程序的编制。一般分为粗加工和精加工。加工方式的主菜单如图 8-52 所示，工具栏如图 8-53 所示。

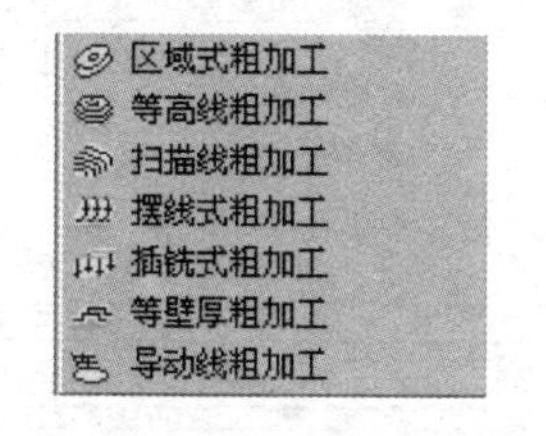

图 8-52　加工方式的主菜单

图 8-53　加工方式的工具栏

1. 区域式粗加工

“区域式粗加工”对话框如图 8-54 所示，在区域式粗加工时不必有三维模型，只有二维轮廓和岛屿，即可生成加工轨迹，并且可以在拐角处增加圆弧过渡，符合高速加工的要求。对“加工参数”选项卡中的部分参数说明进行说明如下。

①“切削模式”“环切”为刀具环状走刀方式加工工件。“平行（单向）”为刀具平行走刀方式加工工件，只生成单方向的加工轨迹。快速进刀后进行一次环切方向加工。“平行

(往复)”为表示到达加工边界也不进行快速进刀，继续往复地加工。刀具以顺、逆铣混合方式加工工件

②“拐角半径”：设定在拐角处插补圆角。目的在于高速切削时减速转向，防止拐角处的过切现象。

③“执行轮廓加工”：表示生成沿着轮廓加工的轨迹，有利于清除接刀纹。

对于“切入切出”“切削用量”“下刀方式”这样的公共参数请读者自行考虑并设定，这里不再详述。

2. 等高线粗加工

等高线加工是一种比较普遍的加工方式，适用范围广。可以指定加工区域，进行稀疏化加工，优化空切的轨迹。拐角可以设定圆弧或S型过渡，生成光滑轨迹，且支持高速加工。

①“加工参数1”对话框，如图8-55所示。“加工顺序”：“Z优先”表示Z轴加工优先，指的是刀具在碰到有深腔的区域时，会先按层降方式加工完周围区域，然后再加工深腔部位，并且是连续地加工。“XY优先”即为截面优先，指刀具按照层降的方式一层层地加工。

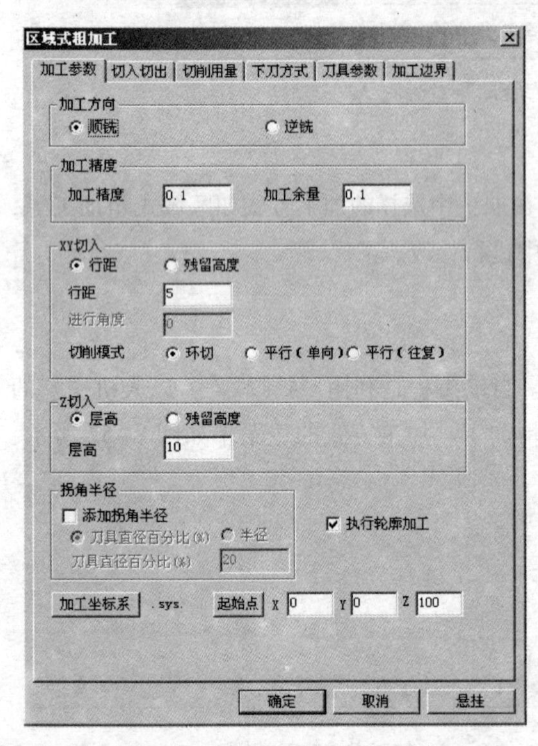

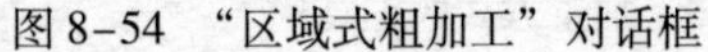

图8-54 “区域式粗加工”对话框

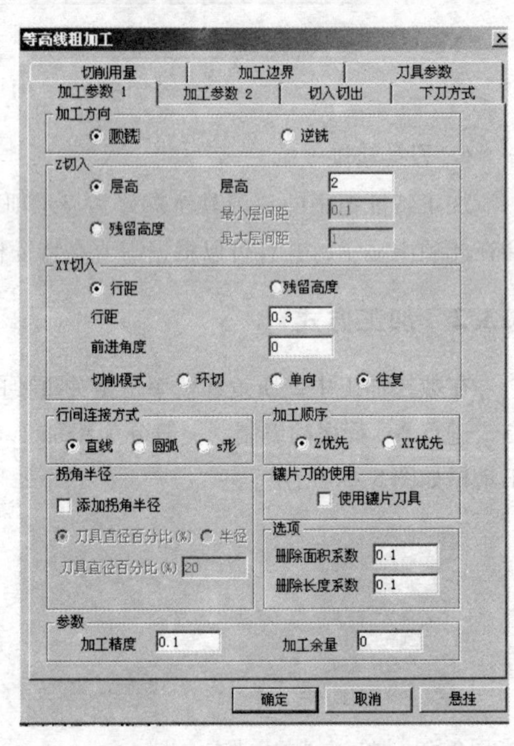

图8-55 “加工参数1”选项卡

“选项”“删除面积系数”是决定是否在微小面积处生成加工轨迹。“删除长度系数”是决定是否在微小长度上生成加工轨迹。

②“加工参数2”对话框，如图8-56所示。“稀疏化加工”表示粗加工后的残留部分，用相同的刀具从下往上生成加工路径。其中的“稀疏化”复选框是用于选择是否稀疏化的对话框。“间隔层数”指的是从下向上设定间隔的层数。“步长”是对于粗加工后阶梯形状的残余量，设定XY方向的切削量。“残留高度”由球头刀加工时，输入铣削通过时的残余高度。

3. 扫描线粗加工

扫描线粗加工方式是用平行层切的方法进行粗加工。保证在未切削区域不走刀。此加工方式适合使用面铣刀进行对称凸模粗加工。

下面对“扫描线粗加工”对话框中的加工参数进行说明，如图 8-57 所示。

“加工方法”有三种方式。

①“精加工”：生成沿着模型表面进给的精加工轨迹。

②“顶点路径”：生成遇到第一个顶点就快速抬刀至安全高度的轨迹。

③“顶点继续路径”：在完成的轨迹中，生成达到顶点后继续走刀，直到上一加工层轨迹位置后快速抬刀至安全高度的轨迹。

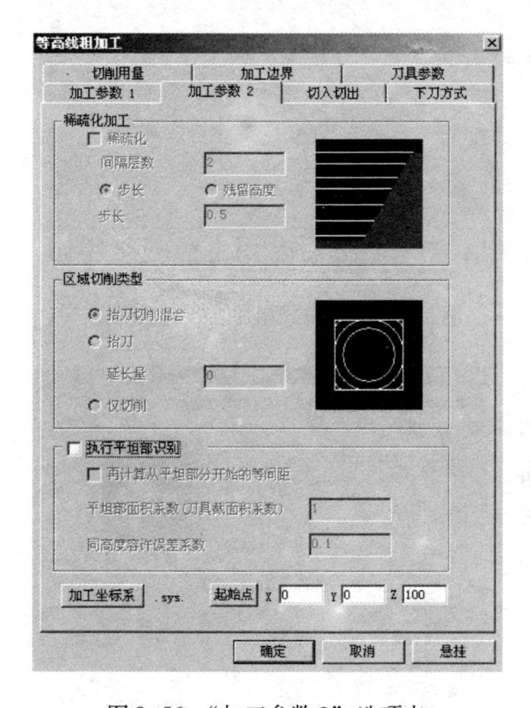

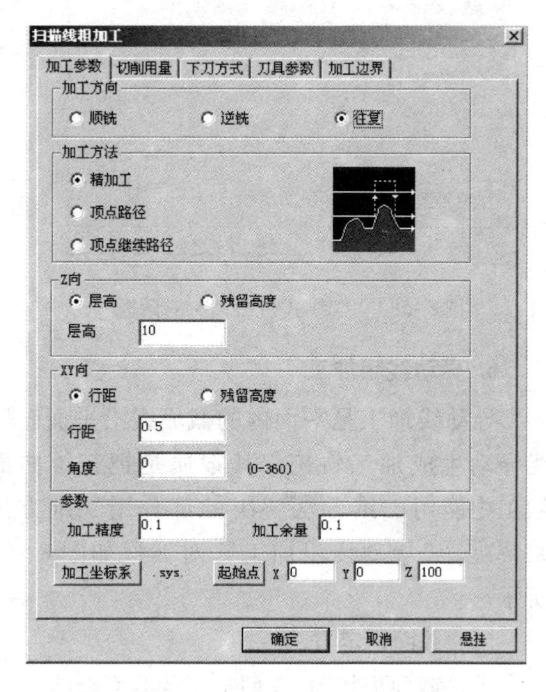

图 8-56 “加工参数 2”选项卡

图 8-57 “扫描线粗加工”对话框

4. 摆线式粗加工

摆线式粗加工是使刀具在负荷一定的情况下，进行区域加工的加工方式。可提高模具型腔部分的粗加工效率和延长刀具的使用寿命，适用于高速加工，“摆线式粗加工”对话框如图 8-58 所示。

①“切削圆弧半径”：输入切削圆弧的半径，走刀路径在拐角处以输入的半径值形成刀具轨迹。

②“残留部的切削”：用已生成的加工轨迹为界线，切削摆线式加工中未加工的残留部分。

5. 插铣式粗加工

插铣式粗加工适用于大中型模具的深腔加工。采用面铣刀的直捣式加工，可以生成高效的粗加工路径，适用于深型腔模具加工，“插铣式粗加工”对话框如图 8-59 所示。

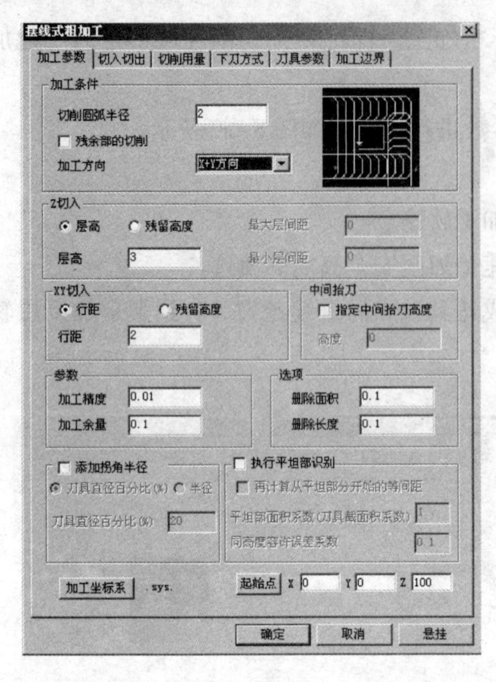

图 8-58 “摆线式粗加工”对话框

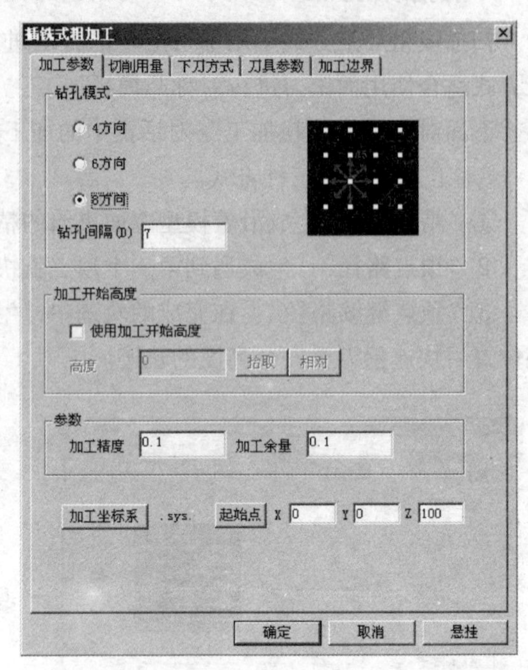

图 8-59 “插铣式粗加工”对话框

6. 导动线粗加工

导动线加工是平面内的截面线沿平面轮廓线导动生成加工轨迹。其本质是把三维曲面加工中能用二维方法解决的部分用二维方法来解决。“导动线粗加工”对话框如图 8-60 所示。

(1) 截面指定方法

①“截面形状”：参照加工的截面形状。

②“倾斜角度”：以指定的倾斜角度作为一定倾斜的轨迹，倾斜角范围 0°～90°。

(2) 截面认识方法

①“向上方向”对于加工领域，指定朝上的截面形状，即朝上的倾斜角度方向。

②“向下方向”对于加工领域，指定朝下的截面形状，即朝下的倾斜角度方向。

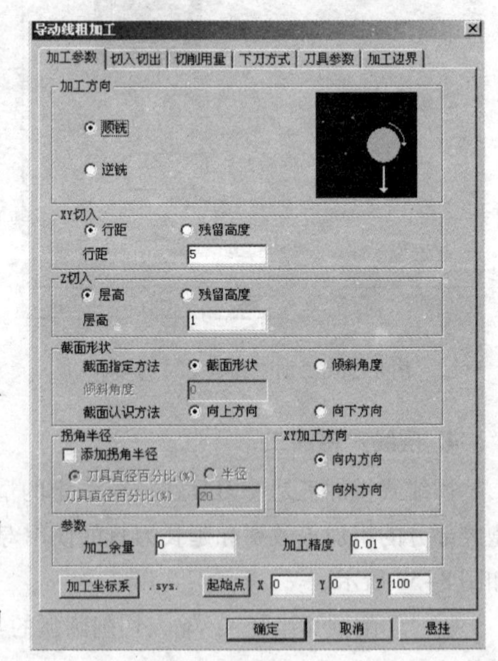

图 8-60 “导动线粗加工”对话框

8.3.3 精加工方法

1. 参数线精加工

在参数线精加工中，干涉的理解要准确。干涉分为某一曲面自身干涉和其它曲面对该面的干涉。如果在切削待加工曲面时可能与其他曲面发生干涉，就需要指定干涉检查的曲面。对于复杂的图形，可能需要用两种形式的组合来完成曲面的拾取工作，“参数线精加工”对话框如图 8-61 所示。

参数线精加工部分参数说明如下：

①“加工余量”：对加工曲面的预留量。

②“干涉（限制）余量”：对干涉曲面的预留量。

③“干涉检查”：控制是否对加工的曲面本身作自身干涉检查。

④“残留高度”：加工后刀具轨迹在行进方向离加工曲面的最大距离，为球头刀所特有的设置项。

⑤“刀次”：刀具轨迹的行数。

⑥“行距”：每行刀位之间的距离。如果行距大于刀具半径，则系统在生成刀具轨迹时在每行之间按抬刀处理。

⑦“第一系列限制曲面”刀具轨迹的每一行在刀具恰好碰到限制面时停止，即限制刀具轨迹每一行的尾。

⑧“第二系列限制曲面”限制每一行刀具轨迹的头。同时用第一系列限制面和第二系列限制面可以得到刀具轨迹每行的中间段。

2. 等高线精加工

等高线精加工可以用加工范围和高度限定进行局部等高加工，可以自动在轨迹尖角拐角处增加圆弧过渡，保证轨迹的光滑，使生成的加工轨迹适用于高速加工，“等高线精加工”对话框如图 8-62 所示。

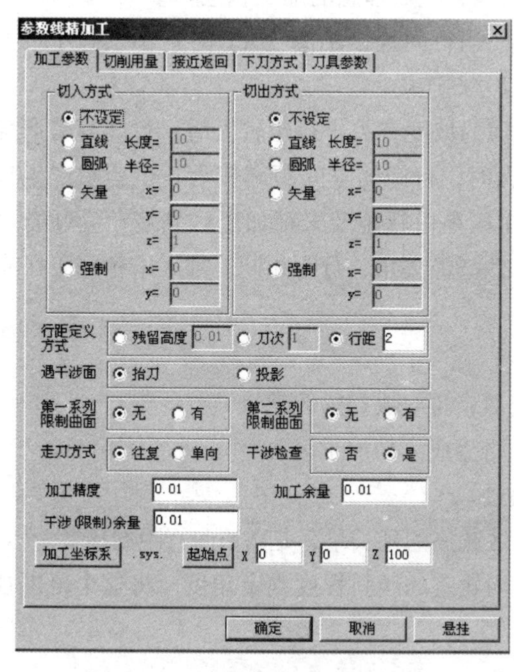

图 8-61　“参数线精加工”对话框

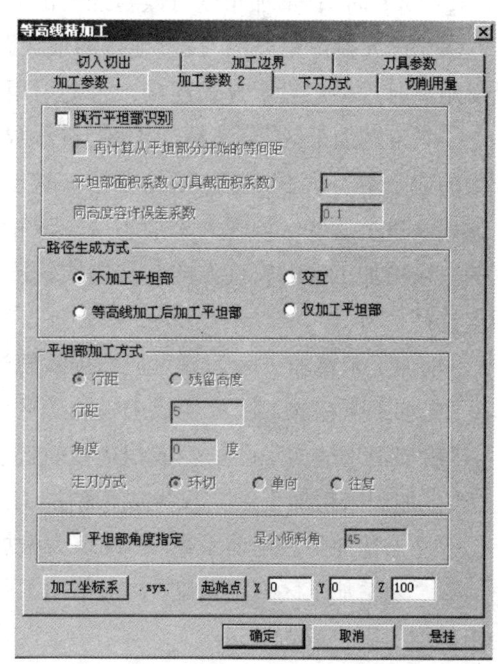

图 8-62　“等高线精加工”对话框

下面对等高线精加工中的“加工参数 2”选项卡中的参数进行分析，其中路径生成有四种方式：

①“不加工平坦部”：仅生成等高线路径。

②“交互”：将等高线断面和平坦部分交互进行加工。这种加工方式可以减少对刀具的磨损以及热膨胀引起的加工误差。计算出作为轮廓的等高线断面和平坦部分后，先加工周围的等高线断面，然后再加工平坦部分。等高线断面的加工顺序是基于已经生成的路径的顺序。

③“等高线加工后加工平坦部”：生成等高线路径与平坦部分路径连接起来的加工路径。

④“仅加工平坦部”仅生成平坦部分的路径。

3. 扫描线精加工

扫描线精加工对于加工平行于加工方向的竖直面加工效果较差，所以增加了自动识别竖直面并进行不加工的功能，提高了该功能的加工效果和效率。同时可以在轨迹尖角处增加圆弧过渡，保证生成的轨迹光滑，适合于高速加工机床，“扫描线精加工”对话框如图 8-63 所示。

下面对部分参数进行说明。

①“坡容许角度”：上坡和下坡的容许角度。例如在上坡时即使一部分轨迹向下走，但小于坡容许角度仍被视为向上，生成上坡式轨迹。在下坡式中，即使一部分轨迹向上走，但小于坡容角度仍被视为向下，生成下坡式轨迹。

②“XY 向”：增加角度可改善加工的表面质量，生成理想的加工轨迹。

③“最大投影距离”：投影连接的最大距离。当行间连接距离（XY 向）小于等于最大投影距离时，采用投影方式连接，否则采用抬刀方式连接。

④“未精加工区”：未精加工区与行距及曲面的坡度有关，行距较大时，行间容易产生较大的残余量，达不到精加工的要求。坡度较大时，行间的空间距离较大，也容易产生较大的残余量。这些区域视为未加工区。未精加工区是由行距及未精加工区判定角度联合决定的。未精加工区的轨迹方向与扫描线轨迹方向呈 90°夹角，行距相同。加工未精加工区有四中选择。

“不加工未精加工区”只生成扫描线轨迹。

“先加工未精加工区”生成未精加工区轨迹后，再生成扫描线轨迹。

“后加工未精加工区”生成扫描线轨迹后，再生成未精加工区。

“仅加工未精加工区”仅生成未精加工区轨迹。

⑤“未精加工区延伸系数”：设定为精加工区轨迹的延长量，是 XY 向行距的倍数。

⑥“未精加工区判定角度”：未精加工区方向轨迹的倾斜程度判定角度，将这个范围视为未精加工区生成轨迹。

4. 浅平面精加工

浅平面精加工可以自动识别零件模型中平坦的区域。针对这些区域生成精加工刀具轨迹，大大提高了零件平坦部分的精加工效率，“浅平面精加工”对话框如图 8-64 所示。

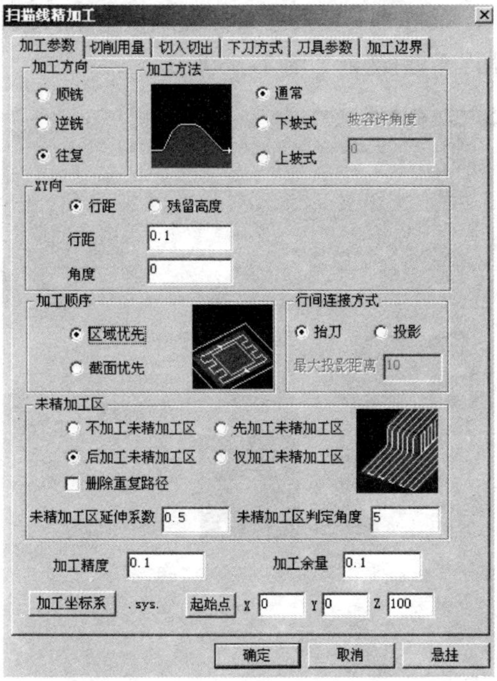

图 8-63　“扫描线精加工”对话框

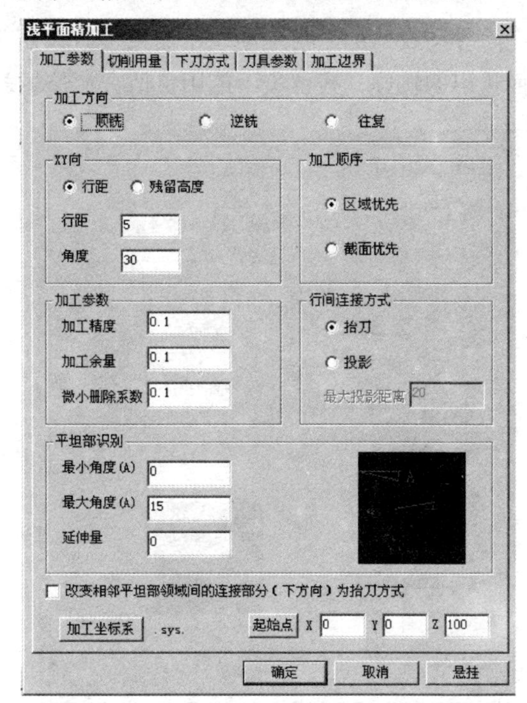

图 8-64　“浅平面精加工”对话框

①“最小角度”：输入作为平坦部的最小角度。水平方向为 0°。输入范围在 0 ～ 90 之间。

②“最大角度”：输入作为平坦部的最大角度。水平方向为 0°。输入范围在 0 ～ 90 之间。

③“延伸量”：指从设定的平坦区域向外的延伸量。

④“改变相邻平坦部领域间的连接部分（下方向）为抬刀方式”：相邻平坦部的切削路径是否直接连接，到下一个平坦部切削前是否设定抬刀后再连接。

5. 限制线精加工

限制线精加工可以生成多个曲面的三轴刀具轨迹。刀具轨迹限制在两系列限制线内，可以对曲面作整体处理，中间过程无需抬刀动作，“限制线精加工”对话框如图 8-65 所示。

（1）XY 切入

①“2D 方式”XOY 投影面上（二维平面）保持一定的进给量。

②“3D 方式”在实体模型上（三维空间）保持一定量的进给。

③“步长”设定 2D 或 3D 的进给量。

（2）路径类型

①“偏移”使用一条限制线，作为平行于限制线的刀具轨迹。

②“法线方向”使用一条限制线作为垂直于限制线方向的刀具轨迹。

③“垂直方向”使用两条限制线作为垂直于限制线方向的刀具轨迹，加工区域由两条限制线确定。

④［平行方向］使用两条限制线作为平行于限制线方向的刀具轨迹，加工区域由两条限制线确定。

6. 导动线精加工

导动线精加工与导动线粗加工参数设定类似，而精加工可根据条件做成模型干涉或截面拔出的轨迹，残留量不能用负值，“导动线精加工”对话框如图 8-66 所示。

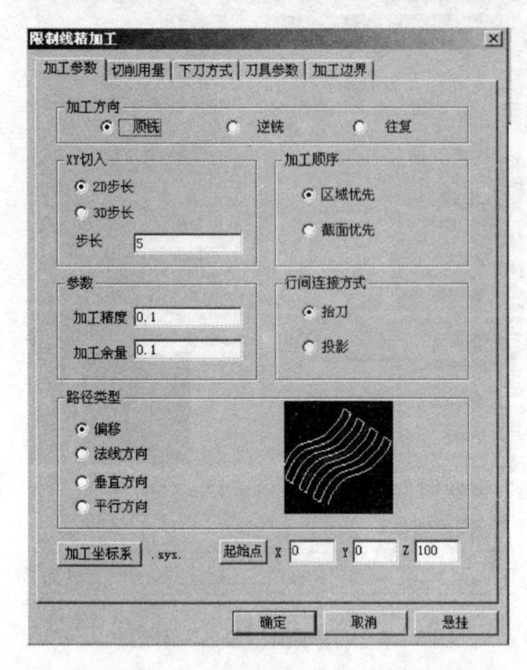

图 8-65 “限制线精加工”对话框

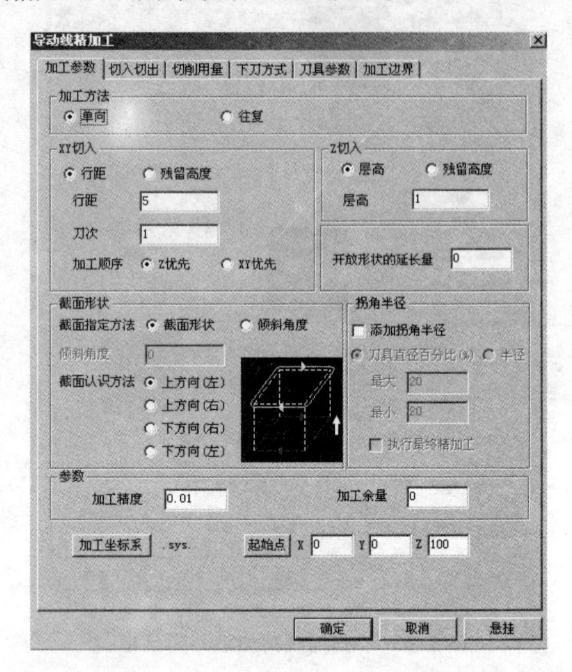

图 8-66 “导动线精加工”对话框

7. 轮廓线精加工

轮廓线精加工也属于二维加工，与区域式粗加工方法类似，适用于铣削工件的侧面或槽的加工，“轮廓线精加工”对话框如图 8-67 所示。

（1）偏移类型

①“偏移”：对于加工方向，生成加工边界右侧还是左侧的轨迹。

②“边界上”在边界上生成加工轨迹。

（2）接近方向

对于加工方向，相对加工范围偏移在哪一侧。有两种选择。

①“左”：表示在左侧生成轨迹偏移。

②“右”：表示在右侧生成轨迹偏移。

（3）偏移插补方法

在不指定加工范围时，以毛坯形状的顺时针方向作为基准。在生成偏移加工边界轨迹时有两种插补方法。

①“圆弧插补”：生成圆弧插补轨迹。

②“直线插补”：生成直线插补轨迹。

8. 三维偏置加工

三维偏置加工能够由里向外或由外向里生成等间距加工轨迹，可以保证加工结果有相同的残留高度，提高加工质量和效果。同时也使刀具在切削过程中保持负荷恒定，特别是用于高速机床精加工，“三维偏置加工”对话框如图 8-68 所示。

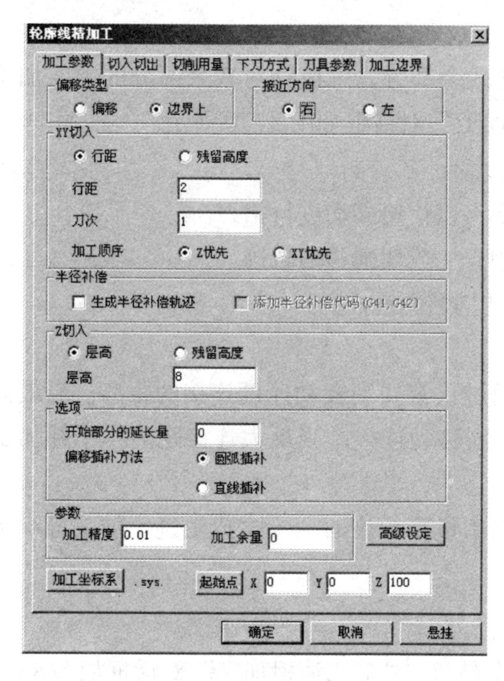

图 8-67　“轮廓线精加工”对话框

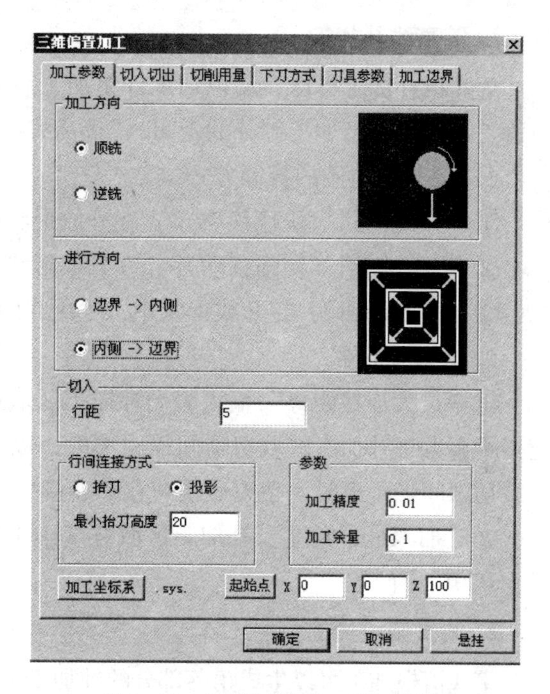

图 8-68　“三维偏置加工”对话框

①“边界→内侧”生成从加工边界到内侧收缩型的加工轨迹。

②“边界→边界”生成从内侧到加工边界扩展型的加工轨迹。

9. 深腔侧壁加工

深腔侧壁加工与轮廓线精加工类似都可以用作“侧壁”的加工。所不同的是深腔侧壁加工中刀具是按插铣的方式上下运动的，这样比较适用于较深的腔体。轮廓精加工中，刀具是按层降的方式进行的，“深腔侧壁加工”对话框如图 8-69 所示。加工模式的设定有三种选择。

①“绝对”：对 Z 的最大值与最小值之间的模型进行加工。

②“相对”：在距离轮廓线 Z 值的位置上进行加工。

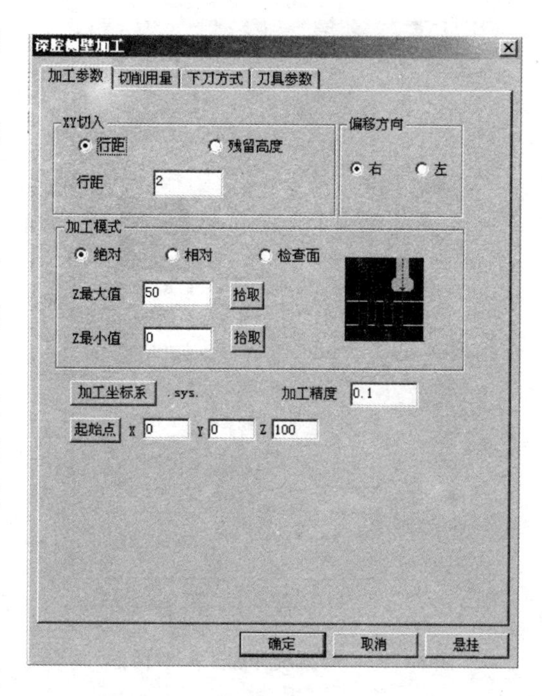

图 8-69　“深腔侧壁加工”对话框

③“检查面”：对轮廓与检查曲面之间的模型进行加工。

8.3.4　补加工方法

1. 等高线补加工

等高线补加工可以自动识别零件粗加工后的残余部分，生成针对残余部分的中间加工轨迹，可以避免已加工部分的走刀，“等高线补加工”对话框如图 8-70 所示。

（1）XY 向轨迹的控制方式

①“开放周回（快速移动）”：在开放形状中，以快速移动进行抬刀。

②“开放周回（切削移动）”：在开放形状中，生成切削移动轨迹。

③“封闭周回”：在开放形状中，生成封闭的周回轨迹。

（2）加工条件

①“最大连接距离”输入多个补加工区域通过正常切削移动速度连接的距离。当最大连接距离大于补加工区域切削间隔距离时，以切削移动连接。当最大连接距离小于补加工区域切削间隔距离时，抬刀后快速移动连接。

②“加工最小幅度”补加工区域宽度小于加工最小幅度时，不生成轨迹。加工最小幅度为 0.01 以下。

2. 笔式清根加工

笔式清根加工可以生成角落部分的补加工刀具轨迹，“笔式清根加工”对话框如图 8-71 所示。

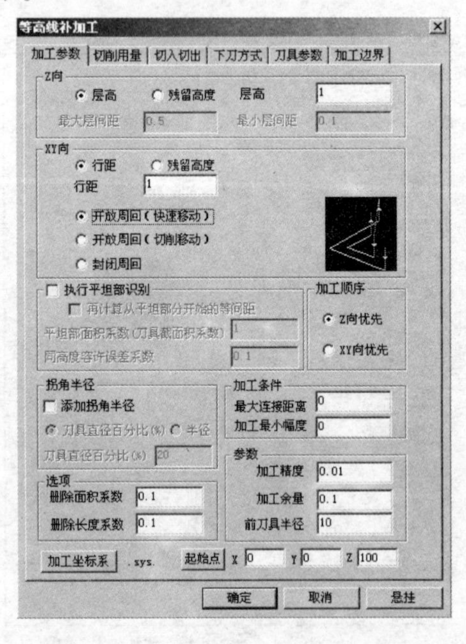

图 8-70　“等高线补加工”对话框

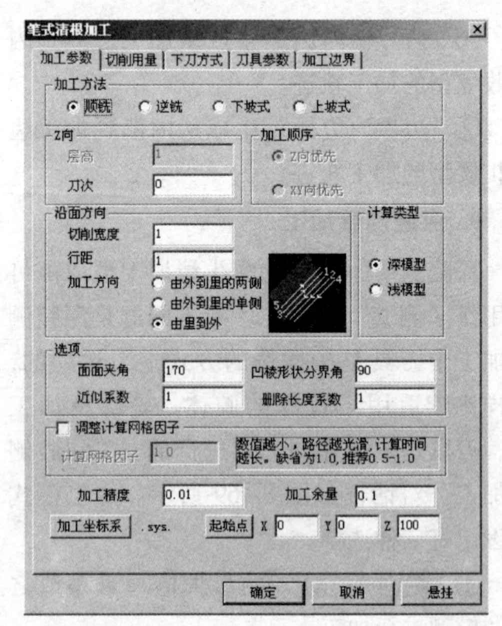

图 8-71　“笔式清根加工”对话框

（1）生成沿模型表面方向多行切削的方法

①“由外到里的两侧”：由外到里，从两侧往中心的交互式生成轨迹。

②“由外到里的单侧”：由外到里，从一侧往另一侧的方式生成轨迹。

③“由里到外”：由里到外，一个单侧轨迹生成后再生成另一单侧轨迹。

（2）计算类型

①“深模型”生成具有深沟的模型或者极端浅沟的模型的轨迹。

②“浅模型”生成适合冲压用的大型模具，计算时间较深模型短。

3. 区域式补加工

区域式补加工可以针对前一道工序加工后的残余量区域进行补加工的功能，“区域式补加工”对话框如图 8-72 所示。

①“偏移量”通过加大前一把刀具的半径来扩大未加工区域的范围。

②“区域补加工后追加笔式清根加工轨迹”设定是否在区域补加工后追加笔式清根加工的轨迹。

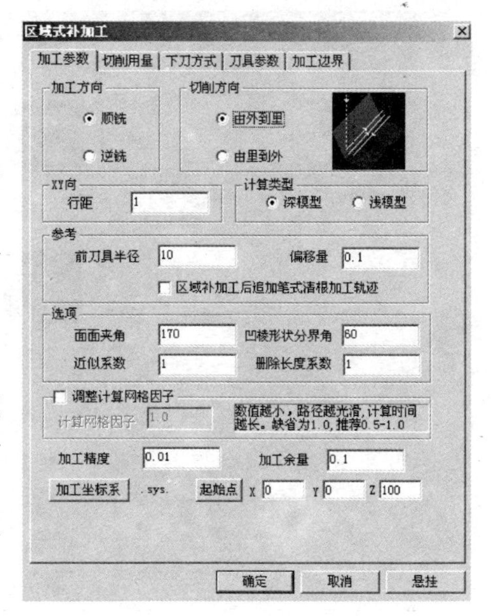

图 8-72　“区域式补加工”对话框

槽加工和其他加工不再介绍，请读者在实际应用中自行摸索使用方法。

8.4　加工实例

生成五角星的加工轨迹。按图 8-73 所给尺寸，生成实体造型。

生成加工轨迹操作过程如下。

1. 生成粗加工轨迹

① 选择“应用”→“轨迹生成”→“等高粗加工”命令，在弹出的“等高线粗加工”对话框的“刀具参数”选项卡中，选择 D14R1 铣刀，垂直进刀、垂直退刀、垂直下刀。如图 8-74、图 8-75所示设置等高线粗加工的下刀方式和切削用量。

② 拾取轮廓线并选择搜索方向，如图 8-76 所示。系统提示“拾取加工曲面”，此时单击实体，则实体的所有表面均被选中，右击确定。

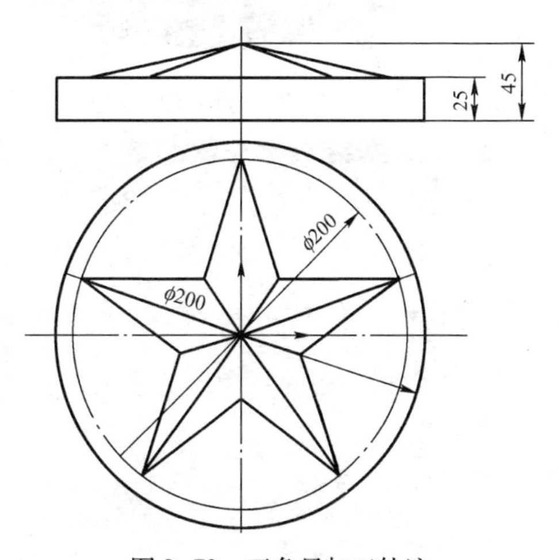

图 8-73　五角星加工轨迹

③ 系统开始计算并显示加工轨迹，生成刀具轨迹如图 8-77 所示。

2. 生成半精加工轨迹

① 选择“应用”→“轨迹生成”→“曲面区域加工”命令，在弹出的“区域式粗加工”对话框的“刀具参数”选项卡中，选择 D14R1 铣刀，垂直进刀、垂直退刀。如图 8-78 和图 8-79 所示设置加工参数和切削用量。

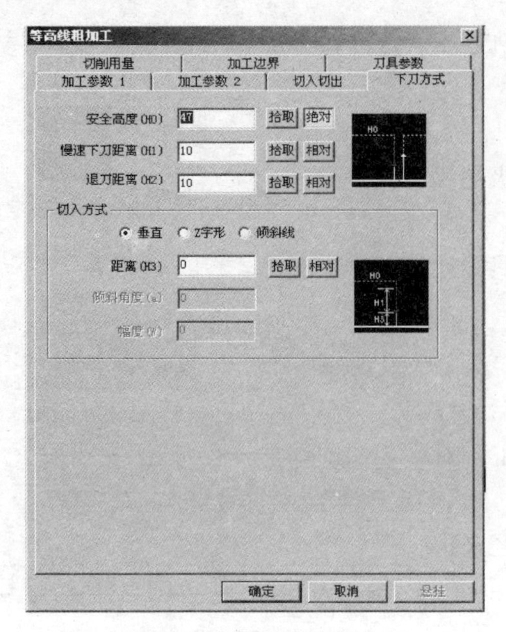

图 8-74　设置下刀方式

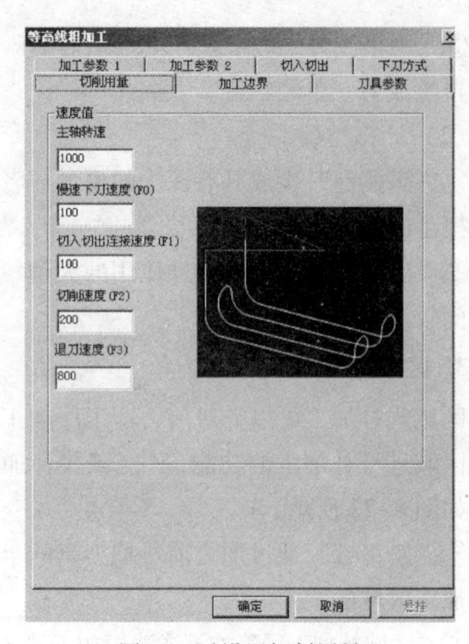

图 8-75　设置切削用量

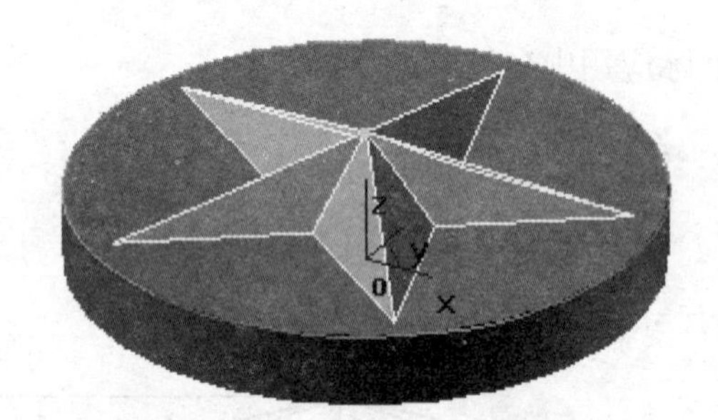

图 8-76　拾取加工曲面

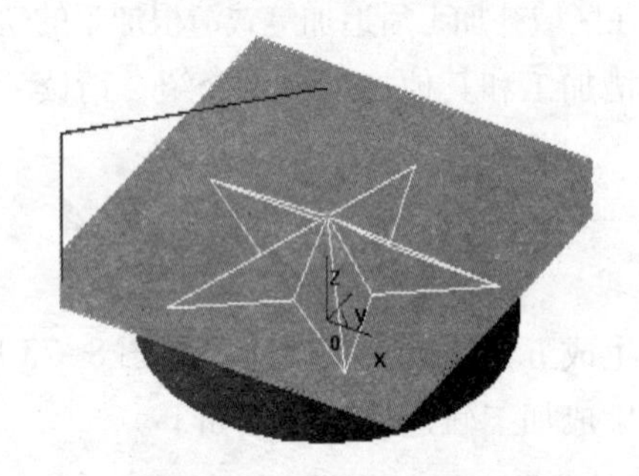

图 8-77　生成刀具轨迹

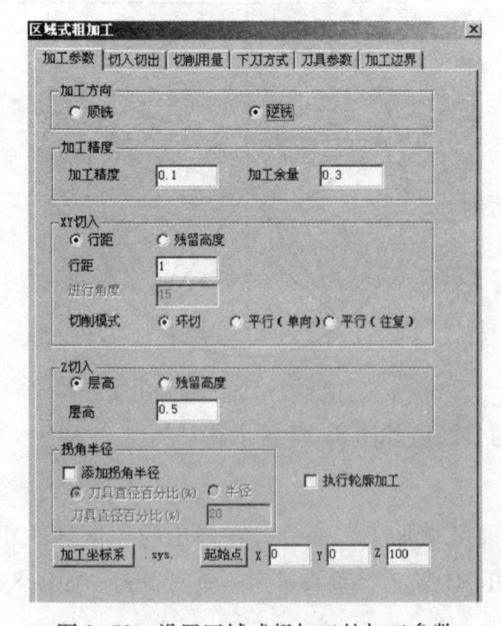

图 8-78　设置区域式粗加工的加工参数

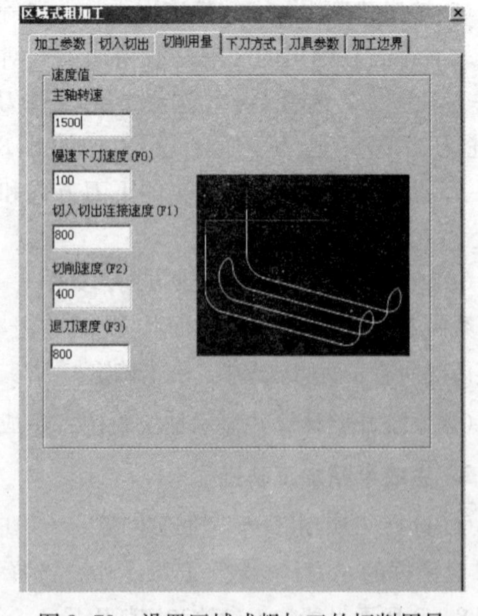

图 8-79　设置区域式粗加工的切削用量

② 拾取加工曲面。在五角星实体上单击左键，选中所有实体表面为加工曲面，右击确定。

③ 拾取干涉面。因没有干涉曲面，右击跳过。

④ 拾取轮廓线和加工方向。如图 8-80 所示，拾取轮廓线并选择加工方向。

⑤ 拾取岛。因被加工曲面内无岛，右击跳过。

⑥ 完成全部选择后，系统开始计算并显示所生成的刀具轨迹，如图 8-81 所示。

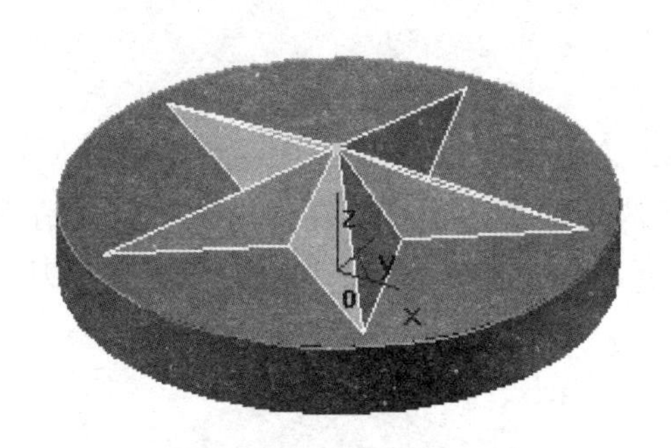

图 8-80　拾取轮廓线和加工方向

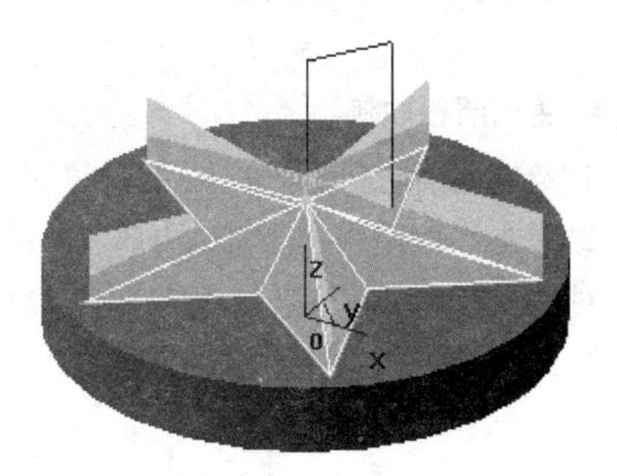

图 8-81　生成刀具轨迹

3. 生成精加工轨迹

① 单击“直纹面”按钮，在弹出的立即菜单中选择“点 + 曲线”选项，拾取轮廓线的圆心点，拾取轮廓线，生成直纹面。

② 选择“应用”→“轨迹生成”→“参数线加工”命令，在弹出的“参数线精加工”对话框的“刀具参数”选项卡中，选择 D10R5 铣刀，垂直进刀、垂直退刀。按图 8-82、图 8-83所示设置加工参数和切削用量，完成后单击“确定”按钮。

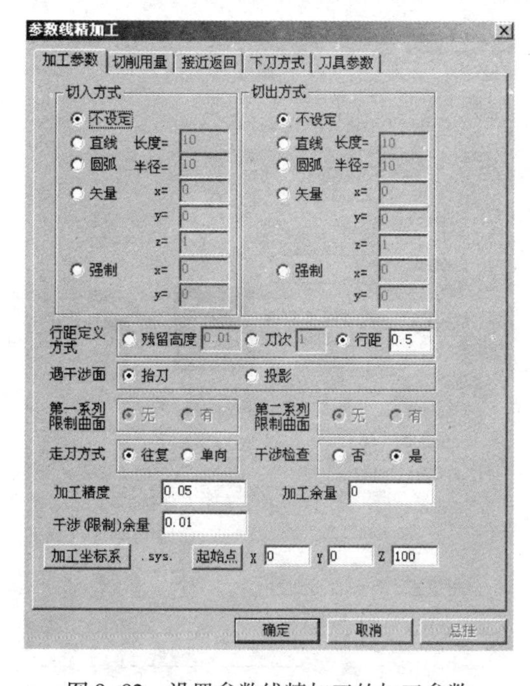

图 8-82　设置参数线精加工的加工参数

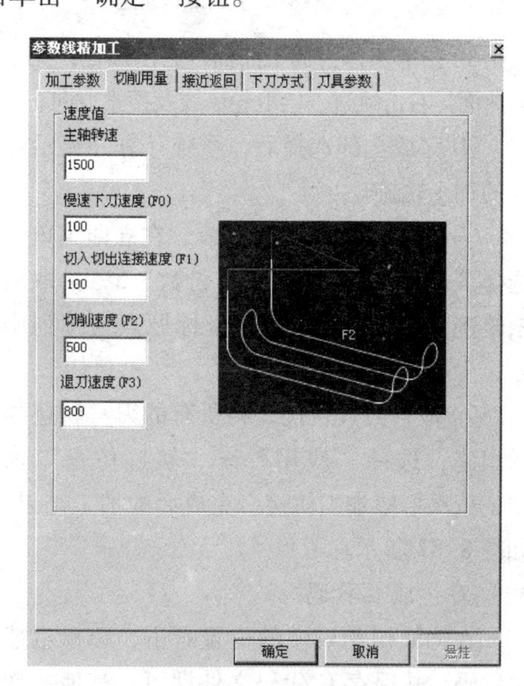

图 8-83　设置参数线精加工的切削用量

③ 拾取直纹面为加工曲面，拾取结束后右击确定。

④ 选择进刀点和进刀方向。拾取直纹面中心为进刀点，选择进刀方向。

⑤ 改变曲面方向。如曲面方向向内，则左击切换方向，确定后右击结束。

⑥ 拾取干涉面。无干涉曲面，右击跳过。

⑦ 生成加工轨迹。完成所有选择后，系统开始计算并显示生成的刀具轨迹，如图 8-84 所示。

4. 生成清根轨迹

① 绘制曲面轮廓线。单击“直线”按钮 ，绘制直线 P1、P2、P3，如图 8-85 所示。

② 单击“应用”→“轨迹生成”→“笔式清根加工”命令，在弹出的“笔式清根加工”对话框的“刀具参数”选项卡中选择或新建 D4R2 的球刀，垂直进刀、垂直进刀、垂直推刀。按图 8-86 所示设置加工参数。

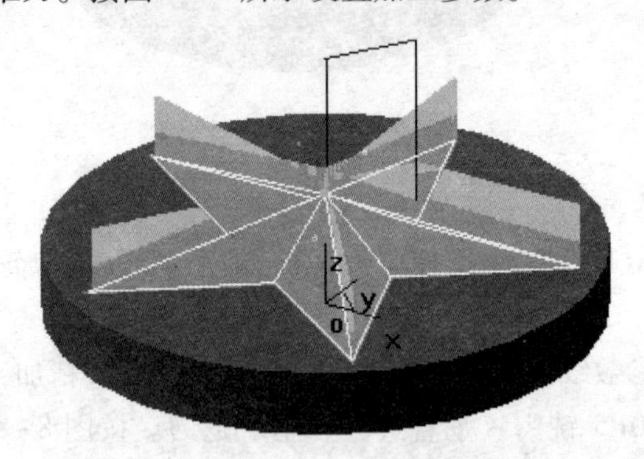

图 8-84　生成刀具轨迹

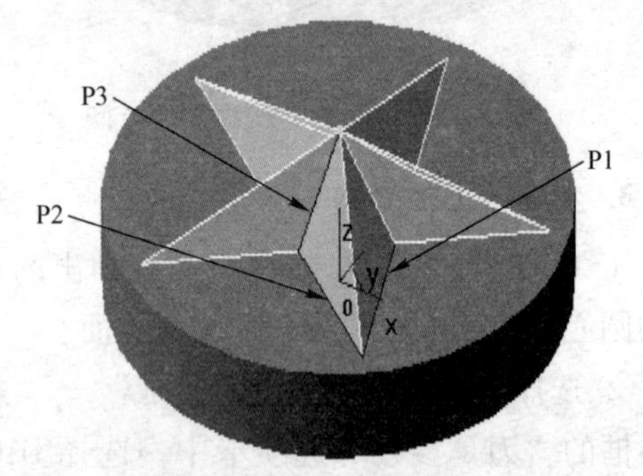

图 8-85　绘制曲面轮廓线

③ 拾取实体为加工曲面，右击确定，无干涉曲面，右击跳过。拾取轮廓线及搜索方向。

④ 完成全部选择后，系统计算并显示生成的加工轨迹。

⑤ 单击“阵列”按钮 ，在立即菜单中选择“圆形”，“均布”，“份数”5，拾取清根轨迹，右击确定，拾取坐标原点为阵列中心，生成阵列轨迹。

⑥ 检查刀具轨迹，将所有的刀具轨迹显示出来，选择“应用”→“轨迹仿真”命令，依次拾取加工轨迹，完成后的加工结果，如图 8-87 所示。

⑦ 生成 G 代码

在特征树相对应的位置右击，选择生成 G 代码，并保存 G 代码文件即可。其他操作在此不再详细介绍。

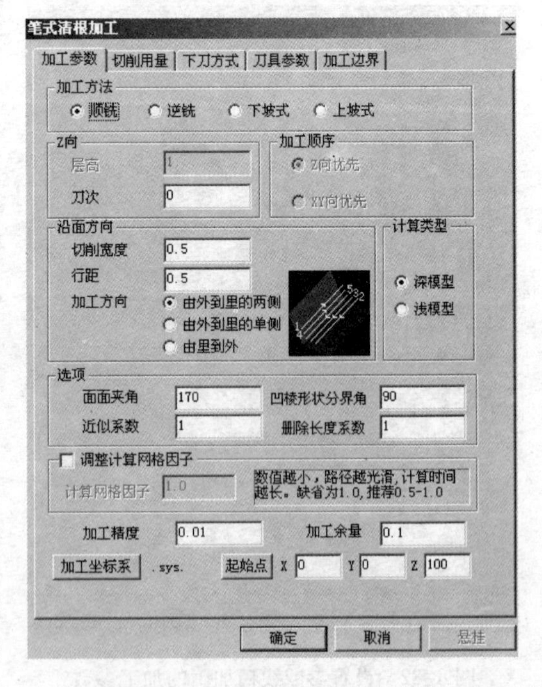

图 8-86　设置曲面轮廓加工参数

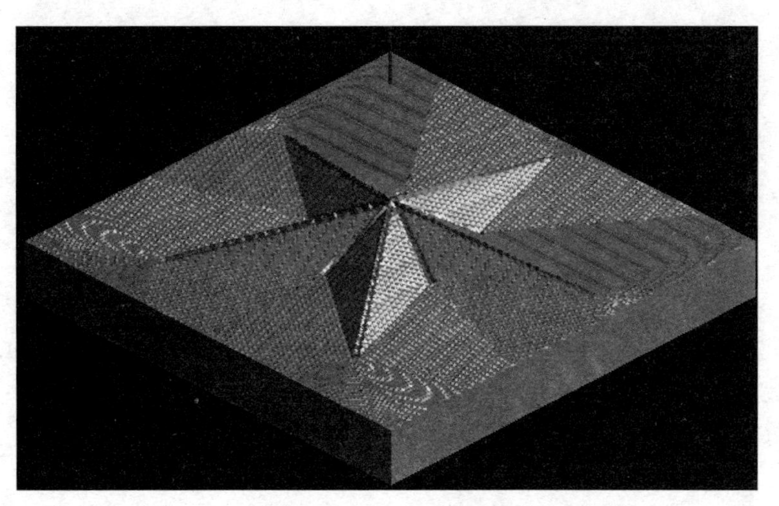

图 8-87　轨迹仿真结果

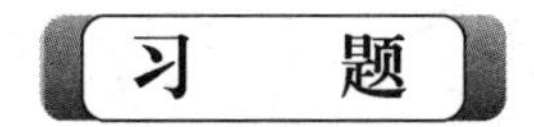

根据如图 8-88 所示零件图样，造型并且自动编程，生成 G 代码。

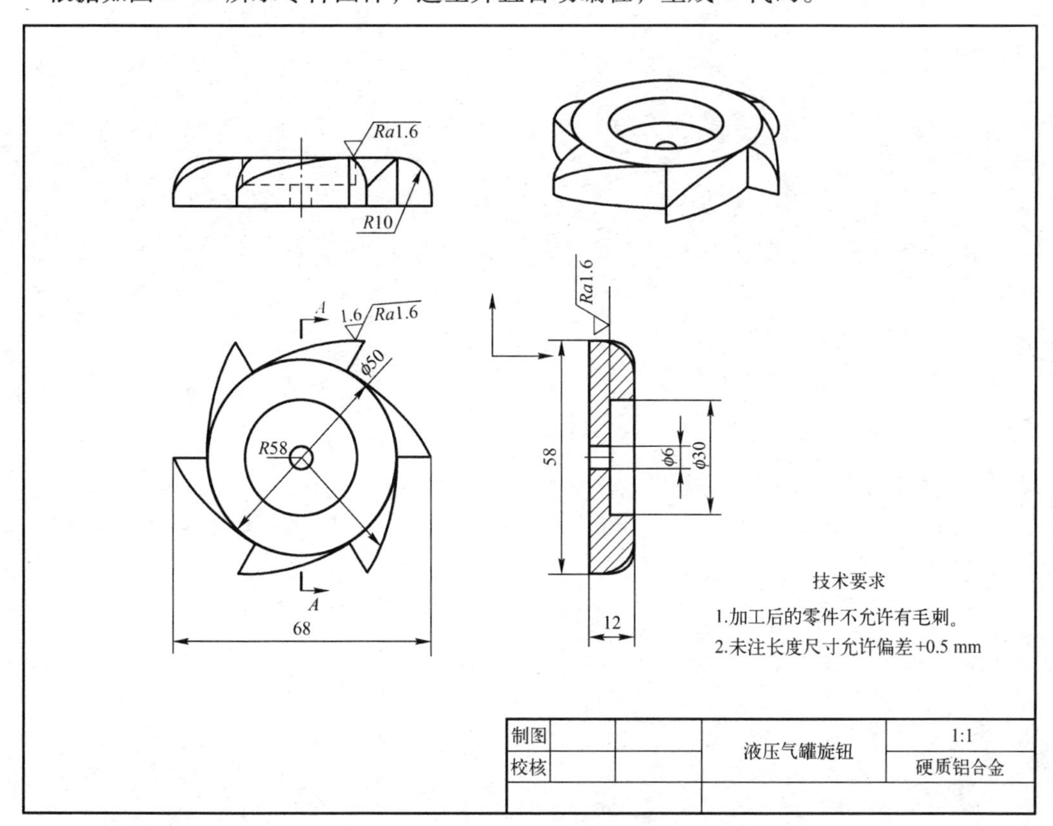

图 8-88　零件图样

参考文献

[1] 徐衡 . FANUC 系统数控铣床和加工中心培训教程［M］. 北京：化学工业出版社，2011.

[2] 申晓龙 . 数控机床操作与编程［M］. 北京：机械工业出版社，2008.

[3] 耿国卿 . 数控铣床及加工中心编程与应用［M］. 北京：化学工业出版社，2009.